"十三五"普通高等教育本科系列教材

电子实习与课程设计

（第二版）

主　编　苗松池
副主编　曲怀敬　张　涛　张美生
编　写　李艳红　王桂娟　隋首钢
主　审　于军琪

中国电力出版社
CHINA ELECTRIC POWER PRESS

内 容 简 介

本书将电子实习、电子电路课程设计和仿真软件 Proteus 的使用合编在一起，可为学生们提供一本比较系统、全面的实践性教材。本书可作为电子实习、电工学课程设计、模拟与数字电路课程设计的教材使用，也可作为电子操作类选修课或开放实验项目的参考书。

本书中电子实习部分的大部分题目给出了 Proteus 仿真实例，课程设计部分的全部题目都给出了 Proteus 仿真实例。本书突出了 Proteus 在电子实习与课程设计中的应用，可以充分利用学生们的个人计算机资源，突破实验室条件不足的限制，加强学生们实践能力的培养。

本书可作为普通高等院校本科教学相关课程的教材，也可作为相关专业工程技术人员的参考书。

图书在版编目(CIP)数据

电子实习与课程设计/苗松池主编. —2 版. —北京：中国电力出版社，2015.7（2024.7 重印）
“十三五”普通高等教育本科规划教材
ISBN 978-7-5123-7946-6

Ⅰ.①电… Ⅱ.①苗… Ⅲ.①电子技术-实习-高等学校-教材 Ⅳ.①TN01-45

中国版本图书馆 CIP 数据核字(2015)第 141257 号

中国电力出版社出版、发行
（北京市东城区北京站西街 19 号 100005 http://www.cepp.sgcc.com.cn）
北京雁林吉兆印刷有限公司印刷
各地新华书店经售
*
2010 年 3 月第一版
2015 年 7 月第二版 2024 年 7 月北京第十次印刷
787 毫米×1092 毫米 16 开本 12.75 印张 310 千字
定价 **26.00** 元

前　言

本书是从培养应用型人才的要求出发，结合作者的教学改革经验，为“电子实习”、“电子电路课程设计”等课程编写的。本书也可用作相关课程或开放实验项目的参考书。

本书的内容由三部分组成，分别是电子实习、电子电路课程设计和仿真软件 Protues 的使用。本书将这些内容组合在一起，可为学生们提供一本比较系统、全面的实践性教材。

（1）电子实习部分。这一部分共三章内容。第一章介绍了常用电子元器件的分类、参数、测试方法等知识；第四章介绍了焊接技术，电子电路的安装、调试、测量、故障检查等电子操作的基本知识和基本技能；第五章介绍了电子电路安装实习的基本知识，并选编了 7 个实习题目作了详细介绍，其中的 5 个实习题目给出了 Proteus 仿真实例。

（2）电子电路课程设计部分。这一部分共三章内容。第二章介绍了常用模拟集成电路，第三章介绍了常用数字集成电路。这两章对各种集成电路进行了分类，并补充了一些课程设计中会用到但在理论课教材中讲不到的知识，这两章作为课程设计参考资料用。第六章介绍电子技术课程设计的方法，并选编了 8 个课程设计题目作了详细介绍，所有题目都给出了 Proteus 仿真实例，便于学生们使用笔记本电脑进行课程设计。

（3）仿真软件 Proteus 的使用部分。这一部分是第七章内容，介绍了 Proteus 的使用方法，并给出了一些仿真实验的实例。

本书内容的选取与编排，尽量做到与理论课知识相适应、与实践应用相结合、与单片机课程设计等后续课程相衔接，选取学生们感兴趣的实习和课程设计题目，以提高其学习积极性。

本书由苗松池任主编，曲怀敬、张涛、张美生任副主编，李艳红、王桂娟、隋首钢参与编写。此外，徐红东、张坤艳、吴延荣、王敏等老师也对本书编写提供了帮助。

本书承西安建筑科技大学于军琪教授仔细审阅，提出修改意见；承山东建筑大学信息与电气工程学院电工电子实验中心各位领导和老师们的大力帮助，在此一并致谢！

限于作者水平，书中难免有疏漏和不足之处，恳请广大读者批评指正。

本书为读者提供了 PPT 教学课件，并提供了书中电路的 Proteus 仿真实例，读者可向出版社免费索取，或通过百度网盘(http://pan.baidu.com/s/1gdIqmkF)免费下载。

编　者

2015 年 5 月于山东建筑大学

目 录

第一章　常用电子元器件

电阻、电感、电容、二极管、晶体管及晶闸管是最常用的电子元器件，本章除了介绍它们的特点、分类方法、参数等基本知识外，还着重从实践方面介绍了其常见故障及测试方法。

第一节　电　阻　器

电阻器是电子电路中应用最多的电子元件，在电路中常作为降压、限流或耗能元件使用。

一、电阻器的分类及特点

按照电阻器的阻值是否变化，可分为固定电阻和可变电阻。根据制作电阻器的材料不同，又可分为碳膜电阻、金属膜电阻、金属氧化膜电阻、绕线电阻等。图 1-1 所示为几种常见固定电阻器的外形。

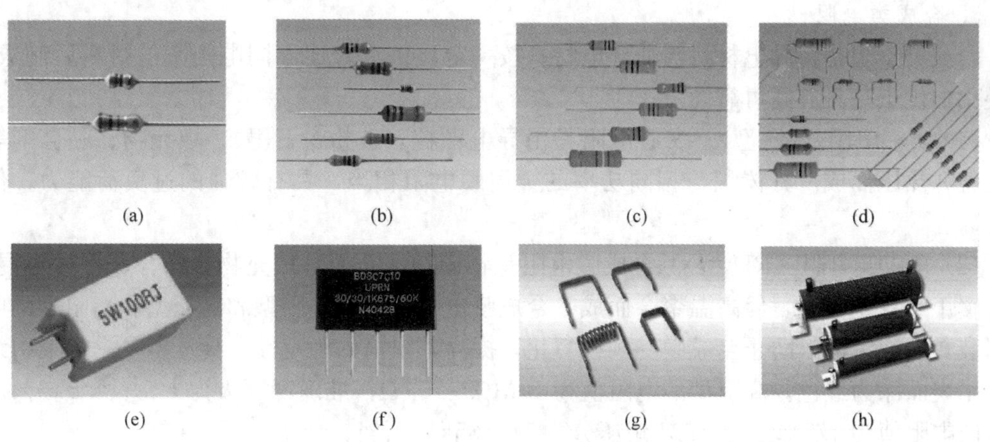

图 1-1　常见固定电阻器的外形图

(a) 碳膜电阻；(b) 金属膜电阻；(c) 金属氧化膜电阻；(d) 熔断电阻器；
(e) 水泥电阻；(f) 电阻网络；(g) 分流电阻；(h) 线绕电阻（功率型）

1. 薄膜类电阻

薄膜类电阻的制作工艺是在玻璃或陶瓷基体上沉积一层碳膜、金属膜、金属氧化膜等形成导电薄膜，并通过控制薄膜的厚度，或通过刻槽，使其有效长度增加来控制电阻值。

(1) 碳膜电阻（RT 型）。碳膜电阻是以小磁棒或磁管作骨架，在真空和高温下，沉积一层碳膜作为导电薄膜，在陶瓷骨架两端装上金属帽和引线后形成。碳膜电阻的阻值范围宽（10Ω～10MΩ），温度系数为负值。其价格低廉，在一般电子产品中大量使用。

(2) 金属膜电阻（RJ 型）。金属膜电阻通过真空蒸发法或烧结法，在陶瓷骨架表面沉积一层金属或合金作为导电薄膜而制成，其准确度高、稳定性好、噪声低、体积小（与体积相同的碳膜电阻相比，其额定功率要大一倍）、阻值范围宽（10Ω～10MΩ）。它在各方面的性能均优于碳膜电阻，在稳定性和可靠性高的电路中被广泛应用。

(3) 金属氧化膜电阻（RY 型）。金属氧化膜电阻的结构与金属膜电阻相似，不同的是导电膜为一层氧化锡薄膜。由于该电阻的氧化膜膜层比较厚且均匀、阻燃，与基体的附着力强，因而具有极好的脉冲、高频和过负荷性能，耐磨、耐腐蚀、化学性能稳定。其缺点是温度系数比金属膜电阻差，阻值范围窄（200kΩ 以下）。

2. 合金类电阻

合金类电阻是用块状合金（镍铬、锰铜、康铜）拉制成合金丝线或碾压成合金箔制成的电阻。

(1) 线绕电阻（RX 型）。线绕电阻是用合金电阻丝在陶瓷骨架上绕制而成，并在外层涂以珐琅或玻璃釉加以保护，具有阻值范围宽（0.01Ω～10MΩ）、功率大（最大功率可达 200W）、噪声小、耐高温的特点。由于采用线绕工艺，其分布电感和分布电容比较大，高频特性差，不适合在高频电路中使用。线绕电阻可分为精密型和功率型两类。精密型电阻用于测量仪表或高准确度电路，一般准确度为±0.01%。

(2) 精密合金箔电阻（RJ 型）。它是在玻璃基片上粘贴一块合金箔，用光刻法蚀出一定图形，并涂覆环氧树脂保护层，加引线封装后制成，具有高准确度（可达±0.001%）、高稳定性、自动补偿温度系数功能，且高频响应好。

3. 合成类电阻

合成类电阻是将导电材料与非导电材料按一定比例混合成不同电阻率的材料后制成的，最突出的优点是具有高可靠性。

(1) 实心电阻（RS 型）。实心电阻是由导电颗粒（碳粉、石墨）、填充物、黏合剂等材料混合并热压而成。其体积与相同功率的金属膜电阻相当，具有较强的过负荷能力，但噪声大。

(2) 合成膜电阻（RH 型）。合成膜电阻是将碳粉、石墨、填充物、黏合剂等材料混合，并涂覆于绝缘基体上，经高温聚合而成。合成膜电阻可制成高阻型和高压型。高阻型的电阻体封装在玻璃管内，防止合成膜受潮或氧化，提高其阻值的稳定性。高压型是一根无引线的长棒，表面涂为红色。高阻型的电阻值为 10MΩ～10TΩ，准确度等级为+5%、±10%。高压型的电阻值为 4.7MΩ～1GΩ，耐压分为 10、35kV 两挡。

(3) 金属玻璃釉电阻（RI 型）。用玻璃釉做黏合剂，与金属氧化物混合，印刷或涂覆在陶瓷基体上，经高温烧制形成电阻膜，其电阻膜的厚度比普通薄膜类电阻厚。该电阻具有较高的耐热性和耐潮性。小型化的贴片式（SMT）电阻通常是金属玻璃釉电阻。

(4) 电阻网络（电阻排）。综合掩膜、光刻、烧结等工艺，在一块基片上制成多个性能、参数一致的电阻，连接成电阻网络，也称为集成电阻。这种电阻具有温度系数小，阻值范围宽，参数对称性好等优点。

4. 特殊电阻

(1) 熔断电阻（RF 型）。这种电阻集电阻器与熔断器（保险丝）于一身，正常工作时作为电阻器使用，一旦电路出现故障，通过的电流超过额定值时，会立刻熔断，起到保护电路的作用。

(2) 水泥电阻（RX 型）。水泥电阻实际上是一种封装在陶瓷外壳中，并用水泥固化的线绕电阻。水泥电阻内的电阻丝和引脚之间采用压接工艺，如果电路短路，压接点会迅速熔断，起到保护电路的作用。水泥电阻具有功率大、散热性好、防爆、阻燃等特性。

(3) 敏感类电阻。敏感类电阻是使用不同材料和工艺制造的半导体电阻，具有对温度、光照度、湿度、压力、磁通量、气体浓度等非电物理量敏感的性质。通常有热敏、压敏、光敏、气敏、湿敏、力敏、磁敏等类型的敏感电阻。这类电阻广泛应用于自动检测和自动控制领域中。

二、电阻器的命名法

根据 GB 2470—1995《电子设备用固定电阻器、固定电容器型号命名方法》规定，电阻器的型号及命名方法见表 1-1。

表 1-1　　电阻器型号及命名方法

<table>
<tr><th colspan="2">第一部分：主称</th><th colspan="2">第二部分：电阻体材料</th><th colspan="2">第三部分：类型</th><th>第四部分：序号</th></tr>
<tr><th>字母</th><th>含义</th><th>字母</th><th>含义</th><th>符号</th><th>产品类型</th><th>用数字表示</th></tr>
<tr><td rowspan="14">R
RP</td><td rowspan="14">电阻器
电位器</td><td>T</td><td>碳膜</td><td>1，2</td><td>普通型</td><td rowspan="14">对主称、材料、特征相同，仅尺寸、性能指标略有差别，但基本不影响互换的产品用同一序号，否则在序号后面用大写字母作为区别代号予以区分</td></tr>
<tr><td>P</td><td>硼碳膜</td><td>3</td><td>超高频</td></tr>
<tr><td>U</td><td>硅碳膜</td><td>4</td><td>高阻</td></tr>
<tr><td>C</td><td>化学沉积膜</td><td>5</td><td>高温</td></tr>
<tr><td>H</td><td>合成膜</td><td>7</td><td>精密</td></tr>
<tr><td>I</td><td>玻璃釉膜</td><td>8</td><td>电阻器—高压</td></tr>
<tr><td>J</td><td>金属膜</td><td>8</td><td>电位器—函数</td></tr>
<tr><td>Y</td><td>金属氧化膜</td><td>9</td><td>特殊</td></tr>
<tr><td>S</td><td>有机实心</td><td>G</td><td>高功率</td></tr>
<tr><td>N</td><td>无机实心</td><td>T</td><td>可调</td></tr>
<tr><td>X</td><td>线绕</td><td>X</td><td>小型</td></tr>
<tr><td>R</td><td>热敏</td><td>L</td><td>测量用</td></tr>
<tr><td>G</td><td>光敏</td><td>W</td><td>微调</td></tr>
<tr><td>M</td><td>压敏</td><td>D</td><td>多圈</td></tr>
</table>

三、电阻器的主要参数

电阻器的主要参数有标称阻值、允许偏差、额定功率。

(1) 标称阻值。除特殊规格的电阻器专门生产外，大多数的电阻器都按照系列生产。电阻器的标称系列包括 E6、E12、E24、E48、E96 和 E192 系列等。前三种为普通电阻器，后三种属于精密电阻器。普通电阻器的标称阻值系列见表 1-2。

表 1-2　　普通电阻器的标称阻值系列

系列	允许偏差(%)	电阻器的标称系列(Ω)
E24	±5	1.0、1.1、1.2、1.3、1.5、1.6、1.8、2.0、2.2、2.4、2.7、3.0、3.3、3.6、3.9、4.3、4.7、5.1、5.6、6.2、6.8、7.5、8.2、9.1
E12	±10	1.0、1.2、1.5、1.8、2.2、2.7、3.3、3.9、4.7、5.6、6.8、8.2
E6	±20	1.0、1.5、2.2、3.3、4.7、6.8

注　普通电阻器的阻值是在表中所列数值的基础上乘以 10^n，其中 n 为整数。

(2) 允许偏差。电阻器的实际阻值与标称阻值之间允许有一定的偏差范围，称为允许偏差，也称为误差。普通电阻器 E6、E12、E24 系列对应的允许偏差分别为±20%、±10%、±5%。

(3) 电阻器的额定功率。电阻器的额定功率是指在规定的环境条件下，长期连续工作所允许消耗的最大功率。常用电阻器的额定功率系列见表 1-3。

表 1-3　电阻器的额定功率

名　称	额定功率 (W)
线绕电阻器	0.05、0.125、0.25、0.5、1、2、4、8、10、16、25、40、50、75、100、150、250、500
非线绕电阻器	0.05、0.125、0.25、1、2、5、10、16、25、50、100

电阻器的额定功率与其体积的大小有关，体积越大，额定功率越大。在电路图中电阻器额定功率的图形符号表示如图 1-2 所示。

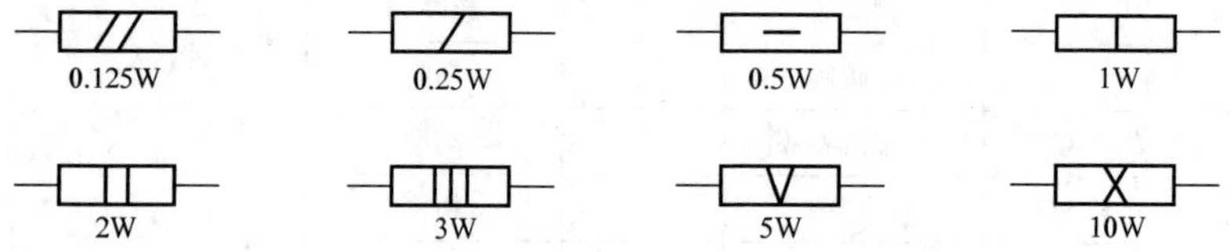

图 1-2　电阻器额定功率的图形符号表示

四、电阻器的标识方法

1. 直标法

直标法是将电阻器的阻值、允许偏差、功率等参数和性能指标直接标注在电阻体上。

2. 文字符号法

文字符号法是将数字和文字符号有规律地组合起来，表示电阻的大小、允许偏差和小数点的位置。图 1-1 中所示的水泥电阻标识为 5W100RJ，其中的 5W 代表功率是 5W，100R 代表电阻值是 100Ω，J 代表允许偏差是±5%。

(1) 电阻的单位。电阻的单位为 Ω（欧姆，简称欧）、kΩ（千欧）、MΩ（兆欧）、GΩ（吉欧）、TΩ（太欧），它们之间的换算关系为

$$1\Omega = 10^{-3}\mathrm{k}\Omega = 10^{-6}\mathrm{M}\Omega = 10^{-9}\mathrm{G}\Omega = 10^{-12}\mathrm{T}\Omega$$

常用物理量的级数单位见表 1-4，了解它们有助于区分各种物理量之间的换算关系。

表 1-4　常用的级数单位

数量级	10^{12}	10^{9}	10^{6}	10^{3}	1	10^{-3}	10^{-6}	10^{-9}	10^{-12}	10^{-15}
单位	太	吉	兆	千		毫	微	纳	皮	飞
字母	T	G	M	k		m	μ	n	p	f

电阻的单位在电阻体上分别标注为 Ω（R）、k、M、G、T，如果这些字母出现在数字的前面或中间，还具有表示小数点位置的作用，如图 1-3 所示。

R10　1R0　10R　47k　3M32

0.1Ω　1Ω　10Ω　47kΩ　3.32MΩ

图 1-3　标称电阻值的文字符号法

(2) 允许偏差的字母表示。电阻的允许偏差用字母表示时，其与字母的对应关系见表1-5。

表 1-5　　电阻值允许偏差与字母对照表

字母	L	P	W	B	C	D	F	G	J	K	M
允许偏差（%）	0.01	0.02	0.05	0.1	0.25	0.5	1	2	5	10	20

3. 数码法

数码法是用三位数码标识电阻的标称值。前两位为有效数值，第三位表示有效数后面零的个数，单位为 Ω。例如某电阻上标注 223，代表电阻值为 $22\times10^3\Omega$，即 22kΩ。此种方法在贴片电阻中使用较多。

4. 色标法

小功率的电阻一般用色标法标识电阻的阻值及允许偏差。常见的有四环电阻和五环电阻，如图 1-4 所示。

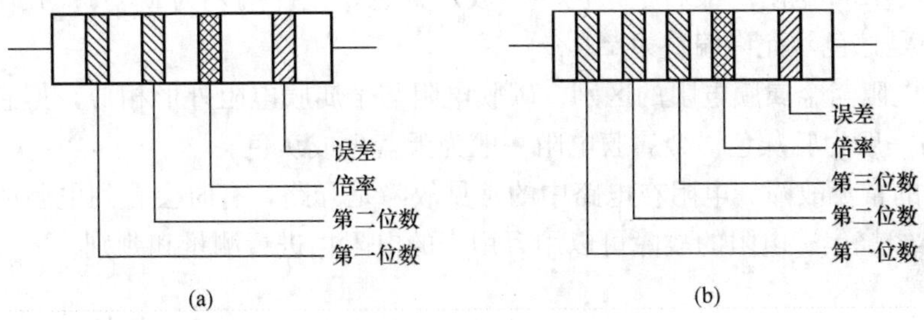

图 1-4　电阻的色标法

(a) 四环电阻；(b) 五环电阻

四环电阻的前两条色环表示有效数值，第三条是倍率。有效数值乘以倍率就是电阻值，单位是 Ω。第四条色环表示电阻的允许偏差。若某电阻的色环为棕、黑、橙、金，表示其阻值是 $10\times10^3\Omega$，即 10kΩ，允许偏差是±5%。

五环电阻是精密电阻，前三条色环用于表示电阻的有效数值，第四条和第五条分别用于表示倍率和允许偏差。色环颜色所代表的意义见表 1-6。

表 1-6　　色环颜色及意义

颜　色	有 效 数	倍　率	允许偏差（%）
黑	0	10^0	
棕	1	10^1	±1
红	2	10^2	±2
橙	3	10^3	
黄	4	10^4	
绿	5	10^5	±0.5
蓝	6	10^6	±0.25
紫	7	10^7	±0.1

续表

颜色	有效数	倍率	允许偏差（%）
灰	8	10^8	
白	9	10^9	
金		10^{-1}	±5
银		10^{-2}	±10
无色			±20

五、实习指导

(1) 电阻的测试。用万用表的电阻挡测量电阻时，电阻的阻值应当与标称阻值相符，并在允许偏差范围内。测量时，两手不能同时触及电阻的引线两端，否则人体的电阻会影响测量结果。

(2) 色环电阻的识别技巧。色环电阻的最后一条色环用于表示允许偏差，该色环离其他色环距离稍远。四环电阻的最后一条色环多数是金色，允许偏差为±5%；五环电阻的最后一条色环多数是棕色，允许偏差为±1%。

(3) 碳膜电阻与金属膜电阻的区别。碳膜电阻与金属膜电阻外形相似，但它们的底色不同。碳膜电阻一般为驼灰色，金属膜电阻一般为天蓝色或灰色。

(4) 电阻的常见故障。电阻在电路中的常见故障是开路，有时会看到电阻的外壳已经断开，或外壳已经烧焦。电阻的故障可以用万用表的电阻挡进行测量和判别。

第二节 电 位 器

一、电位器的结构与符号

电位器就是一种阻值可连续调节的电阻，其结构与符号如图 1-5 所示。它有三个引出端，其中两个是固定端，另一个是滑动端。滑动臂上的滑动片在电阻体上滑动，使其电位发生变化。

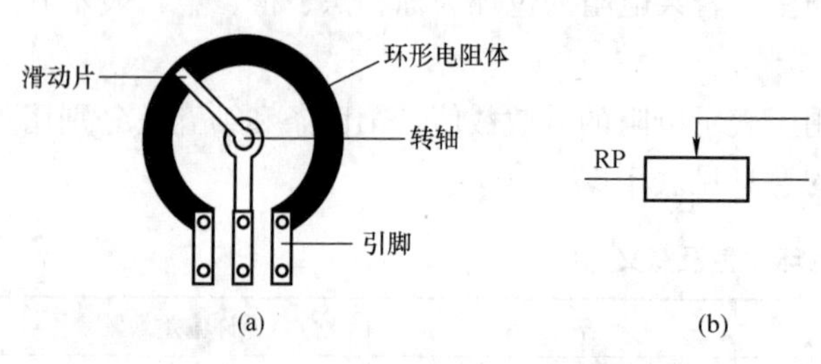

图 1-5 电位器的结构与符号

(a) 结构；(b) 符号

二、电位器的分类

与电阻器一样，电位器的种类也很多，可按用途、材料、结构特点、阻值变化规律及驱动机构的运动方式等分类。常用电位器的分类方法如图 1-6 所示。

三、电位器主要技术参数

电位器的主要参数有阻值、允许偏差、额定功率等，它们的标识方法与电阻器相同。除了这些参数外，电位器还有其他一些参数。

(1) 滑动噪声。当滑动片在电阻体上滑动时，电位器中心端与固定端之间的电压会出现无规则的起伏现象，称为滑动噪声。这是由材料分布不均匀和接触电阻的无规律变化引起的。

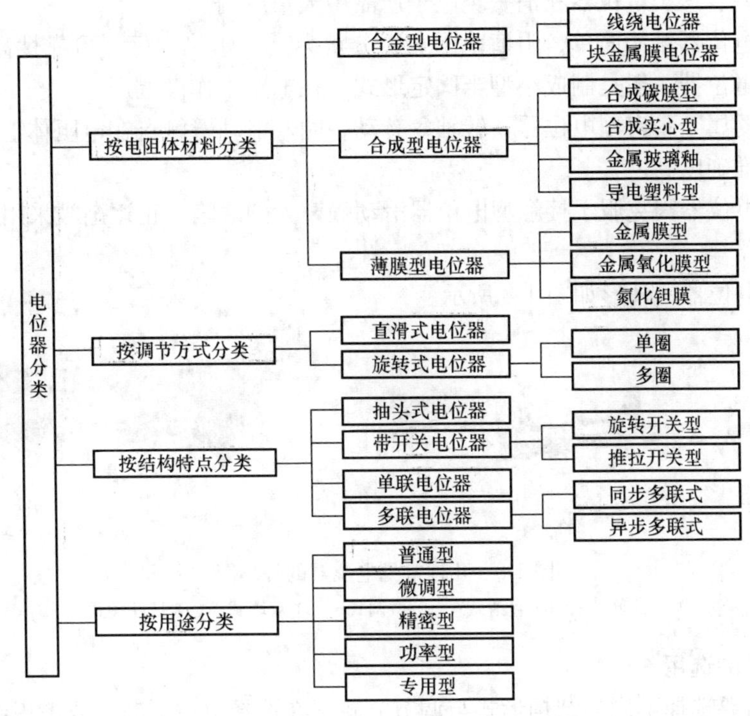

图 1-6 电位器的分类

(2) 分辨力。分辨力也称为分辨率，表示输出量调节可达到的精细程度。线绕电位器的分辨力较差。

(3) 阻值变化规律。电位器的阻值变化规律有直线式（X）、指数式（Z）、对数式（D）等，如图 1-7 所示。直线式电位器适用于电阻值均匀调节的场合；指数式电位器适宜人耳的听觉特性，多用于音量控制电路中；对数式电位器适用于音调控制电路和对比度控制电路中。

(4) 轴长与轴端结构。电位器有多种规格与形状的轴长和轴端结构，以适应不同的安装场合。

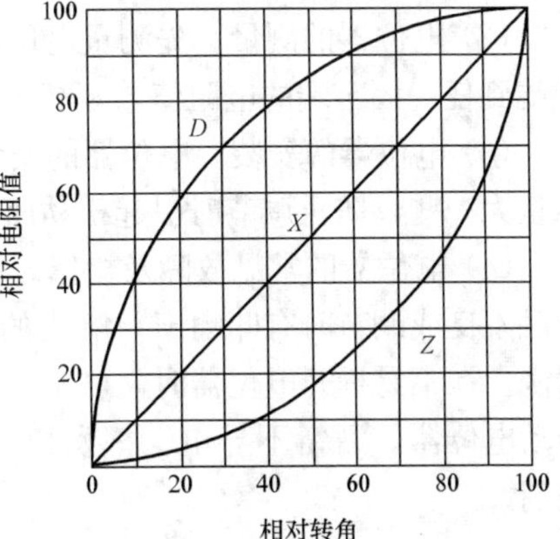

图 1-7 电位器阻值变化规律

X—直线式；D—对数式；Z—指数式

四、几种常用电位器的特点

合成碳膜、有机实心和线绕电位器是常见的电位器，它们的性能和特点与同材质的固定电阻器相似，所不同的是电位器有可滑动的触点，因此还要考虑它的阻值变化特性、接触的可靠性、材料的耐磨性等。

线绕电位器具有准确度高、稳定性好、温度系数小、接触可靠等优点，并且耐高温、功率负荷能力强；缺点是阻值范围不够宽、高频性能差、分辨力不高。这种电位器广泛应用于电子仪器、仪表中。

合成碳膜电位器具有阻值范围宽、分辨力高、工艺简单、价格低廉等特点，但阻值的稳定性及耐潮性差。这类电位器在消费类电子产品中大量应用。

有机实心电位器结构简单、阻值范围宽、分辨力高、耐热性好、可靠性高，但耐压低、噪声大。这类电位器一般是制成小型半固定形式，在电路中作微调用。

多圈电位器属于精密型电位器，转轴每转动一圈，滑动臂触点在电阻体上仅改变很小一段距离，因而准确度高。

非接触型电位器因克服了接触型电位器滑动噪声大的缺陷，正逐渐被采用，如光敏电位器、磁敏电位器等。

几种常用电位器的外形如图 1-8 所示。

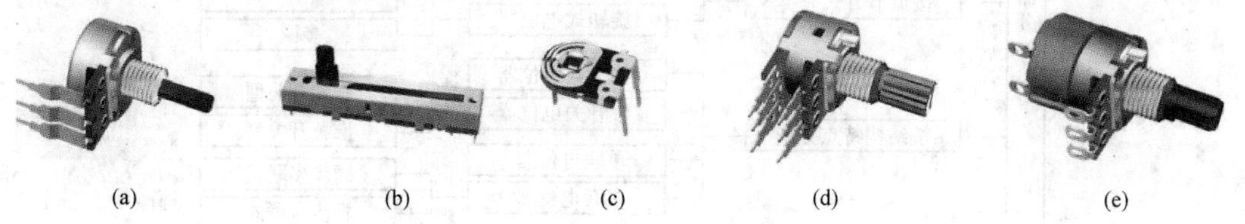

(a) (b) (c) (d) (e)

图 1-8 几种常见电位器的外形图

(a) 旋转式；(b) 直滑式；(c) 微调式；(d) 双联式；(e) 带开关式

五、电位器的选用

(1) 根据需要选择不同的结构形式与调节方式。在选择电位器时，要考虑线路板与外壳的距离、调节时灵活方便等因素，选择电位器的结构形式与调节方式。

(2) 根据电路要求选择不同技术性能的电位器。选择电位器时还要考虑对电位器性能参数的要求，如额定功率、工作频率、调节准确度、耐温、耐湿、耐磨、价格等因素。

六、实习指导

(1) 电位器的外观检查。电位器的外观应当无缺陷，转动灵活，转动时无异常响声。

(2) 电位器的测量。先测量电位器的阻值是否与标称阻值相符，然后再测量电位器的滑动端到任一固定端的电阻值，观察阻值的变化是否连续，是否有跳动现象。

(3) 电位器的安装。电位器的安装应牢固，对直接焊接到电路板上的电位器，焊接点要尽量大一些，防止调节时引起松动而导致虚焊现象。

(4) 电位器的常见故障及检修。家用电子产品中常用的是碳膜电位器，碳膜磨损会引起接触不良或调节时有咔喇声。解决的办法是拆开电位器，用棉球蘸酒精（纯度 95%以上）清洗。在不易拆开电位器时，可用注射器从电位器的缝隙中注射一些酒精进行清洗，同时要转动电位器。酒精不导电、挥发快，也不会腐蚀电子元件，在电子产品维修中常用作清洗剂。

第三节 电 容 器

电容器是一种储能元件，能够把电能转换成电场能储存起来。电容器在电路中有隔直流、耦合交流、滤波、旁路、调谐等用途。其常用单位是 F（法拉）、μF（微法）、nF（纳法）和 pF（皮法），它们之间的换算关系为

$$1\text{F}=10^{6}\mu\text{F}=10^{9}\text{nF}=10^{12}\text{pF}$$

一、电容器的分类

电容器按照介质不同，可分为空气、瓷介、云母、薄膜、玻璃釉、电解电容器等；按结构不同，可分为固定电容器、半可变电容器和可变电容器。图 1-9 是电容器的图形符号。

(a) (b) (c) (d)

图 1-9 电容器的图形符号

(a) 固定电容器；(b) 半可变电容器；(c) 可变电容器；(d) 电解电容器

1. 固定电容器

固定电容器的容量是不变的，图 1-10 是几种常见固定电容器的外形。

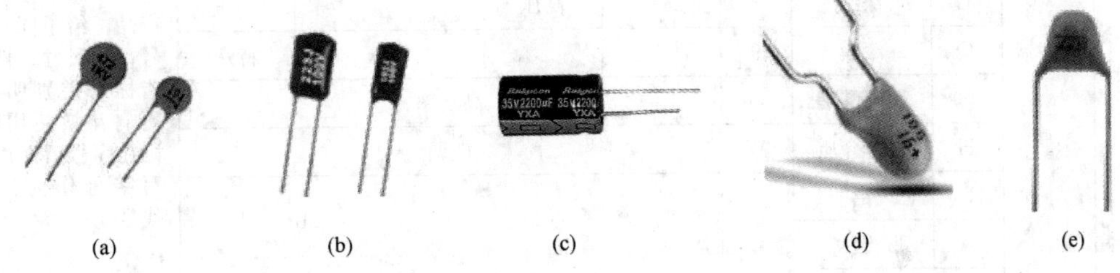

图 1-10 几种常见固定电容器的外形图

(a) 瓷片电容器；(b) 涤纶电容器；(c) 电解电容器；(d) 钽电容器；(e) 独石电容器

2. 半可变电容器

半可变电容器又称为微调电容器或补偿电容器。其容量可以在小范围内调节，一般在几皮法到几十皮法之间。图 1-11（a）、(b) 所示的瓷介微调电容器和拉线微调电容器是两种常见的半可变电容器，多用于收音机的调谐电路。

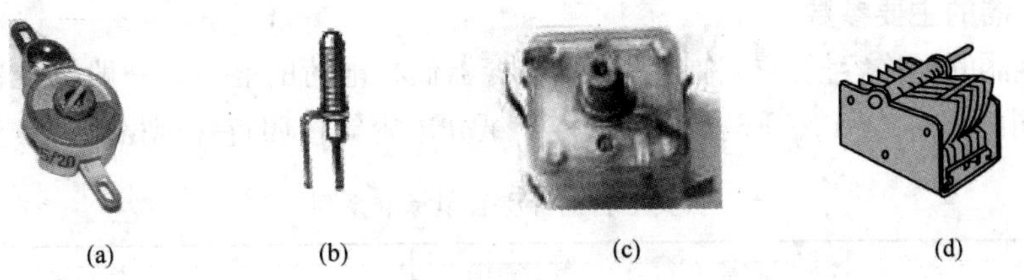

图 1-11 半可变电容、可变电容的外形图

(a) 瓷介微调电容器；(b) 拉线微调电容器；(c) 双联可变电容器；(d) 可变电容器的结构

3. 可变电容器

可变电容器由成组的金属动片和定片组成，动片可以通过转轴转动，通过改变插入定片的面积，可改变其电容量。可变电容有单联、双联、三联等结构形式，介质有空气、有机薄膜等，其外形与结构如图 1-11（c)、(d) 所示。双联可变电容多用于收音机的调谐电路。

二、电容器的型号命名法

根据国标 GB 2470—1995 规定，电容器的型号由四个部分组成，见表 1-7。

表 1-7 电容器的型号命名法

第一部分 主称		第二部分 材料		第三部分 特征、分类					第四部分 序号
符号	意义	符号	意义	符号	意义				
					瓷介	云母	电解	有机	
		C	瓷介	1	圆片	非密封	箔式	非密封	
		Y	云母	2	管形	非密封	箔式	非密封	
		I	玻璃釉	3	叠片	密封	烧结粉液体	密封	
		O	玻璃膜	4	独石	密封	烧结粉固体	密封	
		Z	纸介	5	穿心			穿心	
		J	金属化纸	6	支柱		无极性		对主称、材料相同，仅尺寸、性能指标略有不同，但基本不影响使用的产品，给予同一序号；若尺寸、性能指标的差别明显，影响互换使用时，则在序号后面用大写字母作为区别代号
		B	聚苯乙烯	7					
		L	涤纶	8	高压	高压		高压	
C	电容器	Q	漆膜	9			特殊	特殊	
		S	聚碳酸酯	G	高功率				
		H	复合介质	W	微调				
		D	铝						
		A	钽						
		N	铌						
		G	合金						
		T	钛						
		E	其他						

示例：某电容器的型号为 CD11，前三位字母和数字表示该电容器为箔式铝电解电容器，第四位数字代表电容器的序号。

三、电容器的主要参数

(1) 电容器的标称容量。标称容量表示电容器储存电荷的能力。一般电容器的容量按照与电阻器相同的 E24、E12、E6 等系列生产，纸介电容等按照特殊规格生产，见表 1-8。

表 1-8 各类电容器标称容量标准系列

名　　称	允许偏差（%）	容量范围	标称容量
纸介质、复合介质、低频（有极性）有机薄膜介质	±5 ±10 ±20	100pF～1μF	1.0、1.5、2.2、3.3、4.7、6.8
		1～100μF	1、2、4、6、8、10、15、20、30、50、60、80、100
有机薄膜介质、瓷介质	±5、±10		E24、E12
铝电解电容	±10、±20		E6

注　电容器的标称容量为表中数值或表中数值乘以 10^n，其中 n 为整数。

(2) 电容器的允许偏差。电容器的实际容量与标称容量之间的最大允许偏差范围称为电容量的允许偏差。电容器的允许偏差及表示代码见表 1-9。

表 1-9 电容器的允许偏差及表示代码

代　码	F	G	H	I	J	K	M
允许偏差（%）	±1.0	±2.0	±2.5	±3.0	±5.0	±10	±20

(3) 电容器的额定直流电压。额定直流电压是指在规定温度下，电容器长期可靠工作所能承受的最大直流电压，也称为耐压值。交流电压的峰值不得超过电容器的额定直流电压，否则电容器就会被击穿损坏。固定式电容器的耐压系列值有：1.6、4、6.3、10、16、25、32*、40、50、63、100、125*、160、250、300*、400、450*、500、1000V 等（带 * 号者只限于电容器使用）。

(4) 绝缘电阻。电容器的绝缘电阻就是介质的电阻，也称为漏电阻。电容器的漏电流越小越好，绝缘电阻越大越好。大容量铝电解电容器的绝缘电阻只有几兆欧姆，云母电容器的绝缘电阻可达 1TΩ。

(5) 损耗角正切（$\tan\delta$）。由于存在漏电，在电容器两端加交流电压时会产生功率损耗。电容器的有功功率与无功功率之比定义为损耗角正切，也称为损耗因数。

四、几种常见的电容器

1. 瓷介电容器

瓷介电容器是以陶瓷材料为介质，在其表面烧渗银层作为电极制成的。其特点是介质损耗较低，电容量对温度、频率、电压和时间的稳定性较高，价格低廉，应用广泛。瓷介电容器常用于高频电路中，作为调谐、振荡、温度补偿、旁路等。其缺点是机械强度低，容量不大。

2. 纸介电容器

纸介电容器是用两片金属箔作电极，夹在浸蜡的纸中，卷成圆柱形或者扁柱形芯子，然后密封制成。它的特点是体积较小、容量大。缺点是化学稳定性差、易老化、吸湿性大、需密封、固有电感和损耗比较大，适用于低频电路。

3. 金属化纸介电容器

金属化纸介电容器的结构与纸介电容器基本相同，它是用蒸发的方法，使金属附着于纸上作为电极，代替了金属箔，因此体积更小。这种电容还具有自愈作用，当工作电压过高，电容器被击穿后，金属膜很薄可蒸发，从而使其电气性能恢复到击穿前的状态。

4. 有机薄膜电容器

有机薄膜电容器就是用有机薄膜代替纸介或金属化纸介电容器中的纸作为介质，与后者相比，其体积更小、质量更轻、电参数更优，可用于高频电路。这类电容器主要有涤纶、聚碳酸酯、金属化聚碳酸酯、聚丙烯、聚苯乙烯、聚四氟乙烯电容器等。涤纶电容器在电子产品中应用最多，其优点是体积小、容量范围大、耐潮性好；缺点是电参数随温度变化较大，应工作在 85℃以下。

5. 云母电容器

云母电容器以云母作介质，用金属箔或在云母片上喷涂银层作电极板，极板和云母一层一层叠合后，再压铸在胶木粉或封固在环氧树脂中制成。其特点是介质损耗小、漏电流小、耐压范围宽、可靠性高、温度系数小，适用于高频电路。

6. 铝电解电容器

铝电解电容器用两层铝箔作电极，中间用绝缘纸隔开，卷绕后浸渍电解质并密封而成。

由于电解液的作用，在铝箔的表面会产生一层氧化膜。该氧化膜类似半导体中的PN结，具有单向导电的特性。因此，铝电解电容器有正负极性，使用时不能接反，否则会导致漏电流增大，电容器过热损坏，甚至炸裂。

铝电解电容器受温度影响大、损耗比较大、高频性能差，但容量大，价格低，所以广泛应用于低频电路中作滤波、耦合、旁路电容器等使用。在性能要求高的场合，可选用钽电解电容器和铌电解电容器。

五、电容器的标识方法

为了便于识别，常将电容器的容量、耐压、允许偏差等参数标注到外壳上。电容器的标识方法与电阻器类似，有直标法、文字符号法、数码法、色标法等。对于不同类型的电容器，由于外形和体积的不同，标识方法也不完全相同。

1. 瓷片电容器的标识

瓷片电容器成圆片形，体积很小，一般只在外壳上标注电容量，不标注其他参数，如图1-12所示。

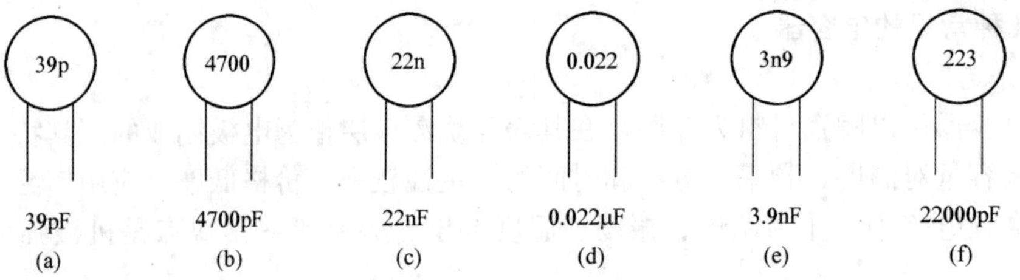

图1-12 瓷片电容器的标识方法

图1-12 (a)～(d) 采用了直标法。直标法标注时可将电容器的单位pF和μF省略，如图1-12 (b)、(d) 所示，但nF不能省略。图1-12 (e) 采用了文字符号法，用电容的单位n (nF) 代替小数点，以便于识别。图1-12 (f) 采用了数码法，用三位数表示电容量，前两位是有效数字，第三位代表有效数字后面零的个数，单位是pF。

2. 涤纶电容器的标识方法

涤纶电容器呈扁平形，体积比瓷片电容器稍大，可标注容量、耐压、允许偏差等参数，如图1-13所示。

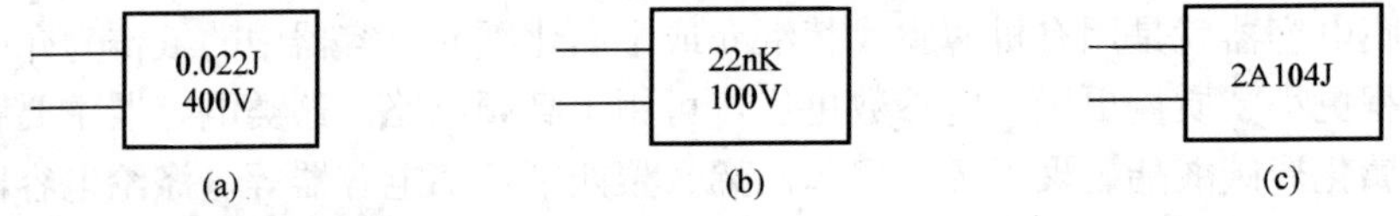

图1-13 涤纶电容器的标识方法

(a) 容量0.022μF，允许偏差±5%，耐压400V；(b) 容量22nF，允许偏差±10%，耐压100V；
(c) 容量100 000pF，允许偏差±5%，耐压100V

涤纶电容器容量的标识方法与瓷片电容器相同，允许偏差用代码表示，其意义见表1-9。耐压值可直接标注在外壳上，如图1-13 (a)、(b) 所示，也可以用代码表示，如图1-13 (c) 所示。用代码表示耐压时，代码由一位数字和一位字母组成，电容器耐压与其代码的对应关系见表1-10。

表 1-10 电容器耐压及代码

序号	耐压（V）											
	A	B	T	C	D	E	F	G	H	X	J	K
0	1.0	1.25	1.5	1.6	2.0	2.5	3.15	4.0	5.0	6.0	6.3	8.0
1	10	12.5	15	16	20	25	31.5	40	50	60	63	80
2	100	125	150	160	200	250	315	400	500	600	630	800
3	1000	1250	1500	1600	2000	2500	3150	4000	5000	6000	6300	8000

举例：2A 标示耐压为 100V，2E 标示耐压为 250V。

3. 电解电容器的标识

电解电容器呈圆柱形，体积较大，可直接在外壳上标注容量、耐压等参数，还可标注商标、生产日期等。电解电容器有正负极性，一般在电容器上对应负极处用负号标识出来。电解电容器的外形与标识方法如图 1-14 所示，管脚长的是正极，管脚短的是负极。

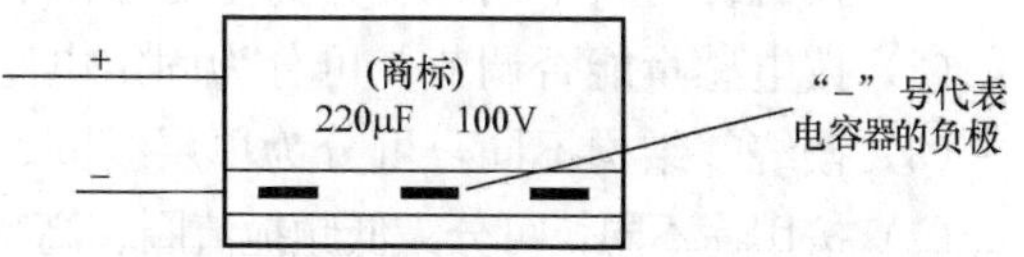

图 1-14 电解电容器的外形与标识方法

六、电容器的选用

电容器的种类繁多，性能指标各异，合理选用电容器对于产品的设计非常重要。在具体选用时，要考虑性能指标要求、工作环境、电容器的体积、价格等因素。

在电源滤波、低频耦合、低频旁路电路中应选用铝电解电容器，性能要求高的场合，选用钽电解电容器或铌电解电容器。在一般电子电路中的耦合、旁路、谐振电路中可选用瓷片电容器或涤纶电容器，要求稳定性高的谐振电路中可选用云母电容器。在高频电路中应选用瓷片电容器。

一般电容器的耐压应高于实际工作电压的 1～2 倍。电解电容器耐压的选择比较特殊，应使实际工作电压是其耐压的 50%～70%，若实际工作电压低于其耐压的一半，反而会使损耗增大。

七、实习指导

电容器的常见故障是开路、短路、漏电和失效（容量减小）。

用数字式万用表测量电容的方法非常简单。数字式万用表一般都有测量电容量的功能，只要把电容器插入测量孔中，就能准确地显示出其容量。如果电容器出现断路、短路等故障，它的容量显示就会出现异常。数字式万用表一般只能测量 200μF 以下的电容器，要测量数值更大的电容器，可使用数字电桥。

电解电容器加反向电压时，会有漏电，这属于正常现象，但加正向电压时，不能有漏电现象。其他种类的电容，在加正、反向电压时都没有漏电现象。

第四节 电 感 器

电感器也称为电感线圈，具有储存磁场能量的功能，在电路中用于滤波、通直流阻交流、谐振等。电感线圈通常由骨架、绕组、屏蔽罩、磁芯等组成，图 1-15 是一些常用电感器的外形。

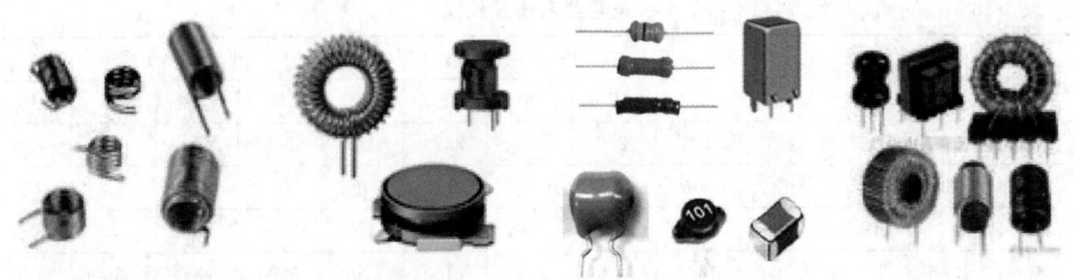

图 1-15　几种常见电感器的外形图

一、电感器的分类

电感器的种类很多，分类方法也有多种：

(1) 按磁体材料不同，可分为空心线圈、铁芯线圈、磁芯线圈和铜芯线圈；

(2) 按电感量能否调节，可分为固定电感器和可变电感器；

(3) 按绕线结构不同，可分为单层线圈、多层线圈和蜂房式线圈；

(4) 按用途不同，可分为低频扼流圈、高频扼流圈、天线线圈、偏置线圈和振荡线圈等。

二、电感器的参数

(1) 电感量。电感量也称为自感系数，是电感线圈的一个重要参数，单位是 H（亨利）、mH（毫亨）和 μH（微亨）。电感量的大小与线圈的直径、匝数以及有无磁芯等因素有关。

(2) 品质因数。品质因数也称为 Q 值，它是在某一频率下工作时，线圈的感抗与其等效损耗电阻的比值，表达式为

$$Q = \omega L/R = 2\pi fL/R$$

Q 值越高，电感的损耗越小，效率就越高。Q 值与线圈的直流电阻、磁芯材料性能、骨架介质损耗、电流的趋肤效应等因素有关。

(3) 分布电容。线圈匝与匝之间、线圈与地之间、线圈与屏蔽盒之间及线圈的各层之间存在寄生电容效应，称为分布电容。分布电容的存在，会使线圈的 Q 值减小。减小分布电容的方法有减小线圈骨架直径，高频线圈采用多股漆包线绕制，采用蜂房绕法或分段绕法等。

(4) 额定电流。额定电流是指允许长时间通过线圈的最大工作电流。

三、电感器的型号命名法

电感器的型号由四个部分组成，各部分的意义如图 1-16 所示。

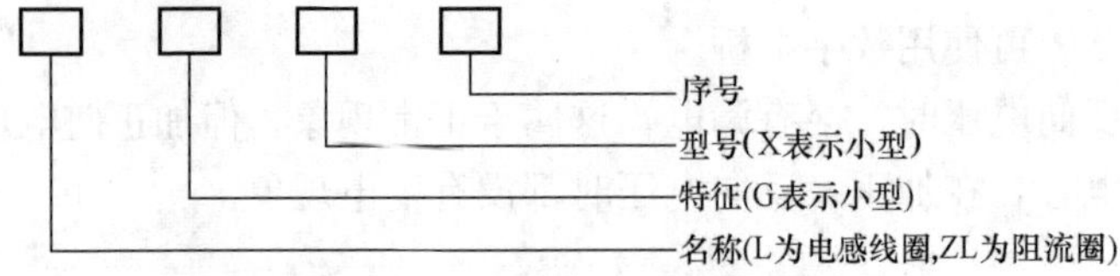

图 1-16　电感器型号命名法

对于特殊电感器，各厂家命名方法并不统一，但一般包括电感量、允许偏差、产品尺寸、工作电流等参数。

四、电感器的标识方法

电阻器和电容器都是标准元件，电感器通常为非标准元件，除了少数可使用现成的产品

外，多数需根据电路要求自行设计制作。

电感器的标识方法有直标法、文字符号法、数码法、色码法等，这些标识方法与电阻器的标识方法类似。用文字符号法表示电感量时，用字母 R 代替小数点，电感的单位是微亨，例如 R68 表示的电感量是 0.68μH。用数码法和色码法表示电感量大小时，电感量的单位也是 μH。色码法包括色环法和色点法，色点法与色环法标识电感的方法相似，区别只是用四个色点代替了四条色环。

五、电感器的选用

选择电感器时，电感器的参数要适应电路要求，并且机械结构牢固，损耗小，电磁辐射对环境的影响要小。铁芯线圈只能工作在低频电路，铁氧体线圈、空心线圈可工作于高频电路。当工作频率高于 100MHz 时，只能选用空心线圈。

六、实习指导

(1) 电感线圈的检测。用万用表电阻挡测量线圈的电阻值，若阻值为无穷大，则线圈内部开路，或线圈与引脚断开；若阻值显著减小，则线圈内部存在匝间短路（也称为局部短路）现象。若电感线圈匝数很多，导线又细，则其内电阻较大，可达几欧姆至几十欧姆；若匝数很少，导线又粗，则其内电阻很小，接近于零。对于有金属屏蔽罩的电感线圈，还需检查它的线圈与屏蔽罩间是否短路。对于有磁芯的可调电感器，要检查调节是否顺利。

(2) 电感线圈的导线是绝缘漆包线，若电感线圈断开，重新连接时，要将连接处导线表面的绝缘漆刮掉，否则会产生开路故障。

(3) 电感量的调节。空心线圈通过改变其形状，可调节电感量。磁芯线圈通过调节磁芯插入线圈的深度，可调节其电感量。为减少人体的电感感应，在调节时最好使用无感螺丝刀。无感螺丝刀不带磁性，可自行用竹木削制。

第五节 变 压 器

变压器是利用电磁感应原理制成的，它能实现能量的传输、信号的传递、电压变换、电流变换、阻抗变换等作用。图 1-17 是几种变压器的外形，图 1-18 是变压器的结构与符号。

图 1-17 变压器的外形图

一、分类

按变压器的结构形式不同，可分为芯式和壳式。大功率变压器多为芯式结构，小功率变压器多为壳式结构。

按变压器的使用频率不同，可分为低频变压器、中频变压器和高频变压器。低频变压器又可分为音频变压器和电源变压器。

音频变压器可用于收音机的功放电路，作为阻抗变换和电压变换。中频变压器用于收音

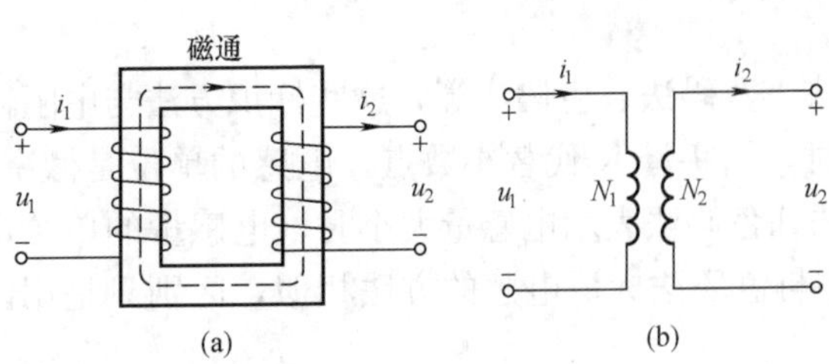

图 1-18 变压器的结构与图形符号
(a) 结构;(b) 图形符号

机和电视机的中频放大电路，起调谐和耦合作用，工作频率从几百千赫兹到几十兆赫兹。中频变压器通常封闭在金属外壳中，金属外壳起电磁屏蔽作用。电源变压器对 50Hz 的工频交流电进行电压变换，升高或降低电压以适应电路的要求。

二、变压器的主要参数

(1) 额定电压。额定工作状态时，变压器一次绕组所加的电压值。

(2) 额定功率。额定功率是电源变压器在额定电压和频率下，能长期工作不超过规定温升的输出功率。

(3) 电压比。变压器一、二次绕组电压之比称为变压器的电压比，简称为变比。

(4) 效率。在额定负载下，变压器输出功率与输入功率的比值称为效率。

除此之外，变压器还有绝缘电阻、空载电流、电压调整率、温升、漏电感等参数。

三、变压器的命名法

变压器的种类很多，其型号命名方法如图 1-19 所示。

收音机或电视机中使用的中频变压器是一类特殊的小型变压器，其型号命名方法如图 1-20 所示，各部分的意义见表 1-11。

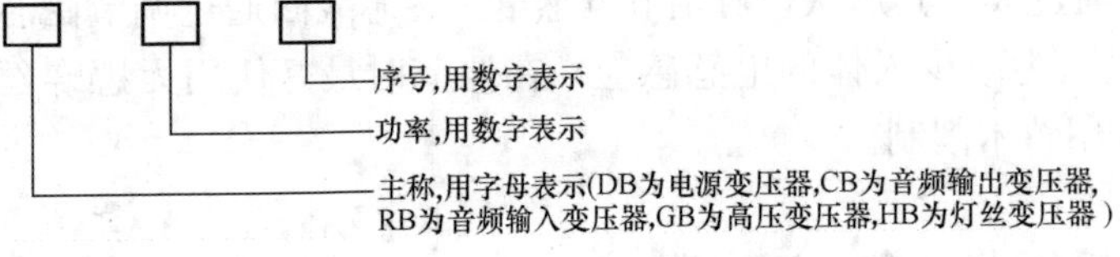

图 1-19 变压器型号命名方法

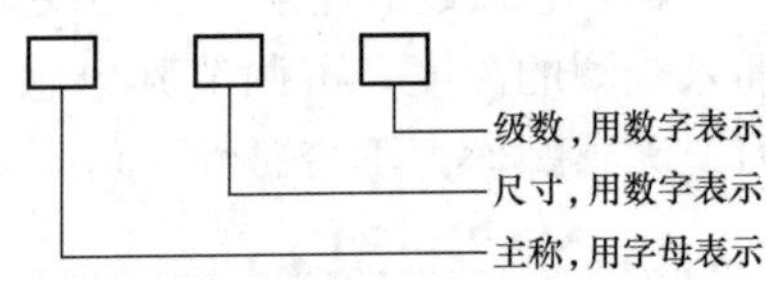

图 1-20 中频变压器型号命名方法

表 1-11 中频变压器型号中各部分的意义

主称		尺寸		级数	
字母	名称、特征、用途	数字	外形尺寸(mm)	数字	用于中频放大级数
T	中频变压器	1	7×7×12	1	第一级
L	线圈或振荡线圈	2	10×10×14	2	第二级
T	磁性瓷芯式	3	12×12×16	3	第三级
F	调幅收音机用	4	20×25×36		
S	短波段				

示例：TTF－2－2 为调幅收音机第二级用磁芯式中频变压器，外形尺寸为 10mm×10mm×14mm。

四、实习指导

变压器的主要故障是开路、短路和漏电，可以用万用表、兆欧表或测电笔进行检查。

1. 变压器开路、短路故障的检查

用万用表电阻挡分别测量一次绕组和二次绕组的电阻值，若阻值为无穷大，则绕组开路；若阻值明显减小或为零，则绕组内部存在匝间短路现象。若电源变压器出现匝间短路故障，就会使变压器过热，烧毁变压器或烧断保险管。

2. 电源变压器漏电故障的检查

电源变压器绕组与绕组之间、绕组与铁芯之间都要相互绝缘，若绝缘材料的绝缘性能降低，就会出现绕组之间或绕组与铁芯之间的漏电现象。用万用表的电阻挡不能检查变压器的漏电故障，因为数字万用表的表内电池电压较低（9V）。检查漏电故障应当用 500V 或 1000V 的兆欧表，或用测电笔检测。

3. 电源变压器的隔离作用

变压器的一、二次绕组之间，通过磁场进行能量的传递，它们之间没有电流通路。因此，电源变压器的一、二次绕组之间具有电的隔离作用，二次绕组后面的电路与高压电网是隔开的。多数电子产品都需要使用交流电源供电，正是由于电源变压器的隔离作用，保证了产品的安全性。若电源变压器出现漏电现象，会严重威胁产品使用者和维修人员的安全。

第六节 半导体器件的型号命名方法

一、国产半导体器件的型号命名法

国产半导体器件的型号命名方法见表 1-12。

表 1-12 国产半导体器件型号命名法

第一部分		第二部分		第三部分		第四部分	第五部分
用数字表示器件的电极数目		用汉语拼音字母表示器件的材料和极性		用汉语拼音字母表示器件的类别			
符号	意义	符号	意义	符号	意义		
2	二极管	A B C D	N型，锗材料 P型，锗材料 N型，硅材料 P型，硅材料	P V W C Z	普通管 微波管 稳压管 参量管 整流管		
3	三极管	A B C D E	PNP型，锗材料 NPN型，锗材料 PNP型，硅材料 NPN型，硅材料 化合物材料	L S N U K X G D A T Y B J CS BT FH PIN JG	整流堆 隧道管 阻尼管 光电器件 开关管 低频小功率管 高频小功率管 低频大功率管 高频大功率管 晶闸管 体效应器件 雪崩管 阶跃恢复管 场效应器件 半导体特殊器件 复合管 PIN型管 激光器件	用数字表示器件序号	用汉语拼音字母表示规格

注 低频小功率管 $f_T<3MHz$，$P_C<1W$；高频大功率管 $f_T \geqslant 3MHz$，$P_C \geqslant 1W$。半导体特殊器件、复合管、PIN型管、激光器件的命名只有第三、四、五部分。

示例：3AD50C 表示低频大功率 PNP 型晶体管。

二、美国半导体器件命名法

美国半导体器件根据美国电子工业协会（EIA）规定的方法命名，见表 1-13。

表 1-13 美国半导体器件型号命名法

<table>
<tr><th colspan="2">第一部分</th><th colspan="2">第二部分</th><th colspan="2">第三部分</th><th colspan="2">第四部分</th><th colspan="2">第五部分</th></tr>
<tr><td colspan="2">用符号表示器件的等级</td><td colspan="2">用数字表示PN结的数目</td><td colspan="2">美国电子工业协会（EIA）注册标志</td><td colspan="2">美国电子工业协会（EIA）登记顺序号</td><td colspan="2">用字母表示器件分挡</td></tr>
<tr><td>符号</td><td>意义</td><td>符号</td><td>意义</td><td>符号</td><td>意义</td><td>符号</td><td>意义</td><td>符号</td><td>意义</td></tr>
<tr><td rowspan="2">JAN或J</td><td rowspan="2">军用品</td><td>1</td><td>二极管</td><td rowspan="5">N</td><td rowspan="5">该器件已在美国电子工业协会注册登记</td><td rowspan="5">多位数字</td><td rowspan="5">该器件在美国电子工业协会登记的顺序号</td><td rowspan="5">A
B
C
D
⋮</td><td rowspan="5">同一型号器件的不同挡别</td></tr>
<tr><td>2</td><td>三极管</td></tr>
<tr><td rowspan="2">无</td><td rowspan="2">非军用品</td><td>3</td><td>3个PN结器件</td></tr>
<tr><td>n</td><td>n个PN结器件</td></tr>
</table>

示例：1N4148 是一种二极管，JAN2N3553 是一种军品晶体三极管。

三、日本半导体器件型号命名法

日本半导体器件按日本工业标准 JIS－C－7012 规定的方法命名，见表 1-14。

表 1-14 日本半导体器件型号命名法

<table>
<tr><th colspan="2">第一部分</th><th colspan="2">第二部分</th><th colspan="2">第三部分</th><th colspan="2">第四部分</th><th colspan="2">第五部分</th></tr>
<tr><td colspan="2">用数字表示器件有效电极数目</td><td colspan="2">日本电子工业协会注册标志</td><td colspan="2">用字母表示器件的材料、极性和类型</td><td colspan="2">器件在日本电子工业协会登记顺序号</td><td colspan="2">同一型号器件的改进型产品标志</td></tr>
<tr><td>符号</td><td>意义</td><td>符号</td><td>意义</td><td>符号</td><td>意义</td><td>符号</td><td>意义</td><td>符号</td><td>意义</td></tr>
<tr><td rowspan="2">0</td><td rowspan="2">光电器件</td><td rowspan="11">S</td><td rowspan="11">表示已在日本电子工业协会（EIAJ）注册登记的半导体器件</td><td>A</td><td>PNP 型高频管</td><td rowspan="11">多位数字</td><td rowspan="11">该器件在日本电子工业协会（EIAJ）注册登记的顺序号，不同公司性能相同的器件可以使用同一顺序号，其数字越大越是近期产品</td><td rowspan="11">A
B
C
D
E
F
⋮</td><td rowspan="11">用字母表示对原来型号的改进产品</td></tr>
<tr><td>B</td><td>PNP 型低频管</td></tr>
<tr><td rowspan="2">1</td><td rowspan="2">二极管</td><td>C</td><td>NPN 型高频管</td></tr>
<tr><td>D</td><td>NPN 型低频管</td></tr>
<tr><td rowspan="2">2</td><td rowspan="2">三极管</td><td>F</td><td>P 控制极可控硅</td></tr>
<tr><td>G</td><td>N 控制极可控硅</td></tr>
<tr><td rowspan="2">3</td><td rowspan="2">具有4个有效电极或3个PN结的器件</td><td>H</td><td>N 基极单结晶体管</td></tr>
<tr><td>J</td><td>P 沟道场效应管</td></tr>
<tr><td rowspan="3">$n-1$</td><td rowspan="3">具有n个有效电极的器件</td><td>K</td><td>N 沟道场效应管</td></tr>
<tr><td>M</td><td>双向可控硅</td></tr>
</table>

示例：2SC502A 是一种 PNP 型高频晶体管。

四、欧洲半导体器件命名法

欧洲国家大都使用国际电子联合会的标准对半导体器件命名，见表 1-15。

表 1-15　　欧洲半导体器件命名法

第一部分		第二部分				第三部分		第四部分	
用字母表示使用的材料		用字母表示类型及主要特性				用数字或字母加数字表示登记号		用字母对同一型号者分档	
符号	意义	符号	意义	符号	意义	符　号	意义	符号	意义
A	锗材料	A	检波、开关和混频二极管	M	封闭磁路中的霍尔元件	三位数字	代表通用半导体器件的登记序号	A B C D E F ⋮	表示同一型号的半导体器件按某一参数进行的分档标志
		B	变容二极管	P	光敏元件				
B	硅材料	C	低频小功率三极管	Q	发光器件				
		D	低频大功率三极管	R	小功率可控硅				
C	砷化镓材料	E	隧道二极管	S	小功率开关管				
		F	高频小功率三极管	T	大功率晶闸管	一个字母，两个数字	代表专用半导体器件的登记序号		
D	锑化铟材料	G	复合器件及其他器件	U	大功率开关管				
		H	磁敏二极管	X	倍增二极管				
R	复合材料	K	开放磁路中的霍尔元件	Y	整流二极管				
		L	高频大功率三极管	Z	稳压二极管即齐纳二极管				

示例：AF239S是一种锗材料高频小功率晶体三极管。

五、几种常用小功率二极管和晶体管的参数

1N4001～1N4007等是比较常用的整流二极管，其参数见表1-16。

表 1-16　　几种常用小功率整流二极管的参数

型　号	反向峰值电压U_R（V）	正向平均电流I_F（A）	反向饱和漏电流I_S（μA）
1N4001	50	1	3
1N4002	100	1	3
1N4003	200	1	3
1N4004	400	1	3
1N4005	600	1	5
1N4006	800	1	3
1N4007	1000	1	3
1N5201	100	2	10
1N5202	200	2	10
1N5203	300	2	10

续表

型　号	反向峰值电压 U_R（V）	正向平均电流 I_F（A）	反向饱和漏电流 I_S（μA）
1N5204	400	2	5
1N5205	500	2	10
1N5206	600	2	10
1N5207	800	2	10
1N5208	1000	2	10

9011～9018 等是比较常用的小功率晶体管，其参数见表 1-17。

表 1-17　　几种常用小功率晶体管的参数

型号	极限参数			直流参数			交流参数		类型
	P_{CM}（mW）	I_{CM}（mA）	$U_{(BR)CEO}$（V）	I_{CEO}（μA）	$U_{CE(sat)}$（V）	h_{FE}	f_T（MHz）	C_{ob}（pF）	
CS9011						28			
E						39			
F	300	100	18	0.05	0.3	54	150	3.5	NPN
G						72			
H						97			
I						132			
CS9012						64			
E						78			
F	600	500	25	0.5	0.6	96	150		PNP
G						118			
H						144			
CS9013						64			
E						78			
F	400	500	25	0.5	0.6	96	150		NPN
G						118			
H						144			
CS9014						60			
A						60			
B	300	100	18	0.05	0.3	100	150		NPN
C						200			
D						400			
CS9015					0.5	60	50	6	
A	310					60			
B	600	100	18	0.05	0.7	100	100		PNP
C						200			
D						400			

续表

型号	极限参数			直流参数			交流参数		类型
	P_{CM} (mW)	I_{CM} (mA)	$U_{(BR)CEO}$ (V)	I_{CEO} (μA)	$U_{CE(sat)}$ (V)	h_{FE}	f_T (MHz)	C_{ob} (pF)	
CS9016	310	25	20	0.05	0.3	28～97	500		NPN
CS9017	310	100	12	0.05	0.5	28～72	600	2	NPN
CS9018	310	100	12	0.05	0.5	28～72	700		NPN
8050	1000	1500	25	0.01	0.6	85～300	150	32	NPN
8550	1000	1500	25	0.01	0.6	85～300	150	32	PNP

六、实习指导

在20世纪80年代以前，国内研制或仿制的半导体器件大都严格按照GB 249—1974来命名。改革开放后，大量的独资或合资企业生产的半导体器件按照与国外原厂相统一的型号来命名。由于这些半导体器件的性能极其优越，迅速取代了原先按国标命名的半导体器件，以至于现在的市场上几乎见不到按国家标准命名的二极管和晶体管。在实习过程中，要记住常见半导体器件型号及性能，这会有助于在电路设计或替换时选用合适的元器件。

第七节 半导体二极管

半导体二极管也称为晶体二极管，简称二极管，在电路中起开关、整流、稳压、检波等作用。图1-21是几种常见二极管的外形。

一、二极管的分类

按结构不同，二极管可分为点接触型、面接触型和平面型。点接触型的二极管PN结面积小，不能通过较大的电流，但其结电容小，可以用于高频电路中作检波、开关使用；面接触型的二极管PN结面积大、结电容大，能通过较大电流，一般用于低频整流电路；平面型二极管可用于大功率整流电路或作为开关管使用。

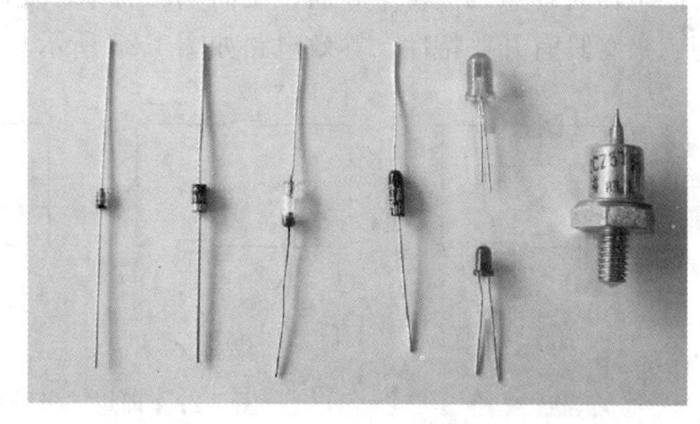

图1-21 几种常见二极管的外形图

按制作二极管的材料不同，可分为硅管和锗管。

按二极管用途不同，可分为普通二极管、整流二极管、稳压二极管、开关二极管等。

二、二极管的主要参数

(1) 最大整流电流（I_F）。它是指二极管长期工作时允许通过的最大正向平均电流，由PN结的面积和散热条件决定。

(2) 最高反向工作电压（U_{RM}）。它是指二极管工作时所能承受的反向电压最大值，超过该值二极管可能被反向击穿。

(3) 反向电流（I_R）。反向电流也称反向漏电流，它是二极管加最高反向工作电压未被击穿时的反向电流值，该电流越小，二极管的单向导电性越好。

(4) 最高工作频率（f_M）。它是指二极管工作频率的最大值，主要由PN结结电容的大小决定。

(5) 正向电压降（U_F）。它是指通过二极管的电流为最大整流电流时，二极管两端的电压值。

三、二极管的结构、符号、特性

1. 二极管的结构、符号和单向导电性

在半导体材料硅或锗中掺入三价元素硼、铝、镓、铟等，就形成P型半导体，P型半导体中有带正电的空穴；若掺入五价元素磷、砷、锑等，就形成N型半导体，N型半导体中有带负电的自由电子。将P型半导体和N型半导体结合在一起，自由电子和空穴向对方相互扩散，就会在交界面处形成PN结。PN结很薄，并具有单向导电特性，电流只能从P区流向N区；反之，则PN结不导通。

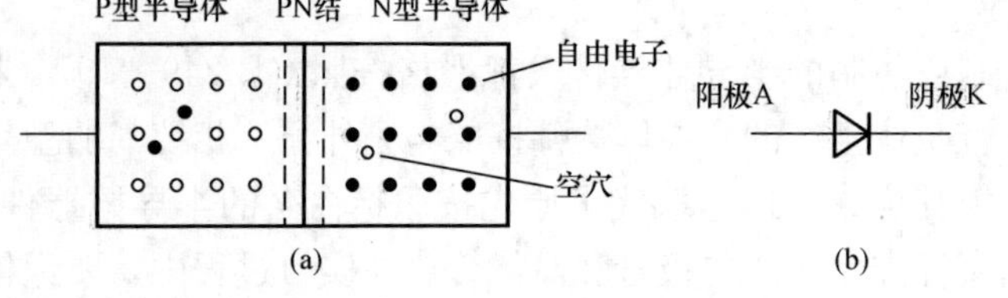

图1-22 二极管的结构和图形符号
(a) 结构；(b) 图形符号

图1-22是二极管的结构和图形符号，它由两层半导体和一个PN结组成。二极管具有单向导电特性，电流只能从阳极流向阴极；反之则不导通。

2. 理想二极管的开关特性

理想二极管在正向导通时，导通电压为零，正向导通电阻为零，相当于开关的闭合。加反向电压时理想二极管不导通，反向电流为零，反向电阻为无穷大，相当于开关的断开。理想二极管具有开关特性，等效电路如图1-23所示。

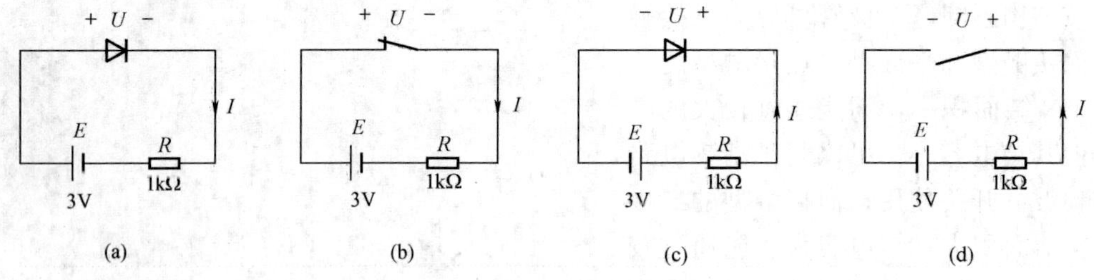

图1-23 理想二极管等效电路
(a) 加正向电压时导通；(b) 加正向电压时的等效电路；(c) 加反向电压时不导通；(d) 加反向电压时的等效电路

3. 二极管的实际工作特性

实际二极管的工作特性与理想二极管的特性很接近，正向导通电阻很小，反向漏电流很小，二极管在电路中常作为开关使用。

硅二极管的正向导通电压约为0.7V，锗二极管的正向导通电压约为0.3V。

二极管的反向电流很小接近于零，硅管的反向电流小于锗管。

二极管的正向导通直流电阻是可变的，这可以用欧姆定律 $R=U/I$ 来分析。由于二极管的正向导通电压 U 基本不变，因此正向导通电流 I 越大，正向导通电阻 R 越小。

四、实习指导

1. 用数字式万用表测量二极管

数字式万用表有测量二极管的挡位，该挡位可用如图1-24所示电路等效（其他挡位不

能用该电路等效)。等效电源电压就是两只表笔开路时，表笔两端的开路电压，一般为 3V。红表笔对应等效电源正极，黑表笔对应等效电源负极。二极管加正向电压时导通，显示屏的读数对应二极管的正向导通电压，硅管约为 0.7V，锗管为 0.2～0.3V。二极管加反向电压时不导通，显示屏的读数是 1。

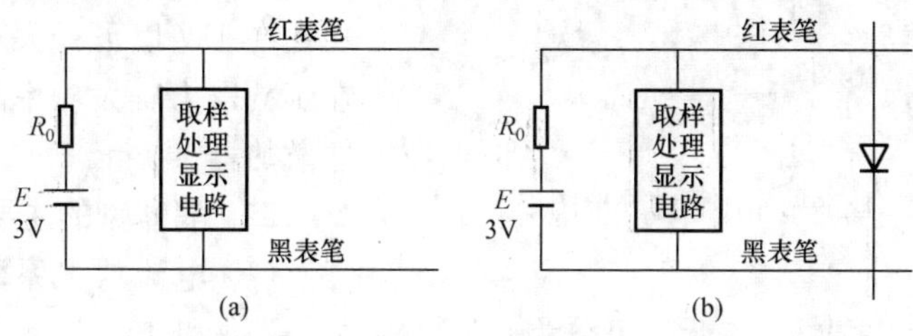

图 1-24 用数字式万用表测量二极管

(a) 二极管挡的等效电路；(b) 测量电路

(1) 二极管好坏的判别。若加正、反向电压测试都显示 0，则说明二极管短路；若加正、反向电压测试都显示 1，则说明二极管开路；若加反向电压测试时不显示 1，则说明二极管有反向漏电故障。

(2) 硅管和锗管的判别。若测得正向导通电压约为 0.7V，则可判别该二极管是硅管；若测得正向导通电压在 0.3V 以下，则可判别该二极管是锗管。

(3) 二极管正负极的判别。二极管导通时，与红表笔相接的是二极管的正极，与黑表笔相接的是二极管的负极；二极管不导通时，与红表笔相接的是二极管的负极，与黑表笔相接的是二极管的正极。

2. 发光二极管的测试

发光二极管有圆形、方形等形状，能发出红、绿、黄等颜色的光。发光二极管加反向电压时，不导通，也不发光；加正向电压时，导通并发光，导通电压约为 1.7V。

用数字式万用表的二极管挡测量，在正向测量（红表笔接发光二极管正极）时，发光二极管导通并发光，显示屏显示出二极管的正向导通电压，约为 1.7V；在反向测量（红表笔接发光二极管负极）时，发光二极管不导通，也不发光，显示屏显示 1。

3. 经验

一般小功率二极管在负极涂上一道色环，以便于区别。发光二极管两个电极长度不同，正极较长。

第八节 晶 体 管

双极型晶体管简称为晶体管或三极管。晶体管在电路中起放大或开关作用，是电路中的核心元件。图 1-25 是几种常见晶体管的外形。

一、晶体管的分类

晶体管品种很多，有多种分类方法。

(1) 按制造材料不同，可分为硅管和锗管。

(2) 按结构不同，可分为 NPN 管和 PNP 管。

(3) 按工作频率不同，可分为高频管和低频管。低频管的工作频率在 3MHz 以下；高频

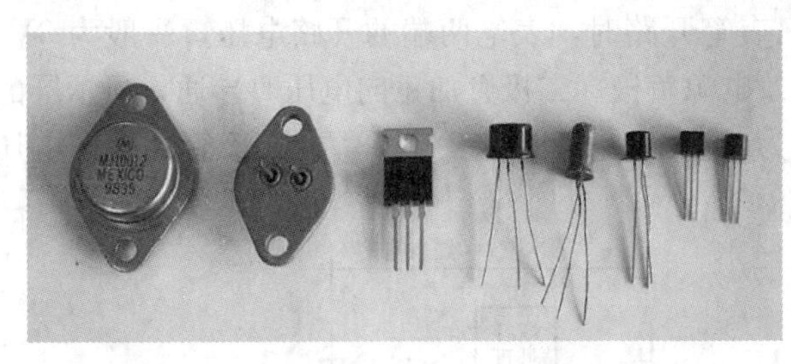

图 1-25 几种常见晶体管的外形图

管的工作频率在 3MHz 以上，可达几百兆赫兹。

(4) 按允许耗散功率不同，可分为小功率管和大功率管。小功率管的额定功耗在 1W 以下；大功率管的额定功耗在 1W 以上。大功率晶体管在使用时要加散热器。

二、晶体管的主要参数

(1) 电流放大系数。晶体管的电流放大系数（倍数）用 β 或 h_{FE} 表示，可分为直流电流放大系数和交流电流放大系数。

不加信号时，晶体管集电极电流 I_C 与基极电流 I_B 的比值称为直流电流放大系数；加信号时，晶体管集电极电流的变化量 ΔI_C 与基极电流的变化量 ΔI_B 之比称为交流电流放大系数。在放大状态时，直流电流放大系数和交流电流放大系数数值接近，使用时不加区分，统称为电流放大系数。

晶体管的直流电流放大系数常用色点标注在外壳上，其意义见表 1-18。

表 1-18 色点代表的电流放大系数

色点	棕	红	橙	黄	绿	蓝	紫	灰	白	黑
h_{FE}	0～15	15～25	25～40	40～55	55～80	80～120	120～180	180～270	270～400	400 以上

(2) 集电极最大允许耗散功率 P_{CM}。由于晶体管的管耗 $P_C = U_{CE} I_C$，要求 U_{CE} 与 I_C 的乘积不能超过 P_{CM}；否则集电结温度过高，会损坏晶体管。

(3) 集电极最大允许电流 I_{CM}。集电极电流超过某一数值后，随电流的增大晶体管的 β 值会下降，当 β 值下降到正常值的 2/3 时，所对应的集电极电流称为集电极最大允许电流。

(4) 反向击穿电压 $U_{(BR)CEO}$。它是基极开路时，加在集电极和发射极之间电压的最大允许值，超过此值会导致晶体管击穿损坏。

(5) 穿透电流 I_{CEO}。它是基极开路时，集电极与发射极之间的反向漏电流。它表明基极对集电极电流失控的程度，数值越小越好。小功率硅管的 I_{CEO} 一般为几微安，小功率锗管的 I_{CEO} 一般为几十微安，大功率硅管的 I_{CEO} 约为毫安级。

(6) 特征频率 f_T。工作频率升高时，晶体管的 β 值下降。当 β 值下降到 1 时，对应的频率称为特征频率。晶体管的实际工作频率要低于 f_T 的 1/3。

三、晶体管的选用和代换

选用晶体管时，要使 f_T、I_{CEO}、β 值等参数符合电路的要求，并使晶体管上的工作电流和电压不超过晶体管的 I_{CM}、$U_{(BR)CEO}$ 和 P_{CM}。还要考虑晶体管的封装形式和尺寸，它们决定晶体管的安装位置和散热器的形状。

性能相近的晶体管可以相互代换，性能高的可以代换性能低的晶体管。

四、晶体管的结构、符号和等效电路

晶体管由三层半导体和两个 PN 结组成，其内部结构、符号和等效电路如图 1-26 所示。内部三个区的名称是集电区、基区和发射区，分别对应集电极、基极和发射极。NPN 型晶体管基极和集电极电流的方向是流入，发射极电流的方向是流出。PNP 型晶体管基极和集电极电流方向是流出，发射极电流方向是流入。对晶体管内部的两个 PN 结，都可以用两个二极管来等效。

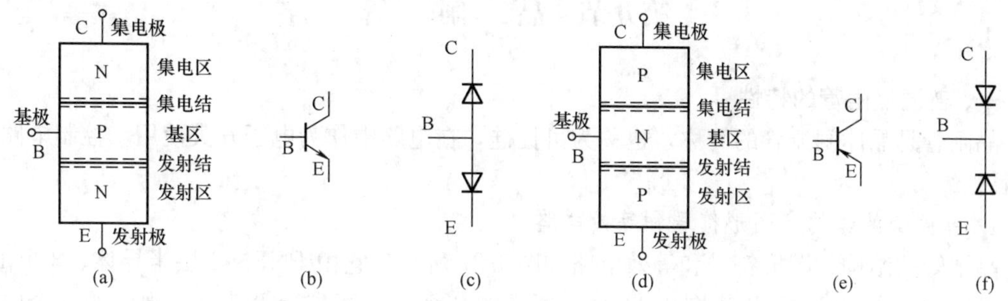

图 1-26 晶体管的结构、符号和等效电路

(a) NPN 型晶体管的结构；(b) NPN 型晶体管的符号；(c) NPN 型晶体管的等效电路；
(d) PNP 型晶体管的结构；(e) PNP 型晶体管的符号；(f) PNP 型晶体管的等效电路

五、实习指导

依据图 1-26 所示晶体管的等效电路，可以判别集电结和发射结的好坏，判别晶体管的型号是 NPN 型还是 PNP 型，判别晶体管的基极、集电极和发射极等内容。

1. 晶体管集电结、发射结好坏以及硅管、锗管的判别

由于可以把晶体管的集电结和发射结都等效为二极管，对集电结和发射结的测量方法、测量结果及故障判别方法都等同于测量二极管。

用数字式万用表测量时，硅管 PN 结的正向电压约为 0.7V，锗管 PN 结的正向电压为 0.2～0.3V。若测得数值过大或过小，则说明 PN 结有故障。

2. NPN 型、PNP 型以及基极的判别

用数字式万用表测量时，假设某一电极是 NPN 型晶体管的基极，将红表笔（接表内等效电源正极）接基极，用黑表笔分别测量另外两个电极，若都导通，则假设正确；若不能都导通，则假设结果不正确，再换另外的电极试验。若对各个电极的假设都不正确，则说明它不是 NPN 型，应当按 PNP 型晶体管进行测试。

PNP 型晶体管的测试方法是：假设某一电极是 PNP 型晶体管的基极，将黑表笔接基极，用红表笔分别测量另外两个电极，若都导通，则假设正确；若不能都导通，则假设结果不正确，再换另外的电极试验。

用这种方法，经过几次测量，必定能找出晶体管的基极，并能确定它是 NPN 型，还是 PNP 型。

3. 晶体管集电极、发射极的判别及电流放大系数的测量

一般的机械式和数字式万用表都有测量晶体管电流放大系数的功能。将晶体管按正确的极性插入测试插孔中，并将量程开关转换到 h_{FE}挡，就能读出电流放大系数的数值。

正常情况下，晶体管的电流放大系数为几十到 300 倍。若数值过大或过小，都说明晶体管有故障。若将晶体管的集电极和发射极接反，测得的电流放大系数很小，这样就能判别集电极和发射极。

4．经验

记住一些常见封装形式下各电极的位置，有助于快速判别晶体管的各个电极。

第九节　晶　闸　管

一、普通晶闸管的特性

晶闸管是晶体闸流管的简称，也称为可控硅，在电路中作为电子开关使用，控制电路的通断。

1．晶闸管的结构、图形符号和等效电路

晶闸管的结构、图形符号和等效电路如图 1-27 所示。它由 PNPN 4 层半导体、3 个 PN 结组成。这 3 个 PN 结可以用图 1-27（c）所示的 3 个二极管进行等效。晶闸管的 3 个电极分别称为阳极 A、阴极 K 和控制极 G。

2．晶闸管的导电特性

（1）晶闸管的导通实验。晶闸管的导通特性可以用图 1-28 所示的实验电路来说明。

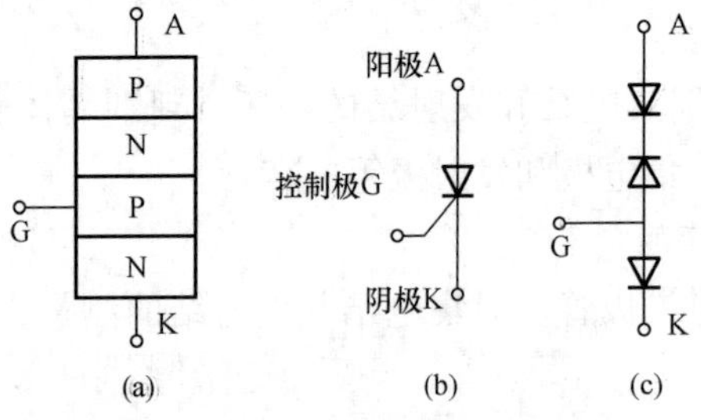

图 1-27　晶闸管的结构、图形符号和等效电路

（a）结构；（b）图形符号；（c）等效电路

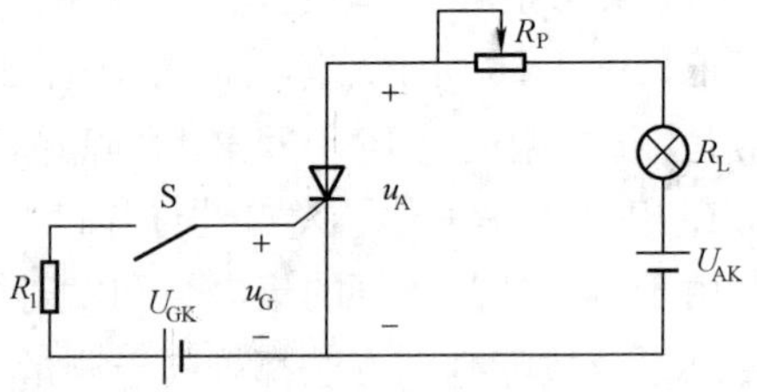

图 1-28　晶闸管的导通与关断实验电路

实验结果如下：

1）阳极加反向电压，控制极不加电压，灯不亮，晶闸管不导通；

2）阳极加反向电压，控制极加正向电压，灯不亮，晶闸管不导通；

3）阳极加反向电压，控制极加反向电压，灯不亮，晶闸管不导通；

4）阳极加正向电压，控制极不加电压，灯不亮，晶闸管不导通；

5）阳极加正向电压，控制极加反向电压，灯不亮，晶闸管不导通；

6）阳极加正向电压，控制极加正向电压，灯亮，晶闸管导通。

通过实验可知，晶闸管的导通条件是：阳极和控制极都加正向电压。

（2）晶闸管的关断实验。晶闸管导通后，断开控制极电源，晶闸管仍然继续导通。这说明晶闸管导通后，控制极失去控制作用。

若将 R_P 阻值调大，减小电路的导通电流，当电流小于某一数值时，晶闸管关断，这一电流称为晶闸管的维持电流。若使阳极电压为零或反向，晶闸管也会关断。

通过实验可知，晶闸管的关断条件是：导通电流小于维持电流，或使阳极电压为零（或反向）。

二、晶闸管的主要参数

（1）正向重复峰值电压 U_{DRM}。在控制极开路和晶闸管正向阻断的条件下，可以重复加在晶闸管阳极和阴极之间的正向峰值电压。若超过此电压，将导致晶闸管失控而自行导通。

（2）反向重复峰值电压 U_{RRM}。在控制极开路时，可以重复加在晶闸管阳极和阴极之间的反向峰值电压。超过此电压，晶闸管可能被反向击穿而损坏。

通常把 U_{DRM} 和 U_{RRM} 中较小的一个作为晶闸管的额定电压。在选用管子时，额定电压应为正常工作峰值电压的 2～3 倍，以保证晶闸管的工作安全。

（3）额定正向平均电流 I_F。在环境温度不大于 40℃和规定的散热条件下，可以连续通过的工频正弦半波电流（在一个周期内的）平均值。

（4）维持电流 I_H。在控制极开路时，维持晶闸管导通所需要的最小电流。

（5）触发电流 I_G。在常温下，阳极加 6V 正电压时，使晶闸管导通所需要的控制极电流，一般为毫安级。

（6）触发电压 U_G。使晶闸管由阻断变为导通，在控制极上所加的最小正电压，其值一般为 5V 左右。

表 1-19 中列出了几种常用晶闸管的主要参数。

表 1-19　几种常用晶闸管的主要参数

型　号	重复峰值电压 U_{RRM}（V）	额定正向平均电流 I_F（A）	控制极触发电压 U_G（V）	触发电流 I_G（mA）
MCR100-4 MCR100-6 MCR100-8	200 400 800	0.8	0.8	0.2
2N1595 2N1596 2N1597 2N1598 2N1599	50 100 200 300 400	1.6	3	10
2N4441 2N4442 2N4443 2N4444	50 200 400 600	8	1.5	30

三、特殊晶闸管简介

1. 双向晶闸管

双向晶闸管的图形符号如图 1-29（a）所示，它的三个电极分别称为第一电极 A1、第二电极 A2 和控制极 G。在控制极电压作用下，无论 A1 和 A2 之间加正向电压，还是反向电压，都能导通。控制极电压可以是正电压，也可以是负电压。双向晶闸管特别适合于控制交流电路的通断，如控制调光台灯的亮度。

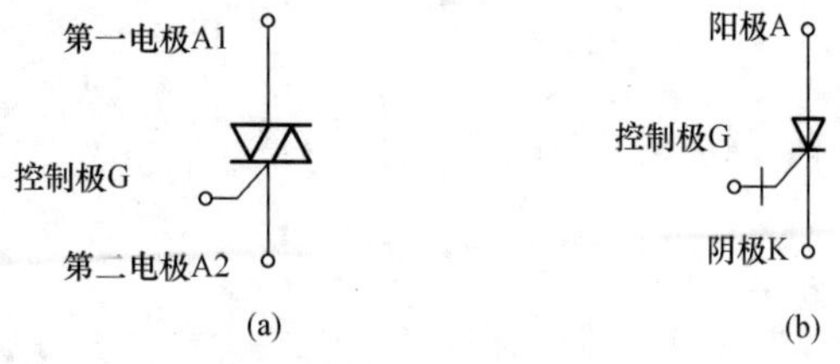

图 1-29　双向晶闸管和可关断晶闸管的图形符号
（a）双向晶闸管的图形符号；（b）可关断晶闸管的图形符号

2. 可关断晶闸管

可关断晶闸管的图形符号如图 1-29（b）所示。它的三个电极的名称与普通晶闸管相同，导通条件也相同。在控制极加反向电压，可以使处于导通状态的可关断晶闸管迅速关断。它具有关断时间短，关断可靠的优点，是一种比较理想的直流开关元件。

四、实习指导

用数字式万用表的二极管挡测量晶闸管时，阳极与控制极之间正、反向测量都不导通，显示 1；阳极与阴极之间正、反向测量都不导通，显示 1；控制极与阴极之间正、反向测量都导通，导通电压为 0.08V 左右。若测量结果与上述数值不符，则说明晶闸管损坏。

第二章 模拟集成电路

模拟集成电路是对模拟信号进行处理的集成电路。早期的模拟集成电路主要用于线性放大，故也称为线性集成电路。模拟集成电路的种类很多，主要包括运算放大器、功率放大器、稳压器、音频放大器、模-数及数-模转换器等器件。

由于集成电路具有体积小、质量轻、功能强、工作稳定可靠等优点，逐渐取代了由分立元器件组成的电路，成为电子电路设计和应用的主流。随着制作技术的不断提高，集成电路正向着高度集成化、微型化、耐高压及输出大功率的方向发展。本章将介绍一些常用的模拟集成电路，以便于大家在电子实习或课程设计时作为参考。

第一节 国产半导体集成电路的命名方法

根据 GB 3430—1989《半导体集成电路型号命名方法》的规定，国产半导体器件的型号由五部分组成，各部分的意义见表 2-1。TTL 和 CMOS 器件型号中第三部分的意义见表 2-2。

表 2-1 国产集成电路的型号命名方法

第一部分		第二部分		第三部分	第四部分		第五部分	
用字母表示器件符合国家标准		用字母表示器件的类型		用阿拉伯数字表示器件的系列和品种代号	用字母表示器件的工作温度范围		用字母表示器件的封装	
符号	意义	符号	意义		符号	意义	符号	意义
C	中国制造	T	TTL 电路	对于 TTL 器件和 CMOS 器件，此部分的意义见表 2-2	C	0～70℃	F	多层陶瓷扁平
		H	HTL 电路		G	−20～+70℃	B	塑料扁平
		E	ECL 电路		L	−25～+85℃	H	黑瓷扁平
		C	CMOS 电路		E	−40～+85℃	D	多层陶瓷双列直插
		M	存储器		R	−55～+85℃	P	塑料双列直插
		μ	微型计算机		M	−55～+125℃	J	黑瓷双列直插
		F	线性放大器				S	塑料单列直插
		W	稳压器				T	金属圆形
		D	音响、电视电路				K	金属菱形
		B	非线性电路				C	陶瓷芯片载体（CCC）
		J	接口电路				E	塑料芯片载体（PLCC）
		AD	A/D 转换器				G	网格针栅阵列（PGA）
		DA	D/A 转换器				SOIC	小引线封装
		SC	通信专用电路				PCC	塑料芯片载体封装
		SS	敏感电路				LCC	陶瓷芯片载体封装
		SW	钟表电路					
		SJ	机电仪表电路					
		SF	复印机电路					

表 2-2　TTL 和 CMOS 器件型号中第三部分的意义

TTL 电路	CMOS 电路
54/74××× 国际通用系列 54/74H××× 高速系列 54/74L××× 低功耗系列 54/74S××× 肖特基系列 54/74LS××× 低功耗肖特基系列 54/74AS××× 先进肖特基系列 54/74ALS××× 先进低功耗肖特基系列 54/74F××× 高速系列（美国仙童公司）	54/74HC××× 高速 CMOS，有缓冲输出级，输入、输出都为 CMOS 电平 54/74HCT×××高速 CMOS，有缓冲输出级，输入 TTL 电平，输出 CMOS 电平 54/74HCU××× 高速 CMOS，不带缓冲级 54/74AC××× 改进型高速 CMOS 54/74ACT××× 改进型高速 CMOS，输入 TTL 电平，输出 CMOS 电平

示例 1：某集成运算放大器的型号及意义。

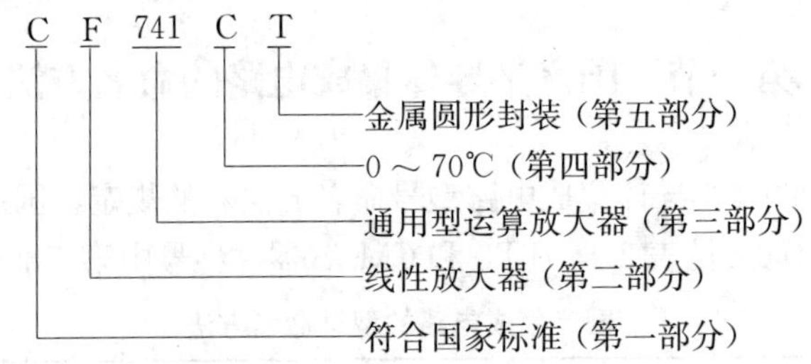

示例 2：某 CMOS 电路的型号及意义。

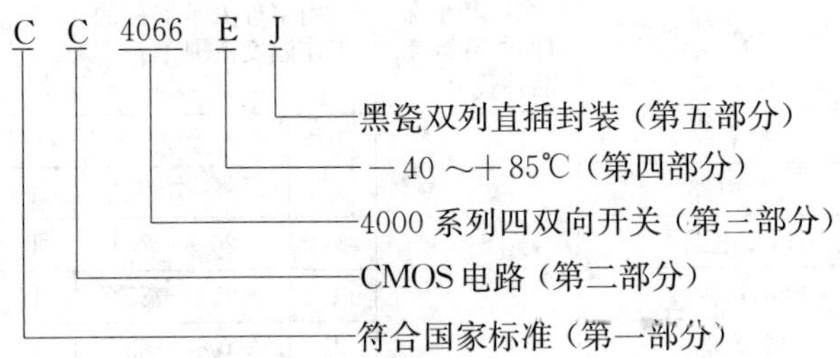

表 2-3 为国外部分公司生产的集成电路产品代号。

表 2-3　国外部分公司集成电路产品代号

生产厂家	型号前缀	生产厂家	型号前缀
日本东芝公司	TA、TB	美国国家半导体公司	LM
日本松下电器公司	AN	美国摩托罗拉公司	MC
日本索尼公司	CXA	美国模拟器件公司	AD
日本日立公司	HA	美国无线电公司	CA
日本电器公司	μPC	荷兰飞利浦公司	TDA
日本三洋公司	LA	韩国三星公司	KA

集成电路的封装和外形有多种形式，但管脚排列都有一定的规律，一般在第一脚附近有参考标记，从标记处开始按逆时针方向计数确定管脚序号，如图 2-1 所示。

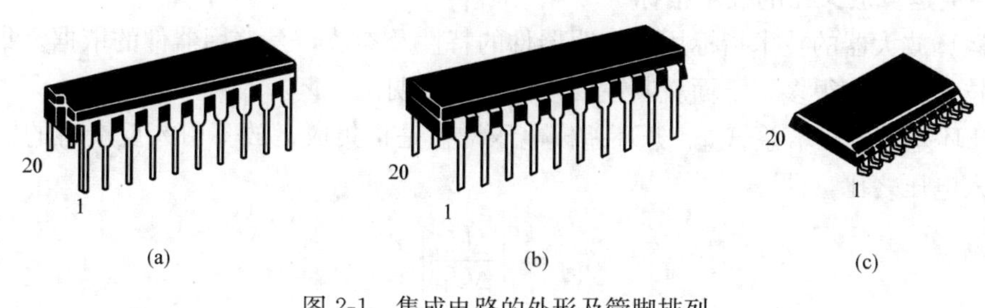

图 2-1　集成电路的外形及管脚排列

第二节　集成运算放大器

集成运算放大器是一种高增益、高输入电阻、低输出电阻的多级直接耦合放大电路。最初，集成运算放大器主要用于模拟运算电路中，实现数值的加、减、乘、除、微分、积分等数学运算。现在，集成运算放大器的应用早已超出了模拟计算的范围，几乎渗透到电子技术的各个领域，例如信号放大、信号比较、信号转换、信号处理以及波形产生等，成为组成模拟电子电路的基本单元。

一、集成运算放大器的分类

集成运算放大器按其技术指标可分为如下几类。

(1) 通用型。这类器件的主要特点是价格低廉，产品量大面广，其性能指标适合于一般性使用，是应用最为广泛的一种。这类产品有 μA741（单运放）、LM358（双运放）、LM324（四运放）等。

(2) 高阻型。这类器件的特点是用场效晶体管作为差分输入级，差模输入阻抗非常高，输入偏置电流非常小，而且具有高速、宽带和低噪声等优点。其偏置电流一般为 pA 数量级，输入阻抗大于 $10^9\Omega$。这类产品有 5G28、LF355、LF356、LF347、CA3130、CA3140 等。

(3) 高准确度、低温漂型。指那些失调电压小，温度漂移非常小，以及增益、共模抑制比非常高的运算放大器，这类运算放大器的噪声也比较小。这类产品有 OP-07、OP-27、AD508、AD707、ICL7650 等。

(4) 高速型。高速型具有快速跟踪输入信号电压的能力，在快速 A/D 和 D/A 转换器、视频放大器等要求具有高转换速率的场合得到应用。这类产品有 μA715、4E321、LM318、AD845、SL541 等。

(5) 低功耗型。一般集成运算放大器的静态功耗在 50mW 以上，而低功耗型集成运算放大器的静态功耗在 5mW 以下。在 1mW 以下者称为微功耗型。低功耗型一般用在便携式产品、航空航天仪器中。这类产品有 ICL7600、ICL7641、CA3078、μPC253 等。其中，ICL7600 的供电电压为 1.5V，功耗为 10μW。

(6) 高压大功率型。在普通的运算放大器中，输出电压的最大值一般仅几十伏，输出电流仅几十毫安。大功率型的输出电压可达上百伏，输出功率可达几十瓦。典型产品有 D41、μA791、LH0021、HA2645、LM143 等。

二、集成运算放大器的技术指标

集成运算放大器的技术指标用来表明器件的特性及参数，是选用器件的依据。集成运算放大器的技术指标有很多，下面就其主要参数进行说明。

(1) 开环差模电压增益 A_{Od}。开环差模电压增益是指集成运放不引入反馈时的输出电压与差模输入电压之比，即

$$A_{Od}=\left|\frac{\Delta U_{O}}{\Delta U_{Id}}\right|$$

A_{Od}常用 dB（分贝）来表示，即

$$A_{Od}(dB)=20\lg A_{Od}$$

开环增益是决定运算放大器运算准确度的重要指标，A_{Od}越高，电路越稳定，准确度也越高。A_{Od}一般为 $10^4\sim10^7$，即 80～140dB。

(2) 输入失调电压 U_{IO}。在运算放大器的两个输入端外加一补偿电压，使运算放大器的输入信号为零时输出电压也为零，补偿电压值即为输入失调电压。高质量运算放大器的 U_{IO} 在 1mV 以下。

(3) 输入失调电流 I_{IO}。输入失调电流是指运算放大器输入信号为零时，两个输入端偏置电流之差。I_{IO}一般小于 $1\mu A$，其值越小越好。

(4) 共模抑制比 K_{CMR}。共模抑制比是运算放大器开环差模电压增益与共模电压增益之比。高质量集成运算放大器的 K_{CMR}可达 160dB 以上。

(5) 差模输入电阻 r_{id}。差模输入电阻是指运算放大器开环时输入电压变化量与输入电流变化量之比，即运算放大器输入端的动态电阻。

(6) 共模输入电压范围 U_{ICM}。运算放大器抑制共模信号的性能是在一定的输入电压范围之内才具备的。如超过这个电压范围，运算放大器的共模信号抑制性能就会大为下降，甚至造成器件损坏。

(7) 最大差模输入电压 U_{IDM}。最大差模输入电压是指同相输入端与反相输入端之间所能承受的最大电压值。

(8) 最大输出电压 U_{OM}。最大输出电压是在规定的电源电压和负载条件下，运算放大器所能输出的最大电压值。

(9) 静态功耗 P_C。静态功耗是集成运算放大器在没有信号输入时所消耗的电源功率值。

(10) 电压转换速率 S_R。电压转换速率反映了集成运算放大器在大信号下输出电压的最大变化速率，即

$$S_R=\left|\frac{du_o}{dt}\right|_{max}$$

它反映了运算放大器对高速变化信号的响应情况，理想运算放大器的转换速率为无穷大。

(11) 单位增益带宽 BW_G。它是指开环电压增益下降到 1 时对应的频率。通常运算放大器的增益和带宽的乘积为常数，增益越高，带宽越窄。

表 2-4 是几种常用集成运算放大器的典型参数。

表 2-4 几种集成运算放大器的典型参数

芯片型号		μA741（单*）	OP07C	NE5532（双）	LF347（四）	LM324（四）
电源电压	双电源	±3～±18V	±3～±18V	±3～±20V	±1.5～±16V	±18V
	单电源	—	—	—	—	3～32V
输入失调电压 U_{IO}		1mV	0.25mV	0.5mV	5mV	2mV
输入失调电流 I_{IO}		20nA	8nA	10nA	25pA	5nA
输入偏置电流 I_{IB}		80nA	±9nA	200nA	50pA	45nA
开环差模电压增益 A_{Od}		2×10^5	4×10^5	50×10^3 ($R_L=600\Omega$)	1×10^5	1×10^5
差模输入电阻 r_{id}		2MΩ	33MΩ	0.3MΩ	$10^{12}\Omega$	—
单位增益带宽 BW_G		1MHz	0.6MHz	10MHz ($C_L=100$pF， $R_L=600\Omega$)	4MHz	1MHz
电压转换速率 S_R		0.5V/μs	0.3V/μs	9V/μs	13V/μs	—
共模抑制比 K_{CMR}		90dB	120dB	100dB	100dB	85dB
功率消耗		60mW	150mW	780mW	570mW	1130mW
输入输电压范围		±13V	±14V	±电源电压	±15V	−0.3～+32V
说　明		通用型	低噪声	低噪声	高阻型（JFET）	通用型

图 2-2 是几种常用运算放大器的管脚排列。

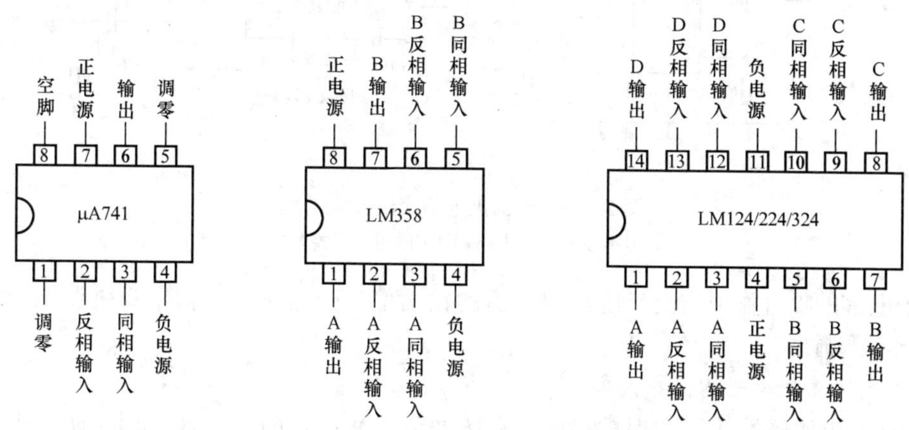

图 2-2 几种常用运算放大器的管脚排列

三、使用集成运算放大器时的注意事项

1. 集成运算放大器的选择

一般应首先考虑使用通用型运算放大器，若通用型运算放大器不能满足设计要求，再考虑选用专用型运算放大器。选用运算放大器时，还要考虑以下问题：若电路的工作频率高，要选用宽带运算放大器；若电路要求的运算准确度高，要选用高准确度运算放大器；若放大微弱的信号，要选用高输入阻抗的运算放大器；若要求电路的静态功率损耗小，要选用低功耗运算放大器；若要求输出电压高，要选用高压型等。

一级运算放大器的增益常选 100 倍，若增益再高将会引起电路产生振荡。若电路需要的增益较高，可用两级或多级运算放大器实现。

2. 双电源供电时电源的接法及电源滤波问题

图 2-3 是采用双电源为集成运算放大器 μA741 供电的电路。双路直流稳压电源串联连接，中间是接地端，另外两端是正电源端和负电源端。在运放电路的电源入口处，要接入 10μF 的电解电容。在集成运放的电源引脚附近接一个 0.1μF 的独石电容或瓷片电容，以滤除从电源引入的干扰。

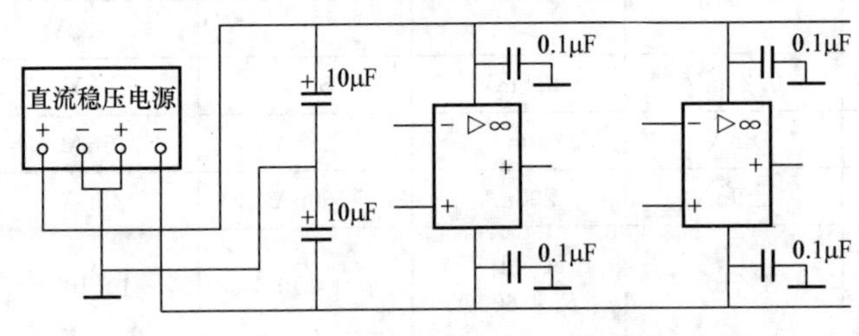

图 2-3 运算放大器的双电源供电

3. 单电源供电时直流偏置工作点的设置

双电源供电的集成运算放大器在采用单电源供电时，要通过偏置电阻设置合适的直流工作点，以获得最大的动态范围。图 2-4 中的电阻 R_2、R_3 都是偏置电阻，若 $R_2=R_3$，则同相端的静态直流电压都被设置成电源电压的一半，即 $U_+=\frac{1}{2}U_{CC}$。图 2-4（a）是反相交流放大电路，放大电路的输入电阻等于 R_1。图 2-4（b）是同相交流放大电路，放大电路的输入电阻等于 $R_4+R_2/\!/R_3$。

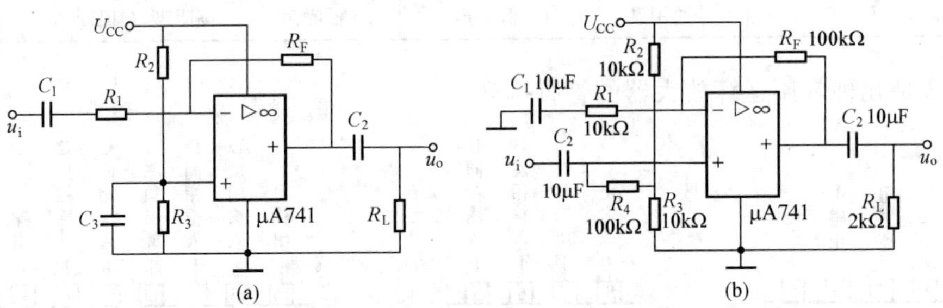

图 2-4 单电源供电的交流放大电路

(a) 反相交流放大电路；(b) 同相交流放大电路

由于电容的隔直作用，交流电压放大器的输出信号受运算放大器本身失调电压影响较小，因此不需调零。

4. 集成运算放大器的保护问题

（1）防止电源极性接反的保护措施。在图 2-5（a）中，两个二极管用于防止电源极性

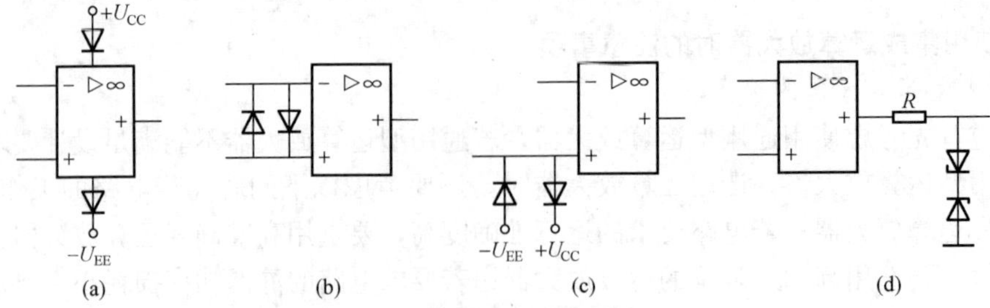

图 2-5 集成运算放大器的保护

(a) 电源极性保护；(b)、(c) 输入端保护；(d) 输出端保护

接反。

(2) 防止差模输入信号过大损坏集成运算放大器的保护措施。在图 2-5 (b) 中，用两个二极管并联在同相端和反相端之间，限制差模输入信号的大小。

(3) 防止共模输入信号过大损坏集成运算放大器的保护措施。在图 2-5 (c) 中，用两个二极管并联在输入端与电源之间，限制共模输入信号的大小。

(4) 输出端的保护。在图 2-5 (d) 中，电阻 R 用于集成运算放大器输出端的限流保护，稳压管用于限制输出电压的范围。

5. 集成运算放大器的消振

集成运算放大器的放大倍数很高，在应用时由于寄生电容等因素的影响，很容易产生自激振荡。对集成运算放大器进行相位补偿可消除自激。有些运算放大器内部已经进行了补偿，可不加外接消振元件，如 μA741 等。有些集成运算放大器引出了补偿端，需要在补偿端接入几十到几百皮法的消振电容。图 2-6 (a) 中 5G24 第 8 脚与第 9 脚之间外接的电容即消振电容。对没有补偿端的集成运放要增加消振电容，如图 2-6 (b) 所示。

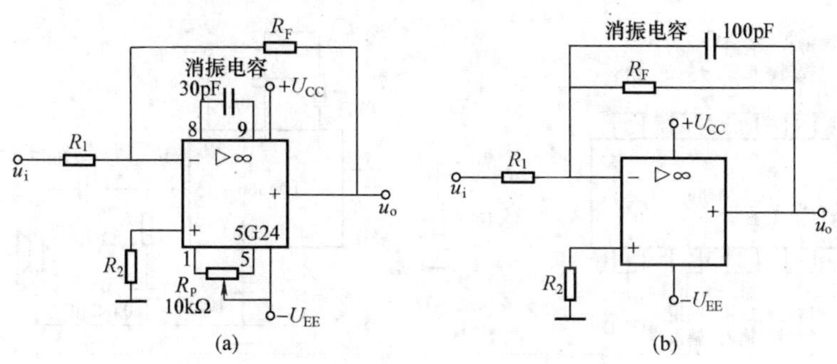

图 2-6 集成运算放大器的消振

(a) 有补偿的消振；(b) 无补偿的消振

6. 集成运算放大器的调零

由于输入失调电压和失调电流的影响，在输入为零时，输出不为零，这将影响运放的准确度，特别在作为直流放大器使用时，这种影响更加明显，为此需要进行适当的补偿，这就是调零。有些集成运算放大器引出了调零补偿端，只需按规定接入相应的补偿电路即可。在图 2-6 (a) 中，5G24 的第 1 脚和第 5 脚的电位器 RP 即作为调零用。有些集成运放没有引出调零补偿端，就需要在同相端或反相端外接调零补偿电路，如图 2-7 所示。

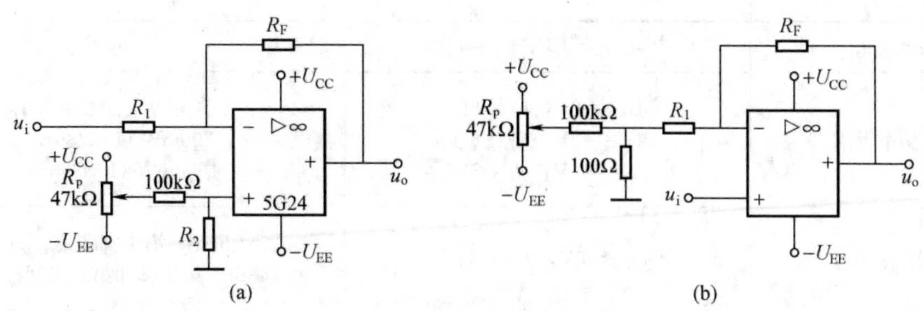

图 2-7 集成运算放大器的调零

(a) 同相端调零；(b) 反相端调零

第三节 集成功率放大电路

功率放大电路处于多级放大电路的最后一级，直接接负载。该级的特点是工作电压高，输出电流大，对它的要求是效率要高，失真要小。集成功率放大电路由于外接元件少，电路结构简单，并具有过压保护、过热保护、负载短路保护、电源浪涌电压保护、静噪、电子滤波等多种功能，因此逐渐替代了分立元件构成的功率放大电路，广泛应用在电视、音响等电子产品中。集成功率放大电路的输入级一般都采用差分放大电路，中间级为共射极放大电路，输出级为互补对称功率放大电路。集成功率放大电路有单电源供电和双电源供电两种供电方式音频集成功率放大电路有单声道和双声道两种结构形式。

一、集成功率放大器 LM386

LM386 是单电源供电的单声道音频功率放大电路，外部封装为 8 个管脚，如图 2-8（a）所示。图 2-8（b）是其典型的应用电路。

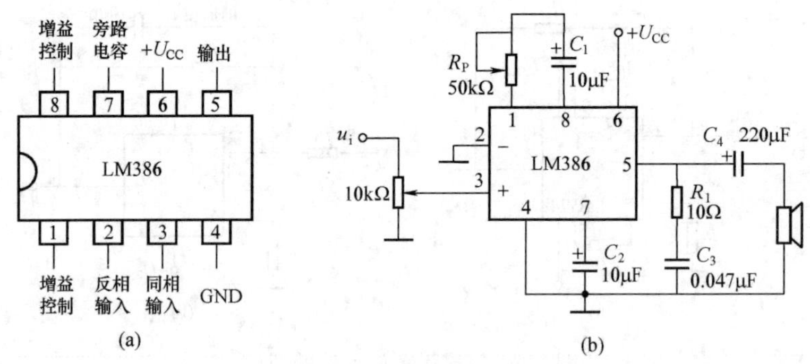

图 2-8 LM386 的管脚排列及应用电路

（a）管脚排列；（b）应用电路

表 2-5 中列出了 LM386 的主要性能参数。

表 2-5 LM386 的主要性能参数

参 数	测试条件	典型值
电源电压 U_{CC}		4～12V（LM386N-1，-3） 5～18V（LM386N-4）
静态电流 I_0	$U_{CC}=6V$，$U_i=0$	4mA
输出功率 P_o	$U_{CC}=6V$，$R_L=8\Omega$ $U_{CC}=9V$，$R_L=8\Omega$ $U_{CC}=16V$，$R_L=32\Omega$	325mW（LM386N-1） 700mW（LM386N-3） 1000mW（LM386N-4）
电压增益 A_U	$U_{CC}=6V$，$f=1kHz$	20（26dB）第 1 脚和第 8 脚间开路 200（46dB）第 1 脚和第 8 脚间接 10μF 电容
带宽 BW	$U_{CC}=6V$，第 1 脚和第 8 脚间开路	300kHz
输入电阻 R_i		50kΩ

LM386 是电压放大倍数 A_U 可调的集成功率放大电路。当 R_P 和 C_1 都断开时，A_U 最小，$A_U=20$；当 R_P 短路时，A_U 最大，$A_U=200$；在其他情况下，A_U 在 20～200 之间，计算公式为

$$A_U = 2\times\frac{15\text{k}\Omega}{150\Omega+1.35\text{k}\Omega /\!/ R_P}$$

其中，15kΩ、1.35kΩ、150Ω 是集成电路内部电阻的数值。

在图 2-8（b）所示的应用电路中，R_1、C_3 具有相位补偿作用，用于消除自激振荡，同时具有频率补偿作用，改善高频时的负载特性。C_2 是消除自激用的去耦电容。

二、双声道集成功率放大器 TDA2822M

TDA2822M 是双声道音频功率放大电路，单电源供电，电源电压范围是 1.8～15V，可用于低电源电压的便携式电子产品中，其闭环电压增益为 39dB。在独立双通道模式下，当 $U_{CC}=6V$，$R_L=8\Omega$，谐波失真 $THD=10\%$时，输出功率可达 380mW。TDA2822M 采用 8 引脚双列直插式封装，管脚排列及应用电路如图 2-9 所示。

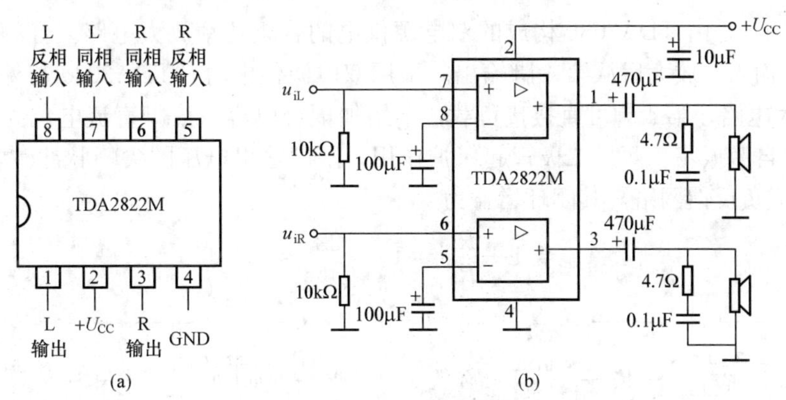

图 2-9 TDA2822M 的管脚排列及应用电路

（a）管脚排列；（b）应用电路

三、大功率集成功率放大器 TDA2030

TDA2030 是一种具有高保真（Hi-Fi）性能的音频功率放大器，额定功率为 14W，静态电流小（40mA），动态电流大（可达 3.5A），内部包括短路保护、过载保护和热保护电路，工作稳定可靠。TDA2030 采用 5 脚 TO-220 型封装，其外形和管脚排列如图 2-10 所示。采用单电源供电时第 3 脚接地，采用双电源供电时第 3 脚接负电源。

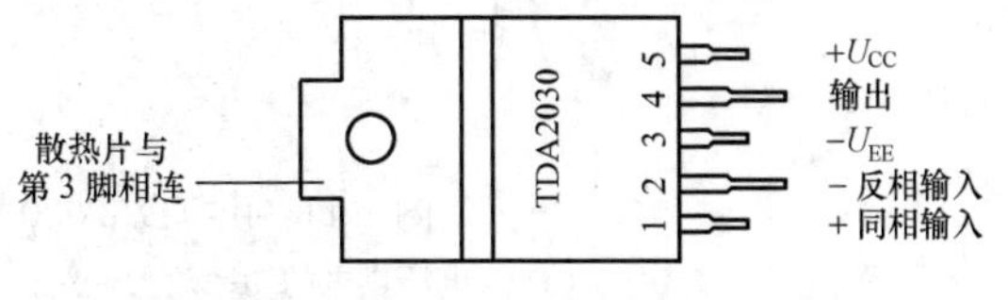

图 2-10 TDA2030 的外形与管脚排列

TDA2030 的性能参数见表 2-6。

表 2-6 TDA2030 的性能参数

参数名称	测试条件（$U_{CC}=\pm14V$，特殊情况有说明）	最小值	典型值	最大值
电源电压 U_{CC}		±6V		±18V
静态电流 I_d	±18V		40mA	60mA
输出峰值电流 I_{OM}				3.5A

续表

参数名称	测试条件（$U_{CC}=\pm14V$，特殊情况有说明）	最小值	典型值	最大值
输出功率 P_o	$f=40Hz\sim15kHz$，$THD=0.5\%$，$A_U=30dB$，$R_L=4\Omega$	12W	14W	
	$f=40Hz\sim15kHz$，$THD=0.5\%$，$A_U=30dB$，$R_L=8\Omega$	8W	9W	
总谐波失真 THD	$P_o=0.1\sim12W$，$R_L=4\Omega$，$f=40Hz\sim15kHz$，$A_U=30dB$		0.2%	0.5%
频率响应 BW	$P_o=12W$，$R_L=4\Omega$，$A_U=30dB$	10Hz～140kHz		
输入阻抗 R_i		0.5MΩ	5MΩ	
电压增益 A_U（开环）			90dB	
电压增益 A_U（闭环）	$f=1kHz$	29.5dB	30dB	30.5dB

图 2-11（a）是由 TDA2030 构成的双电源供电的音频功率放大电路。音频信号从同相端（第 1 脚）输入，放大后从第 4 脚输出。采用双电源供电时，TDA2030 与外接元件构成 OCL 功率放大电路，第 4 脚可直接接负载，不用加耦合电容，该脚直流电位为零。R_4、C_7 用于消除高频自激振荡。两只二极管起保护作用，限制输出电压的尖峰脉冲。电阻 R_1、R_2 和电容 C_2 构成负反馈网络，其闭环增益为

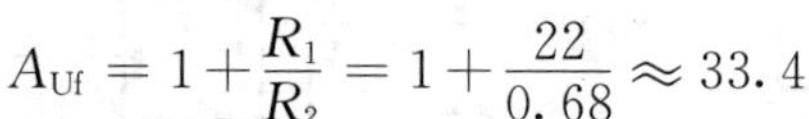

$$A_{Uf}=1+\frac{R_1}{R_2}=1+\frac{22}{0.68}\approx33.4$$

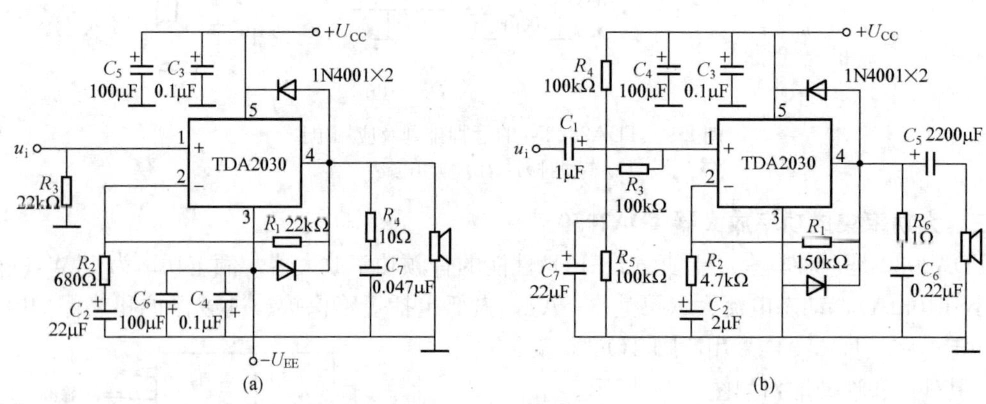

图 2-11 由 TDA2030 构成的功率放大电路

（a）双电源供电的功率放大电路；（b）单电源供电的功率放大电路

图 2-11（b）是由 TDA2030 构成的单电源供电的音频功率放大电路。在单电源供电时，TDA2030 与外接元件构成 OTL 功率放大电路；第 4 脚输出要通过电容 C_5 接负载；第 1、2、4 脚的直流电位由电阻 R_4、R_5 分压确定，一般为电源电压的一半；电阻 R_3 用于增大放大电路的输入电阻；其他元件的作用与双电源供电时相同。闭环增益为

$$A_{Uf}=1+\frac{R_1}{R_2}=1+\frac{150}{4.7}\approx32.9$$

与 TDA2030（14W，Hi-Fi）相似的单声道大功率集成功率放大器还有 TDA2002

(8W)、TDA2003 (10W)、TDA2006 (12W)、TDA2040 (20W，Hi-Fi) 等，双声道集成功率放大器有 TDA2004 (10+10W)、TDA2005、TDA2007、TDA2009 等。

第四节　线性集成稳压器

线性集成稳压器由于体积小、价格低、外接元件少、使用方便、保护功能齐全等优点，在稳压电路中得到了广泛的应用。本节将介绍常用的三端固定式和三端可调式稳压器。

一、三端固定式稳压器

1. 型号与规格

三端固定式稳压器包含 CW7800 系列和 CW7900 系列。CW7800 系列输出固定正电压，输出电压为 5～24V，分为 7 个等级，输出电流为 0.1～10A，分为 6 个等级，具体型号及电流大小见表 2-7。CW7900 系列输出电压为－5～－24V，也分为 7 个等级，输出电流为 0.1～1.5A，分为 3 个等级，具体型号及电流大小见表 2-8。

表 2-7　CW7800 系列集成稳压器的规格

型　　号	输出电流 (A)	输出电压 (V)
78L00	0.1	5、6、9、12、15、18、24
78W00	0.5	5、6、9、12、15、18、24
7800	1.5	5、6、9、12、15、18、24
78T00	3	5、12、18、24
78H00	5	5、12
78P00	10	5

表 2-8　CW7900 系列集成稳压器的规格

型　　号	输出电流 (A)	输出电压 (V)
79L00	0.1	−5、−6、−9、−12、−15、−18、−24
79W00	0.5	−5、−6、−9、−12、−15、−18、−24
7900	1.5	−5、−6、−9、−12、−15、−18、−24

2. 外形与封装

大功率的集成稳压器有塑料封装 (TO-220) 和金属外壳封装 (TO-3) 两种封装形式，如图 2-12 所示，二者的功耗分别为 10W 和 20W (加散热器)。金属外壳封装时，CW7800

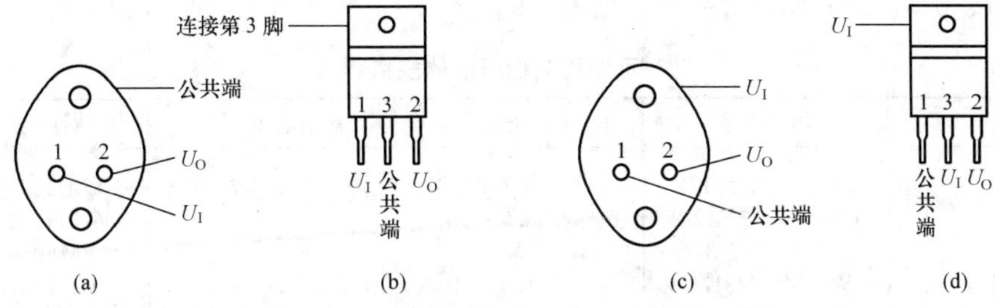

图 2-12　三端固定式稳压器的外形与封装

(a) CW7800 系列 TO-3 金属外壳封装；(b) CW7800 系列 TO-220 塑料封装；
(c) CW7900 系列 TO-3 金属外壳封装；(d) CW7900 系列 TO-220 塑料封装

系列的金属外壳接公共端，CW7900 系列的金属外壳接输入端；塑料封装时，CW7800 系列的散热片接公共端，CW7900 系列的散热片接输入端。使用时一般将 CW7800 系列的外壳和散热片接地。CW7900 系列的外壳和散热片要与印制板上的接地线绝缘，否则会造成电源短路。

3. 三端固定式稳压器的典型用法

三端固定式稳压器的典型用法如图 2-13 所示。CW7800 系列的输入、输出都是正电压，CW7900 系列的输入、输出都是负电压。电容 C_i、C_o 用于在稳压器的整个输入电压和输出电流变化范围内，提高其工作的稳定性和改善瞬态响应，$C_i=0.33\mu F$，$C_o=0.1\mu F$。C_i、C_o 应选用漏电流小的钽电容，如果采用电解电容，则电容量要比图中数值增加 10 倍。

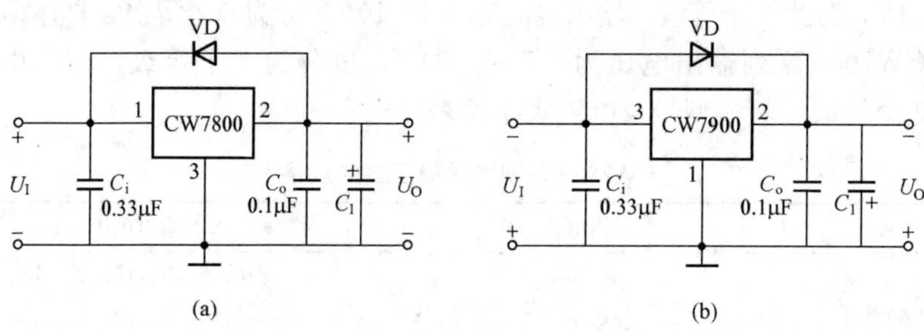

图 2-13 三端固定式稳压器的典型用法

(a) CW7800 系列；(b) CW7900 系列

当输入端发生短路故障时，输出端电容 C_1 上储存的电荷将通过集成稳压器内部调整管的发射结泄放，有可能损坏集成稳压器。并联在输入端和输出端之间的二极管 VD，在电路正常工作时加反向电压不导通，当输入端发生短路故障时，C_1 上储存的电荷将通过 VD 泄放，从而起到保护集成稳压器的作用。

二、三端可调式稳压器

1. 型号与规格

利用三端固定式稳压器与外接元件配合，也能构成输出电压可调的稳压电源，但稳压性能指标会有所降低。集成可调式三端稳压器可以弥补这些不足，它只要外接很少的元件，就可以得到大小可调的输出电压，而且性能指标比固定式稳压器有所提高。国产三端可调式稳压器主要有 CW317 系列（输出正电压）和 CW337 系列（输出负电压），每个系列的输出电流又有 0.1、0.5、1.5、3A 等品种，见表 2-9。

表 2-9 **可调集成稳压器的规格**

特　点	国产型号	最大输入电流（A）	输出电压（V）	对应国外型号
正电压输出	CW117/217/317L	0.1	1.2～37	LM117/217/317L
	CW117/217/317M	0.5	1.2～37	LM 117/217/317M
	CW117/217/317	1.5	1.2～37	LM117/217/317
	CW117/217/317HV	1.5	1.2～57	LM117/217/317HV
	W150/250/350	3	1.2～33	LM150/250/350
	W138/238/338	5	1.2～32	LM138/238/338
	W196/396	10	1.25～15	LM196/396

续表

特　　点	国产型号	最大输入电流（A）	输出电压（V）	对应国外型号
负电压输出	CW137/237/337L	0.1	−1.2～−37	LM137/237/337L
	CW137/237/337M	0.5	−1.2～−37	LM 137/237/337M
	CW137/237/337	1.5	−1.2～−37	LM137/237/337

注　型号中第一位数字的意义："1"表示军品（工作温度为−55～+150℃），"2"表示工业品（工作温度为−25～+150℃），"3"表示民用品（工作温度为0～125℃）。

2. 外形与封装

CW317系列与CW337系列稳压器的外形和管脚排列如图2-14所示。金属外壳封装时，CW317系列的金属外壳接输出端，CW337系列的金属外壳接输入端；塑料封装时，CW317系列的散热片接输出端，CW337系列的散热片接输入端。

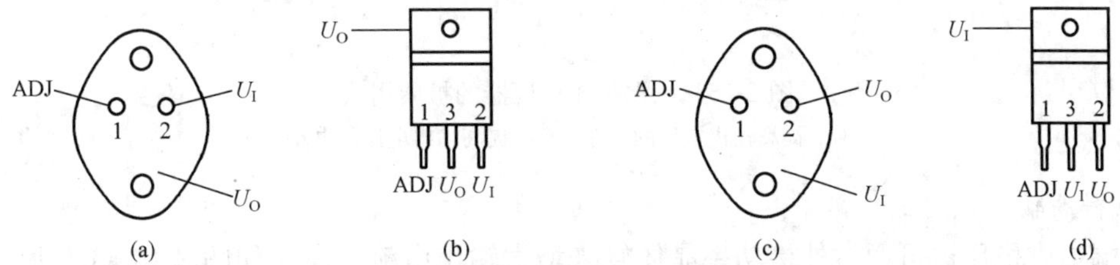

图2-14　三端可调式稳压器的外形和管脚排列

(a) CW317系列TO-3金属外壳封装；(b) CW317系列TO-220塑料封装；

(c) CW337系列TO-3金属外壳封装；(d) CW337系列TO-220塑料封装

3. 三端可调式稳压器的典型用法

三端可调式稳压器的典型用法如图2-15所示。

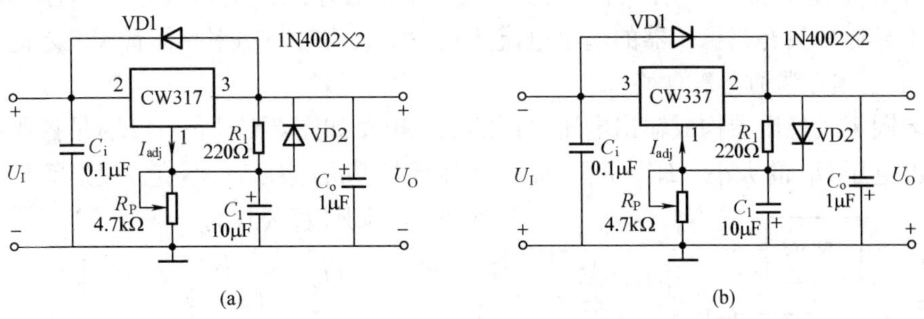

图2-15　三端可调式稳压器的典型用法

(a) CW317系列；(b) CW337系列

R_1连接在输出端与调节端之间，两端保持参考电压1.25V不变，流经R_1上的电流与调节端的输出电流I_{adj}共同加到电位器R_P上，改变R_P的阻值，就能改变输出电压U_O，计算公式为

$$U_O = 1.25\left(1+\frac{R_P}{R_1}\right)+I_{adj}R_P \approx 1.25\left(1+\frac{R_P}{R_1}\right)$$

调节端的输出电流I_{adj}小于100μA，可忽略不计。R_1的阻值一般为120～240Ω。R_P为精密可调电位器。电容C_1与R_P并联组成滤波电路，以减小输出的纹波电压，C_1一般取

$10\mu F$。二极管 VD1 用于输入端的短路保护；VD2 用于输出端的短路保护，防止在输出端短路时电容 C_1 上的电压通过集成稳压器内部泄放，保护集成稳压器不被损坏。

三、三端集成稳压器的扩展用法

1. 提高输出电压的电路

当需要的电源电压高于集成稳压器的输出电压时，可采用如图 2-16（a）所示的稳压电路提高输出电压，输出电压的大小是 $U_O=5+U_Z$，其中 U_Z 是稳压管的稳压值。

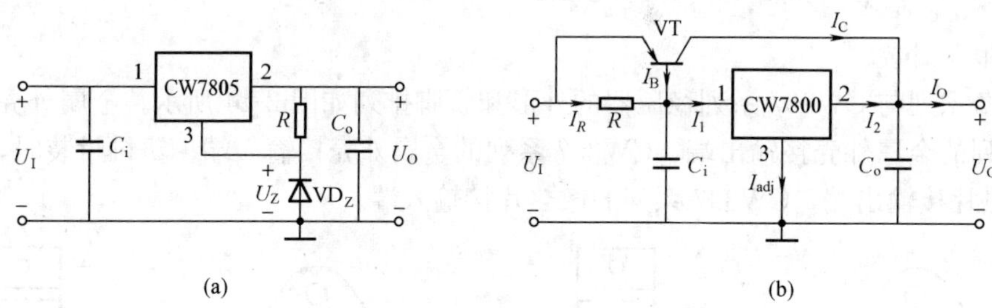

图 2-16 三端集成稳压器的扩展用法

（a）提高输出电压的电路；（b）提高输出电流的电路

2. 提高输出电流的电路

三端集成稳压器可通过外接功率晶体管来增大输出电流，电路如图 2-16（b）所示。若忽略调节端的输出电流 I_{adj}，则可得到计算公式为

$$I_1 \approx I_2 = I_R + I_B = -\frac{U_{BE}}{R} + \frac{I_C}{\beta}$$

式中 β——晶体管的电流放大系数。

设 $\beta=10$，$U_{BE}=-0.3V$，$R=0.5\Omega$，$I_2=1A$，通过计算得到 $I_C=4A$，$I_O=I_2+I_C=5A$，可见输出电流增加了 4 倍。当稳压器的输出电流较小时，电阻 R 上的电压小，功率晶体管 VT 不导通，只有当稳压器的输出电流达到一定数值时，功率晶体管 VT 才能导通。

3. 输出电压可调的稳压电路

由三端固定式稳压器构成输出电压可调的稳压电路如图 2-17 所示。U_{IN}是控制信号，由它控制输出电压 U_O 的大小。R_3、R_4 两端的电压保持基准电压 5V 不变。设运算放大器为理想器件，则计算公式为

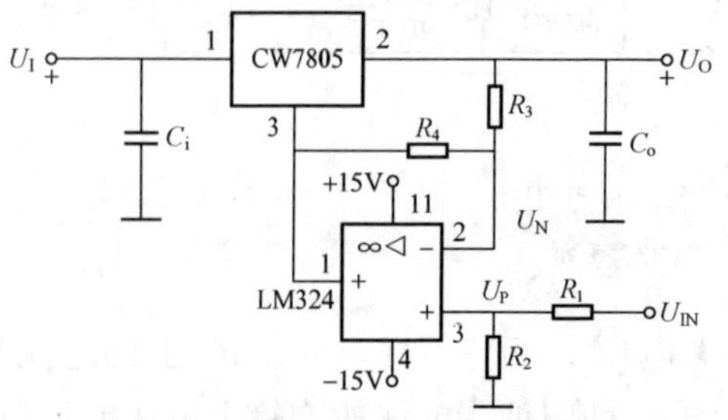

图 2-17 输出电压可调的稳压电路

$$U_P = \frac{R_2}{R_1+R_2}U_{IN} = U_N$$

$$U_N = U_O - 5\frac{R_3}{R_3+R_4}$$

$$U_O = \frac{R_2}{R_1+R_2}U_{IN} + \frac{R_3}{R_3+R_4}\times 5$$

令 $R_1=R_4=0$，$R_2=R_3=1k\Omega$，则 $U_O=U_{IN}+5$。

早期的集成稳压器输入电压与输出电压之间的压差较大，调整管上损耗较大，电源效率低。近年来一些微功耗低压差的新型线性稳压器相继问世，在输出 100mA 电流时，其压差仅几十毫伏。这类产品有 AMS 公司的 ASM1117 系列（输出电压 1.5、1.8、2.5、2.85、3.3、5V 等），TI 公司的 TPS775××系列和 TPS776××系列等。

第三章　数字集成电路

本章将重点介绍一些与第六章中课程设计题目相关的集成电路，作为课程设计用的参考资料，同时也将补充一些在理论课中没有介绍，但与实践密切相关的知识，以方便后面的课程设计。

第一节　数字集成电路的分类与特点

常用的数字集成电路主要有双极型的 TTL 集成电路和单极型的 CMOS 集成电路两大类，根据制作工艺和结构不同，每一类又分为若干系列。

一、TTL 集成电路

1. TTL 集成电路的主要系列

(1) 74 系列。它属于早期产品，已经淘汰。

(2) 74H 系列。它是 74 系列的改进型，属于高速 TTL 产品，逐渐被淘汰。

(3) 74S 系列。它是高速型肖特基系列，速度较快，但功耗较大。

(4) 74LS 系列。它是低功耗肖特基系列，是 74S 系列的改进型，也是现在应用最广泛的 TTL 集成电路。

(5) 74ALS 系列。它是先进的低功耗肖特基系列，是 74LS 系列的改进型，速度（典型值 4nS）和功耗都有较大改进，但价格较高。

(6) 74AS 系列。它是先进超高速肖特基系列，是 74S 系列的后继产品，速度快（典型值 1.5nS）。

(7) 74F（FAST TTL）系列。该系列是美国仙童公司研制的，速度和功耗都介于 74ALS 和 74AS 之间，已成为 TTL 的主流产品之一。

74 系列是民品级（工作环境温度是 0～70℃），54 系列是军品级（工作环境温度是－55～＋125℃）。

2. TTL 集成电路的主要特点

(1) 所属系列不同，但型号相同的器件，管脚排列顺序相同。

(2) 输出电阻低，输出功率大，带负载（包括带容性负载）能力强。

(3) 工作电流较大，功耗较大。

(4) 采用单一＋5V 电源供电。

(5) 噪声容限较低，只有几百毫伏。

其他特点是工作速度快，参数稳定，工作可靠，集成度低。

3. TTL 集成电路使用中应当注意的几个问题

(1) 选用合适的电源电压。TTL 集成电路的电源电压范围是＋5V±0.5V，超出该范围可能导致集成电路损坏或逻辑功能混乱。

(2) 对电源进行滤波。TTL 集成电路状态的高速切换会产生电流的跳变，其数值为 4～

5mA。该电流会在公共走线上产生电压降，并引起噪声，因此要尽量缩短地线以减小干扰。可在集成电路的电源端并联一个 100μF 的电解电容进行低频滤波，同时并联一个 0.01～0.1μF 的瓷片电容进行高频滤波。

(3) 输出端的连接。输出端不能直接接电源或地。对 100pF 以上的容性负载，要串接几百欧姆的限流电阻，否则容易损坏集成电路。除集电极开路的 OC 门和三态门（TS）外，其他门电路的输出端不允许并联。几个 OC 门并联实现与功能时，应在输出端与电源之间接上拉电阻。

(4) 多余输入端的处理。与门、与非门多余的输入端悬空时相当于接高电平，但悬空容易引进干扰，因此与门、与非门多余的输入端不能悬空，可以将多余的输入端直接接电源，或通过一个几千欧姆的电阻接电源，或将几个输入端并联使用。或门、或非门的多余输入端应当直接接地。对触发器等中规模的集成电路，为减小干扰，多余的输入端应根据逻辑功能接高电平或接地。

二、CMOS 集成电路

1. CMOS 集成电路的主要系列

(1) 标准型 4000B/4500B 系列。该系列是美国无线电公司（RCA）开发的 CD4000B 系列和 CD4500B 系列，与美国 Motorola 公司的 MC14000B 系列和 MC14500B 系列产品兼容，在 GB 3430—1989 中命名为 CC4000 系列。该系列产品功耗低、速度快、品种多、电压范围宽（3～18V），是目前应用最多的 CMOS 集成电路产品。

(2) 74HC/HCT 系列。该系列是一种高速 CMOS 集成电路。74HC××系列 CMOS 集成电路具有与 74LS××系列 TTL 集成电路相同的工作速度，如果这两种系列产品型号后面的数字相同，则其逻辑功能和管脚排列完全相同，为用 74HC 系列替代 74LS 系列提供了方便。其中 74HC××系列 U_{DD} 为 2～6V，74HCT××系列 U_{DD} 为 4.5～5.5V，与 TTL 电路兼容，便于互换。

(3) 74AC/ACT 系列。该系列具有与 74AS 系列相同的工作速度，称为先进的 CMOS 集成电路，其中 74ACT 系列与 TTL 电平兼容。

2. CMOS 集成电路的主要特点

(1) 工作电压范围宽（3～18V）。

(2) 噪声容限高，可达电源电压的 45%，抗干扰能力强。

(3) 逻辑摆动幅度大。空载时输出高电平 $U_{OH} \geqslant U_{CC} - 0.05V$，输出低电平 $U_{OL} \leqslant 0.05V$。

(4) 静态功耗很低。

(5) 输入阻抗大。直流输入阻抗大于 100MΩ，输入电流极小，扇出能力强。

3. CMOS 集成电路使用时的注意事项

(1) CMOS 电路的输入阻抗很高，静电就能引起集成电路击穿，所以应存放在导电容器内。焊接时电烙铁的外壳必须接地，或拔下烙铁电源，利用余热焊接。

(2) 防止出现晶闸管效应。当 CMOS 集成电路的输入电压过高（高于 U_{DD}）或过低（低于 U_{SS}），或者电源电压突变时，会导致集成电路的电流迅速增大，烧坏器件，这种现象称为晶闸管效应。预防措施是：限制输入信号不高于 U_{DD}，也不低于 U_{SS}；对电源电路采取限流措施，将电流限制在 30mA 以内。

(3) 多余的输入端不能悬空，应根据逻辑功能接 U_{DD} 或 U_{SS}。工作速度不高时，允许输入端并联使用。

(4) 输出端的接法。输出端不允许直接接 U_{DD} 或 U_{SS}，除三态门外不允许两个器件的输出端并联。

(5) 测试 CMOS 集成电路时，应先加电源 U_{DD}，后加输入信号；关机时应先切断输入信号，再断开电源 U_{DD}。所有测试仪器的外壳必须良好接地。

(6) 不可在接通电源的情况下，插拔 CMOS 集成电路。

(7) 提高电源电压，可以提高 CMOS 门电路的噪声容限，提高电路的抗干扰能力。降低电源电压，会降低电路的工作频率，如 CMOS 触发器当 U_{DD} 从 15V 降低到 3V 时，最高工作频率会从 10MHz 下降到几十千赫兹。降低电源电压，还能防止出现晶闸管效应。

第二节　集 成 门 电 路

集成门电路是数字电路中的基本部件，种类很多。本节将介绍一些常用的门电路及其使用中应当注意的问题。

一、门电路的主要参数

1. TTL 与非门电路的主要参数

(1) 静态功耗 P_D。指与非门所有输入端悬空，输出端空载时电源电流 I_{CC} 与电源电压 U_{CC} 的乘积，即 $P_D = I_{CC}U_{CC}$。一般 $I_{CC} \leqslant 10mA$，$P_D \leqslant 50mW$。

(2) 输出高电平 U_{OH}。一般 $U_{OH} \geqslant 3.5V$。

(3) 输出低电平 U_{OL}。指全部输入端为高电平时的输出电平值，一般 $U_{OL} \leqslant 0.4V$。

(4) 扇出系数 N_O。指与非门输出低电平时，能够驱动同类门电路的个数。计算公式为

$$N_O = I_{OL}/I_{IS}$$

其中，I_{IS} 为输入短路电流，指一个输入端接地，其余输入端悬空，输出端空载时，从接地端流出的电流，一般 $I_{IS} \leqslant 1.6mA$；I_{OL} 为输出端为低电平时允许灌入的最大电流，一般 $I_{OL} \leqslant 16mA$。

(5) 平均传输延迟时间 t_{pd}。它是表示集成电路开关速度的参数，一般为几纳秒到几十纳秒。

(6) 直流噪声容限 U_{NH} 和 U_{NL}。指输入端允许输入电压的变化范围，U_{NH} 是输入端为高电平时的噪声容限，U_{NL} 是输入端为低电平时的噪声容限，U_{NH} 和 U_{NL} 一般约为 400mV。

2. CMOS 与非门电路的主要参数

(1) 静态功耗 P_D。P_D 与电源电压高低有关，数值为微瓦数量级，与 TTL 与非门相比显得微不足道。

(2) 输出高电平 U_{OH}。$U_{OH} \geqslant U_{DD} - 0.5V$。

(3) 输出低电平 U_{OL}。$U_{OL} \leqslant U_{SS} + 0.5V$。

(4) 扇出系数 N_O。其意义和计算公式与 TTL 器件相同。由于 CMOS 电路的输入阻抗很高，I_{IS} 很小，一般 $I_{IS} \leqslant 0.1\mu A$。CMOS 器件输出灌电流 I_{OL} 也比 TTL 器件小很多，一般 $I_{OL} \leqslant 500\mu A$。CMOS 器件的扇出系数非常大，在低频工作时，扇出系数将不受限制；在高频工作时，由于受电路中电容效应的影响，一般 $N_O = 10 \sim 20$。

(5) 平均传输延迟时间 t_{pd}。CMOS 电路的平均传输延迟时间要比 TTL 电路长得多，一

般为 200ns。

(6) 直流噪声容限U_{NH}和U_{NL}。CMOS 电路的直流噪声容限要比 TTL 电路大很多，U_{NH}和U_{NL}一般按照电源电压的 30%来计算。在电源电压U_{DD}=5V 时，U_{NH}和U_{NL}一般约为 1.5V。

二、TTL 与 CMOS 电路的接口

TTL 与 CMOS 电路的参数有很大差别，在电路设计时，要尽量选用同一种型号的集成电路。若需要在电路中混合使用 TTL 与 CMOS 电路时，要考虑它们的电平转换与电流驱动能力问题，并设计合适的接口电路。74HCT 系列 CMOS 电路与 74LS 系列 TTL 电路可直接连接，不需使用其他接口。

1. TTL 驱动 CMOS

由于 CMOS 电路的输入电流很小，在 TTL 驱动 CMOS 电路负载时，不需要考虑驱动电流问题，但要考虑它们之间的电平转换问题。

(1) 若 TTL 与 CMOS 电路都使用+5V 电源，只要在 TTL 电路的输出端与电源之间连接一个上拉电阻，就可以提高 TTL 电路的输出高电平数值，以适合 CMOS 电路的要求，如图 3-1 (a) 所示。

(2) 若 TTL 与 CMOS 电路工作电源不同，可采用集电极开路门作驱动电路，实现电平转换，电路如图 3-1 (b) 所示。

(3) 采用专用的电平转换器（如 CC4504、CC40109 等）实现 TTL 与 CMOS 电路之间的接口，电路如图 3-1 (c) 所示。

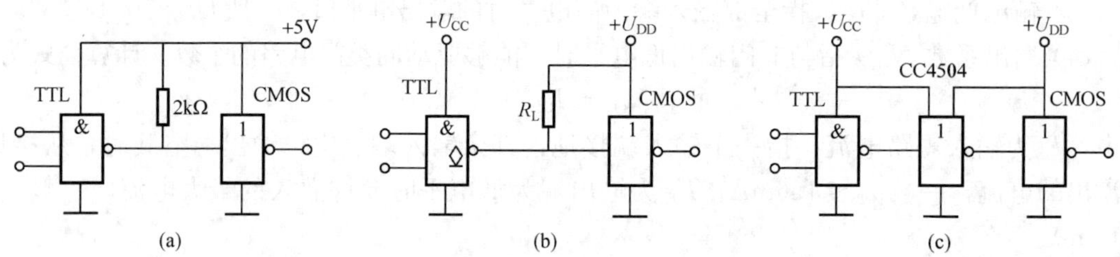

图 3-1 TTL 电路驱动 CMOS 电路

2. CMOS 驱动 TTL

CMOS 电路的输出灌电流较小 (0.4mA)，一个 CMOS 与非门电路只能驱动一个 74LS 系列的 TTL 与非门。如果需要一个 CMOS 电路带两个或多个 TTL 器件时，就要在电路中增加驱动电路。

(1) 采用漏极开路的 CMOS 驱动门作为驱动电路。这种电路能吸收较大的负载电流，电路如图 3-2 (a) 所示。

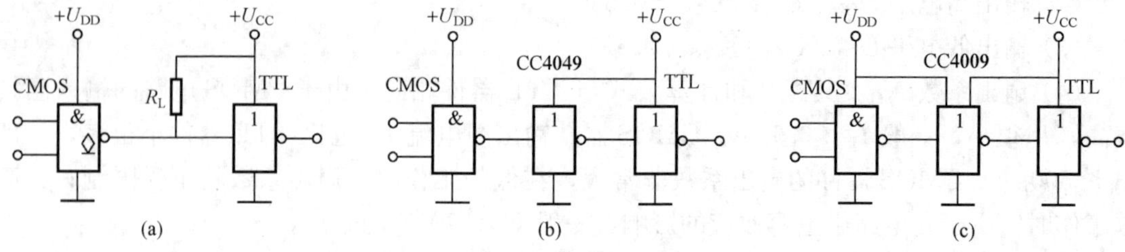

图 3-2 CMOS 电路驱动 TTL 电路

（2）采用专用驱动电路 CC4049/CC4050。为防止出现晶闸管效应，普通 CMOS 电路的输入电压不允许超过 U_{DD}，CC4049（六反相缓冲器/转换器）和 CC4050（六同相缓冲器/转换器）是专门设计用于 CMOS 驱动 TTL 的电路，其输入端设有保护电路，允许输入电压超过 U_{DD}，其应用电路如图 3-2（b）所示。

（3）采用专用驱动电路 CC4009/CC4010。CC4009（六反相缓冲器/转换器）和 CC4010（六同相缓冲器/转换器）是专门设计用于 CMOS 驱动 TTL 的接口电路，其灌电流为 8mA，可带动两个 LS-TTL 门电路。它们采用双电源供电，直接接 U_{CC} 和 U_{DD}，其应用电路如图 3-2（c）所示。

（4）CMOS 电路在特定条件下也可并联使用。当同一芯片上的两个以上门电路并联使用时，可增大输出灌电流和拉电流负载能力。器件并联使用时，器件的输出端并联，输入端也要并联，如图 3-3 所示。由于两个门不完全对称，并联后总的驱动电流小于一个门电路驱动电流的两倍。

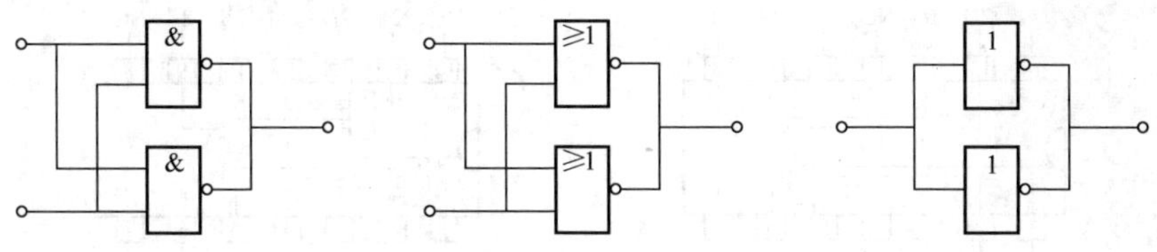

图 3-3　CMOS 门电路的并联使用

三、集成门电路

1. 集成与门、与非门

常见的集成与门、与非门电路如图 3-4 所示。其中 74LS09、74LS03、74LS22 是集电极开路的 OC 门。3 个输入端的与非门电路有 74LS10、CC4023、74LS12（OC 门），3 个输入端的与门电路有 74LS11（管脚排列同 74LS10）、CC4073（管脚排列同 CC4023）、74LS15（OC 门，管脚排列同 74LS10）。8 个输入端的与非门电路有 74LS30、CC4068 等。

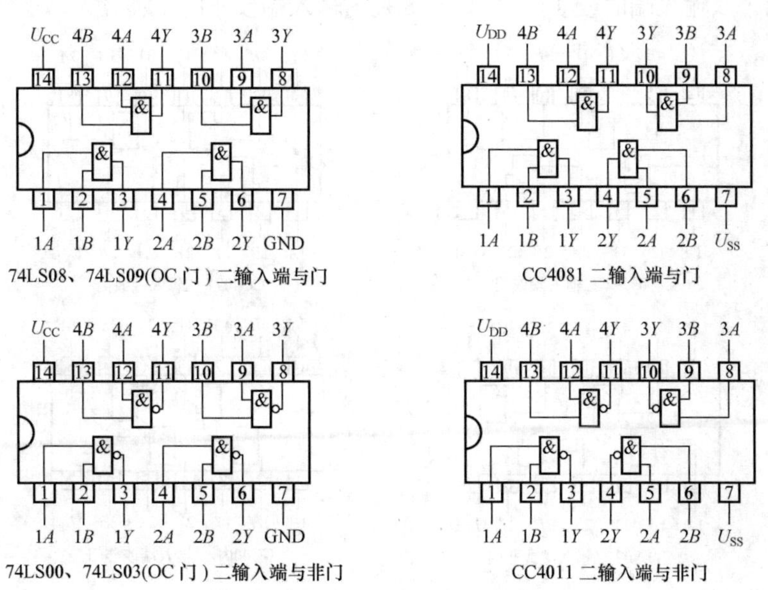

图 3-4　常见与门、与非门的管脚排列（一）

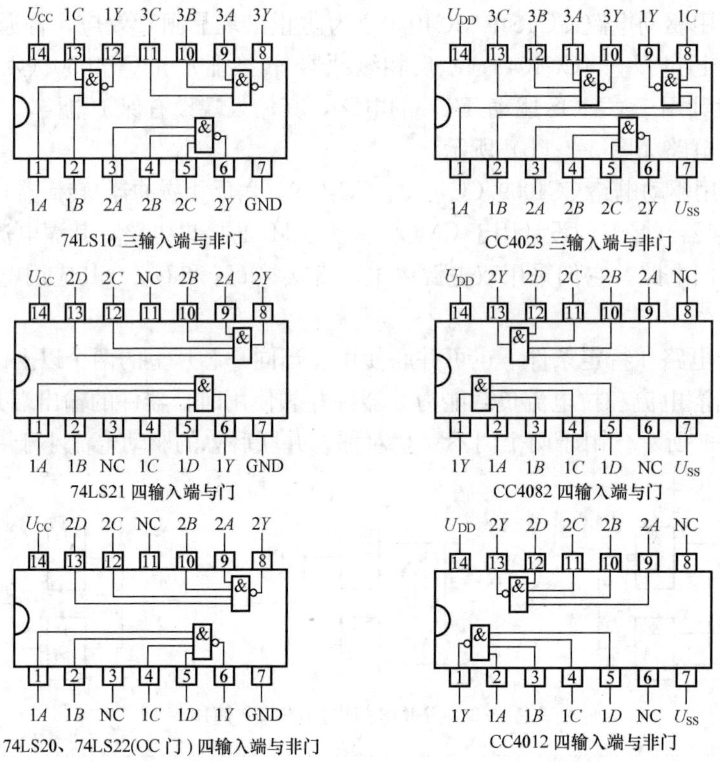

图 3-4　常见与门、与非门的管脚排列（二）

2. 常见或门、或非门电路

常见的或门和或非门电路如图 3-5 所示。其他的或门、或非门电路有：74LS28 是 4 个 2 输入端或非门缓冲器，3 个 3 输入端的或门电路有 CC4075（管脚排列同 CC4023），3 个 3 输入端的或非门电路有 74LS27（管脚排列同 74LS10）、CC4025（管脚排列同 CC4023）。74LS260 是两个 5 输入端的或非门，CC4078 是 8 输入端或非门/或门。

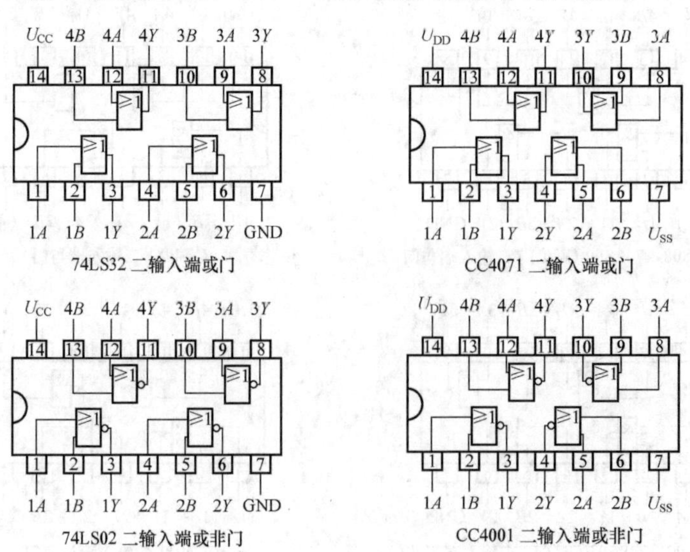

图 3-5　常见或门、或非门电路管脚排列（一）

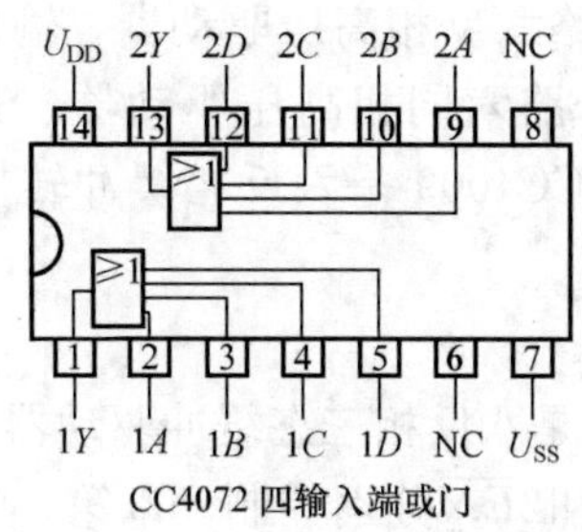

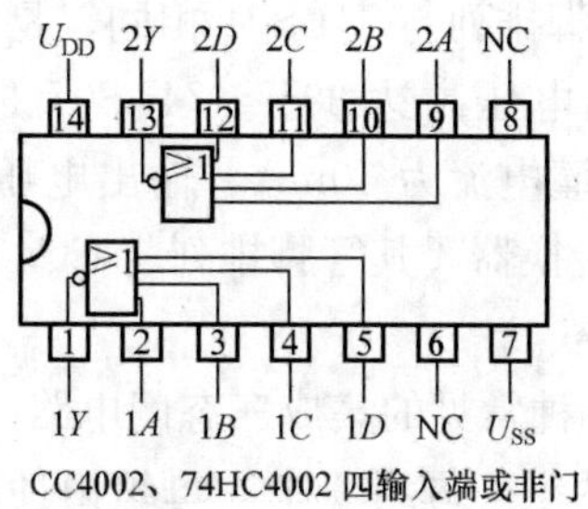

图 3-5 常见或门、或非门电路管脚排列（二）

3. 常见异或门电路

74LS86、74LS136、CC4030、CC4070 是常见的异或门电路，其管脚排列如图 3-6 所示。

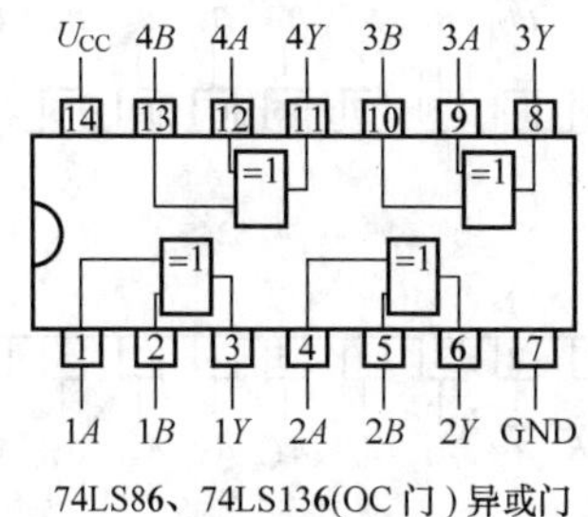

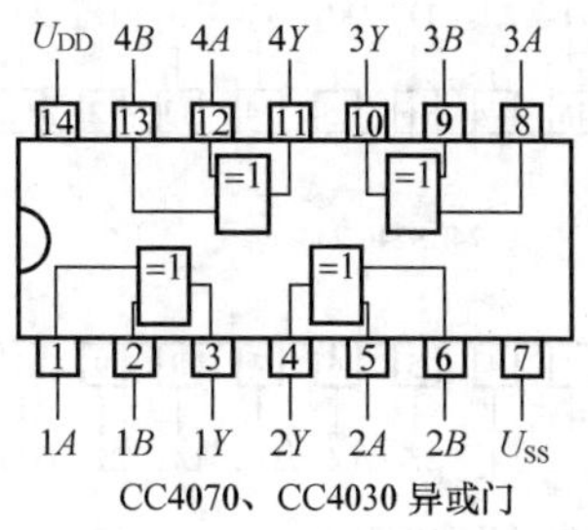

图 3-6 常见异或门电路管脚排列

4. 反相器与缓冲器

数字电路中的反相器就是非门电路，缓冲器用于电平转换及提高驱动能力，驱动器具有几十毫安到几百毫安的电流驱动能力，输出管耐压可达几十伏，可直接驱动小型继电器等负载。几种常见的反相器与缓冲器的管脚排列如图 3-7 所示。

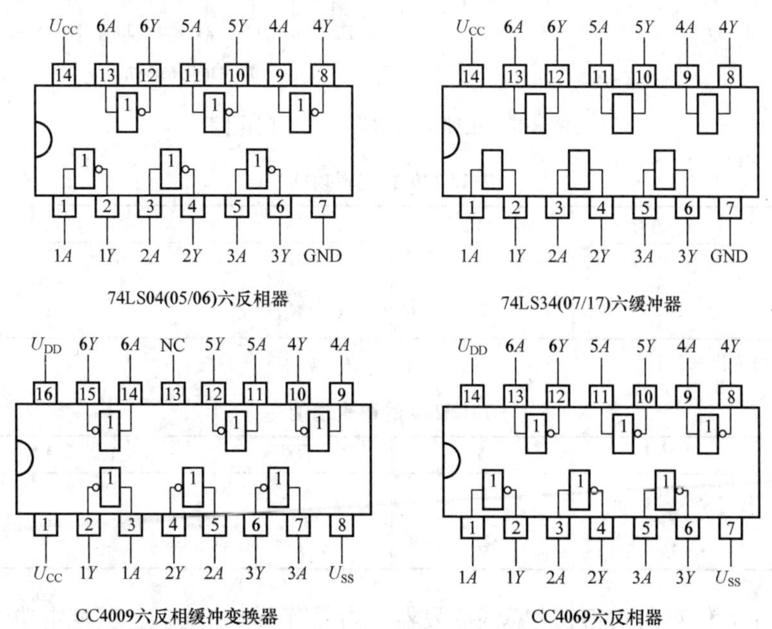

图 3-7 常用反相器与缓冲器管脚排列

74LS06 管脚排列与 74LS04 相同，是集电极开路六反相高压驱动器，输出端灌电流可达 40mA，输出电压高达 30V。74LS07 是集电极开路六同相高压驱动器，其管脚排列与 74LS34 相同，灌电流为 40mA，输出电压为 30V。CC4009 是六反相缓冲转换器，CC4010 是六同相缓冲转换器，其管脚排列与 CC4009 相同。

5. 集成三态门

图 3-8 是几种常见的集成三态门电路。74LS240 是八反相三态缓冲驱动器，内部有 8 个三态门，分为两组，每组 4 个。每组由使能端$\overline{1EN}$和$\overline{2EN}$分别控制。以第一组为例进行说明，当$\overline{1EN}=1$时，1Y 各端处于高阻状态；当$\overline{1EN}=0$时，1Y 各端与 1A 各输入端反相。74LS240 的逻辑功能见表 3-1。74LS244 是八同相三态缓冲驱动器，其结构和控制方式与 74LS240 相同，输出与输入端同相，其逻辑功能见表 3-2。

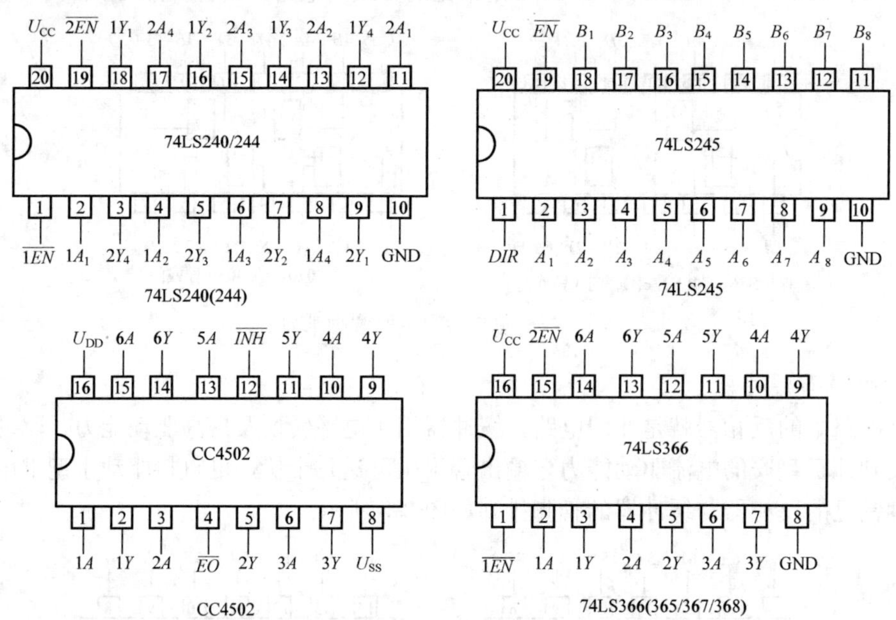

图 3-8 几种常见的集成三态门电路

表 3-1 **74LS240 的逻辑功能**

$\overline{1EN}$	$1A$	$1Y$	$\overline{2EN}$	$2A$	$2Y$
0	0	1	0	0	1
0	1	0	0	1	0
1	×	Z	1	×	Z

注 Z 代表高阻抗状态。

表 3-2 **74LS244 的逻辑功能**

$\overline{1EN}$	$1A$	$1Y$	$\overline{2EN}$	$2A$	$2Y$
0	0	0	0	0	0
0	1	1	0	1	1
1	×	Z	1	×	Z

74LS245 是 8 位双向同相三态总线收发器，内部有 8 个三态门。其逻辑功能是当$\overline{EN}=1$时，所有三态门处于高阻状态。当$\overline{EN}=0$、$DIR=1$时，数据的传输方向是从 A 到 B；当

$\overline{EN}$=0、DIR=0 时，数据的传输方向是从 B 到 A。

CC4502 是可选通的六反相三态缓冲器，它有 6 个通道，受两个控制信号$\overline{EO}$和$\overline{INH}$控制，其逻辑功能见表 3-3。当$\overline{EO}$=1 时，输出端处于高阻状态；当$\overline{INH}$=1 时，输入信号被阻止，输出为低电平 0。

74LS366 是门使能三态输出六反相线驱动器，它的两个使能端$\overline{1EN}$和$\overline{2EN}$全为低电平时，6 个三态门导通，否则处于高阻状态，其逻辑功能见表 3-4。具有类似结构和功能的三态门是 74LS365/367/368。

表 3-3　CC4502 的逻辑功能

$\overline{EO}$	$\overline{INH}$	A	Y
0	0	0	1
0	0	1	0
0	1	×	0
1	×	×	Z

表 3-4　74LS366 的逻辑功能

$\overline{1EN}$	$\overline{2EN}$	A	Y
0	0	0	1
0	0	1	0
1	×	×	Z
×	1	×	Z

三态传输门电路种类很多，除以上介绍的三态门之外，还有 74LS125（126）、CC4503 等，使用时可查相关参考资料。

第三节　编码器、译码器和显示器

一、编码器

数字电路中的编码器是将电路的某种状态或信号变换成二进制代码输出，以便于进行信息处理。常用的集成电路编码器有 8/3 线优先编码器和 10/4 线优先编码器等。

74LS147 是常用的 10/4 线优先编码器，其管脚排列如图 3-9（a）所示，逻辑功能见表 3-5。$\overline{I}_1$～$\overline{I}_9$ 是它 9 个输入端，输入低电平有效，$\overline{I}_9$的编码优先级最高，$\overline{I}_1$ 的编码优先级最低。$\overline{Y}_3$～$\overline{Y}_0$ 是它的输出端，输出为反码。

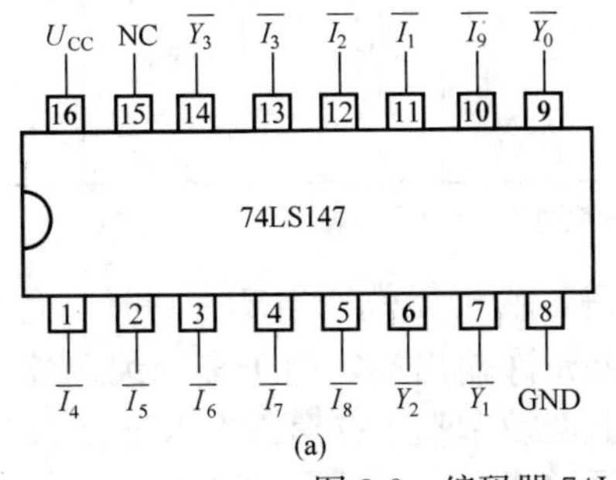

(a)

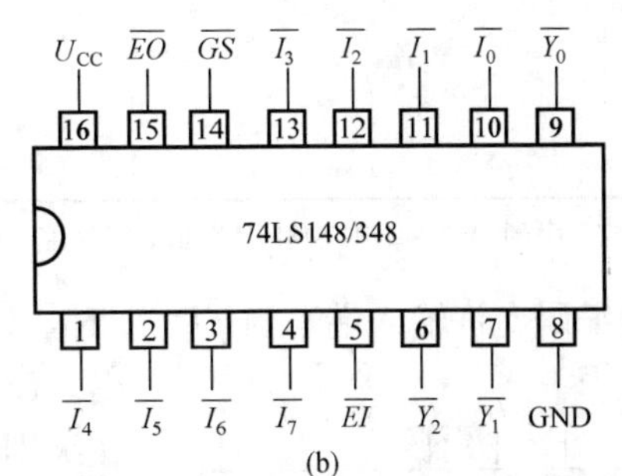

(b)

图 3-9　编码器 74LS147、74LS148 的管脚排列

表 3-5　10/4 线优先编码器 74LS147 的逻辑功能

输入									输出			
$\overline{I}_1$	$\overline{I}_2$	$\overline{I}_3$	$\overline{I}_4$	$\overline{I}_5$	$\overline{I}_6$	$\overline{I}_7$	$\overline{I}_8$	$\overline{I}_9$	$\overline{Y}_3$	$\overline{Y}_2$	$\overline{Y}_1$	$\overline{Y}_0$
1	1	1	1	1	1	1	1	1	1	1	1	1
×	×	×	×	×	×	×	×	0	0	1	1	0
×	×	×	×	×	×	×	0	1	0	1	1	1

续表

输入									输出			
$\overline{I_1}$	$\overline{I_2}$	$\overline{I_3}$	$\overline{I_4}$	$\overline{I_5}$	$\overline{I_6}$	$\overline{I_7}$	$\overline{I_8}$	$\overline{I_9}$	$\overline{Y_3}$	$\overline{Y_2}$	$\overline{Y_1}$	$\overline{Y_0}$
×	×	×	×	×	×	0	1	1	1	0	0	0
×	×	×	×	×	0	1	1	1	1	0	0	1
×	×	×	×	0	1	1	1	1	1	0	1	0
×	×	×	0	1	1	1	1	1	1	0	1	1
×	×	0	1	1	1	1	1	1	1	1	0	0
×	0	1	1	1	1	1	1	1	1	1	0	1
0	1	1	1	1	1	1	1	1	1	1	1	0

74LS148/348 是常用的 8/3 线优先编码器，其管脚排列如图 3-9（b）所示，逻辑功能见表 3-6。$\overline{I}_0 \sim \overline{I}_7$ 是 8 个输入端，输入低电平有效。其中 $\overline{I}_7$ 的编码优先级最高，$\overline{I}_0$ 的编码优先级最低。$\overline{Y}_2 \sim \overline{Y}_0$ 是输出端，输出为反码。

表 3-6　8/3 线优先编码器 74LS148/348 的逻辑功能

输入									输出				
$\overline{EI}$	$\overline{I_0}$	$\overline{I_1}$	$\overline{I_2}$	$\overline{I_3}$	$\overline{I_4}$	$\overline{I_5}$	$\overline{I_6}$	$\overline{I_7}$	$\overline{Y_2}$	$\overline{Y_1}$	$\overline{Y_0}$	$\overline{GS}$	$\overline{EO}$
1	×	×	×	×	×	×	×	×	1/Z	1/Z	1/Z	1	1
0	1	1	1	1	1	1	1	1	1/Z	1/Z	1/Z	1	0
0	×	×	×	×	×	×	×	0	0	0	0	0	1
0	×	×	×	×	×	×	0	1	0	0	1	0	1
0	×	×	×	×	×	0	1	1	0	1	0	0	1
0	×	×	×	×	0	1	1	1	0	1	1	0	1
0	×	×	×	0	1	1	1	1	1	0	0	0	1
0	×	×	0	1	1	1	1	1	1	0	1	0	1
0	×	0	1	1	1	1	1	1	1	1	0	0	1
0	0	1	1	1	1	1	1	1	1	1	1	0	1

注　“1/Z”中的“1”是 74LS148 的取值，“Z”是 74LS348 的取值。

$\overline{EI}$是编码允许输入端，当$\overline{EI}=1$时，禁止编码，输出无效；当$\overline{EI}=0$时，允许编码输出。$\overline{EO}$是编码允许输出端，用于多个编码器级连时接在级别低的相邻编码器的$\overline{EI}$端，当本级没有编码信号请求时（$\overline{I_0} \sim \overline{I_7}$全为 1），$\overline{EO}$输出有效，允许级别低的编码器编码。$\overline{GS}$是编码输出标志位，$\overline{GS}=0$，表示 $\overline{I}_0 \sim \overline{I}_7$端有编码输入请求（有低电平输入），$\overline{Y}_2 \sim \overline{Y}_0$ 是有效的编码输出；$\overline{GS}=1$，表示 $\overline{I}_0 \sim \overline{I}_7$ 端无编码输入请求（没有低电平输入），$\overline{Y}_2 \sim \overline{Y}_0$ 不是有效的编码输出。

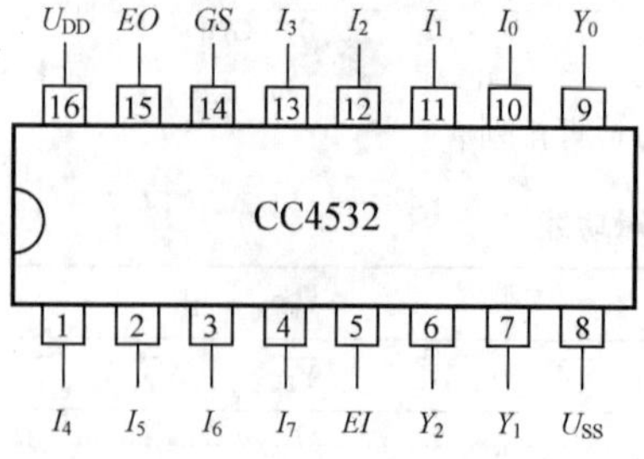

图 3-10　8/3 线优先编码器 CC4532 的管脚排列

8/3 线优先编码器 CC4532 的管脚排列如图 3-10

所示，逻辑功能见表 3-7。

CC4532 与 74LS148 相比，管脚的名称、排列顺序、功能都相同，只是逻辑极性相反，在此不再赘述。

表 3-7　8/3 线优先编码器 CC4532 的真值表

输入									输出				
EI	I_0	I_1	I_2	I_3	I_4	I_5	I_6	I_7	Y_2	Y_1	Y_0	GS	EO
0	×	×	×	×	×	×	×	×	0	0	0	0	0
1	0	0	0	0	0	0	0	0	0	0	0	0	1
1	×	×	×	×	×	×	×	1	1	1	1	1	0
1	×	×	×	×	×	×	1	0	1	1	0	1	0
1	×	×	×	×	×	1	0	0	1	0	1	1	0
1	×	×	×	×	1	0	0	0	1	0	0	1	0
1	×	×	×	1	0	0	0	0	0	1	1	1	0
1	×	×	1	0	0	0	0	0	0	1	0	1	0
1	×	1	0	0	0	0	0	0	0	0	1	1	0
1	1	0	0	0	0	0	0	0	0	0	0	1	0

二、译码器

译码与编码是一对相反的过程，数字电路中的译码器就是将二进制代码翻译成相应的电路状态或信号。常用的译码器有 2/4 线、3/8 线、4/16 线、二—十进制译码器和用于显示电路的 BCD-7 段译码器，图 3-11 是几种常见译码器的管脚排列。

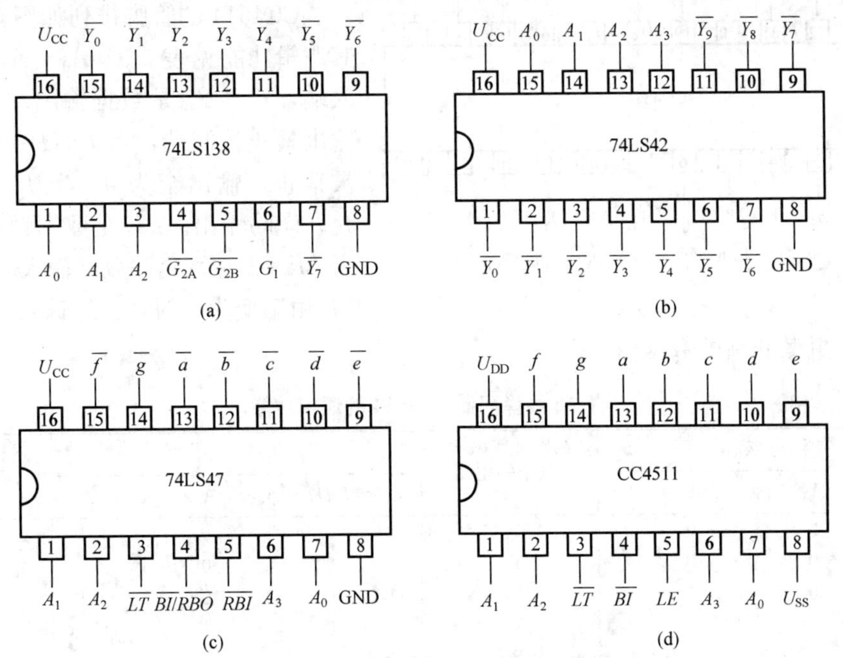

图 3-11　几种常见译码器的管脚排列

1. 二进制译码器

74LS138 是常用的 3/8 线二进制译码器，其管脚排列如图 3-11（a）所示，逻辑功能见表 3-8。$A_2 \sim A_0$ 是它的 3 个输入端，$\overline{Y}_7 \sim \overline{Y}_0$ 是它的 8 个输出端，输出低电平有效。

G_1、$\overline{G_{2A}}$、$\overline{G_{2B}}$是它的 3 个控制端。设置 3 个控制端增加了控制的灵活性，当 $G_1=1$ 且 $\overline{G_{2A}}=\overline{G_{2B}}=0$ 同时满足时，才允许译码输出。

表 3-8　　译码器 74LS138 的逻辑功能

输入						输出							
G_1	$\overline{G_{2A}}$	$\overline{G_{2B}}$	A_2	A_1	A_0	$\overline{Y_0}$	$\overline{Y_1}$	$\overline{Y_2}$	$\overline{Y_3}$	$\overline{Y_4}$	$\overline{Y_5}$	$\overline{Y_6}$	$\overline{Y_7}$
0	×	×	×	×	×	1	1	1	1	1	1	1	1
×	×	1	×	×	×	1	1	1	1	1	1	1	1
×	1	×	×	×	×	1	1	1	1	1	1	1	1
1	0	0	0	0	0	0	1	1	1	1	1	1	1
1	0	0	0	0	1	1	0	1	1	1	1	1	1
1	0	0	0	1	0	1	1	0	1	1	1	1	1
1	0	0	0	1	1	1	1	1	0	1	1	1	1
1	0	0	1	0	0	1	1	1	1	0	1	1	1
1	0	0	1	0	1	1	1	1	1	1	0	1	1
1	0	0	1	1	0	1	1	1	1	1	1	0	1
1	0	0	1	1	1	1	1	1	1	1	1	1	0

74LS154 是 4/16 线二进制译码器，它有两个控制端$\overline{G_1}$和$\overline{G_2}$，其控制功能与 74LS138 相似，当$\overline{G_1}=\overline{G_2}=0$ 同时满足时，才允许译码。CMOS 二进制译码器有 CC4514 和 CC4515，两者均为 4/16 线译码器，不同之处是前者为高电平输出有效，后者为低电平输出有效。

CC4514 的管脚排列如图 3-12 所示，其逻辑功能见表 3-9。$A_0 \sim A_3$ 是数据输入端，$Y_0 \sim Y_{15}$ 是数据输出端。INH 是输出禁止控制端，当 $INH=0$ 时，输出被禁止，输出全为 0；当 $INH=1$ 时，允许译码输出。LE 是数据锁存控制端，当 $LE=1$ 时，允许数据输入和输出；当 LE 由 1 变为 0 时，已经输入的数据被锁存和输出，并禁止新的数据输入。

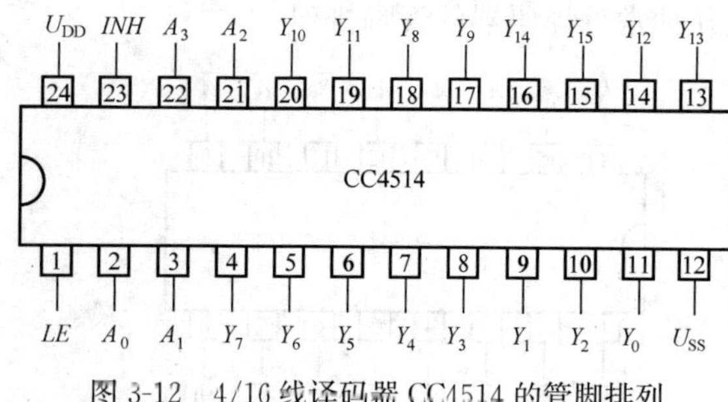

图 3-12　4/16 线译码器 CC4514 的管脚排列

表 3-9　　4/16 线译码器 CC4514 的逻辑功能

输入						高电平输出端（其余输出端全为 0）	输入						高电平输出端（其余输出端全为 0）
LE	INH	A_3	A_2	A_1	A_0		LE	INH	A_3	A_2	A_1	A_0	
1	0	0	0	0	0	Y_0	1	0	1	0	0	1	Y_9
1	0	0	0	0	1	Y_1	1	0	1	0	1	0	Y_{10}
1	0	0	0	1	0	Y_2	1	0	1	0	1	1	Y_{11}
1	0	0	0	1	1	Y_3	1	0	1	1	0	0	Y_{12}
1	0	0	1	0	0	Y_4	1	0	1	1	0	1	Y_{13}
1	0	0	1	0	1	Y_5	1	0	1	1	1	0	Y_{14}
1	0	0	1	1	0	Y_6	1	0	1	1	1	1	Y_{15}
1	0	0	1	1	1	Y_7	×	1	×	×	×	×	输出端全为 0
1	0	1	0	0	0	Y_8	0	0	×	×	×	×	*

* 输出状态锁定在上一个 LE="1" 时，$A_0 \sim A_3$ 的输入状态。

2. 二—十进制译码器

74LS42是一种二—十进制译码器，其管脚排列如图3-11（b）所示，逻辑功能见表3-10。它有4个输入端和10个输出端，输出低电平有效。对于输入信号1001后的6种组合，器件视为无效，输出全为1。74LS45是集电极开路的二—十进制译码器/驱动器，它的最大输出灌电流可达80mA，输出电压高达30V，其管脚排列与74LS42相同。CMOS系列的二—十进制译码器有CC4528等。

表3-10　二—十进制译码器74LS42的逻辑功能

输入				输出									
A_3	A_2	A_1	A_0	$\overline{Y_0}$	$\overline{Y_1}$	$\overline{Y_2}$	$\overline{Y_3}$	$\overline{Y_4}$	$\overline{Y_5}$	$\overline{Y_6}$	$\overline{Y_7}$	$\overline{Y_8}$	$\overline{Y_9}$
0	0	0	0	0	1	1	1	1	1	1	1	1	1
0	0	0	1	1	0	1	1	1	1	1	1	1	1
0	0	1	0	1	1	0	1	1	1	1	1	1	1
0	0	1	1	1	1	1	0	1	1	1	1	1	1
0	1	0	0	1	1	1	1	0	1	1	1	1	1
0	1	0	1	1	1	1	1	1	0	1	1	1	1
0	1	1	0	1	1	1	1	1	1	0	1	1	1
0	1	1	1	1	1	1	1	1	1	1	0	1	1
1	0	0	0	1	1	1	1	1	1	1	1	0	1
1	0	0	1	1	1	1	1	1	1	1	1	1	0
1	0	1	0	1	1	1	1	1	1	1	1	1	1
1	0	1	1	1	1	1	1	1	1	1	1	1	1
1	1	0	0	1	1	1	1	1	1	1	1	1	1
1	1	0	1	1	1	1	1	1	1	1	1	1	1
1	1	1	0	1	1	1	1	1	1	1	1	1	1
1	1	1	1	1	1	1	1	1	1	1	1	1	1

3. BCD-7段译码驱动器

74LS47是一种集电极开路的BCD-7段译码驱动器，用于驱动共阳极接法的数码管，输入信号是BCD码。其管脚排列如图3-11（c）所示，逻辑功能见表3-11。

$\overline{BI}/\overline{RBO}$既可作为输入端，也可作为输出端使用。作为输入端使用时，是灭灯输入端$\overline{BI}$，拥有最高的优先级，当$\overline{BI}$输入为0时，各字段输出均为1，灯全灭。

$\overline{LT}$是试灯输入端，低电平有效。当$\overline{BI}=1$且$\overline{LT}=0$时，无论其他输入端为何种状态，各字段输出均为0，数码管各字段全亮。利用这一功能可以检查数码管以及与之相连的译码器的好坏。

$\overline{RBI}$灭零输入端。该功能用于多个数码管级连时，消除整数位最前面的无效数字零，也用于消除显示小数位后面的无效数字零。在$\overline{BI}=1$、$\overline{LT}=1$、$A_3A_2A_1A_0=0000$时，若$\overline{RBI}=0$，译码器各字段输出均为1，数码管不显示0，实现灭零功能；若$\overline{RBI}=1$，灭零功能不起作用，数码管正常显示数字0。

$\overline{BI}/\overline{RBO}$作为输出端使用时，用于指示译码器的灭零功能是否已经实现。若$\overline{RBI}=0$且输入为$A_3A_2A_1A_0=0000$，则$\overline{RBO}=0$，表示译码器灭零功能有效实现；其他情况下，$\overline{RBO}=1$，表示译码器没有实现灭零功能。

表 3-11　　译码驱动器 74LS47 的真值表

功能	输入							输出							显示
	$\overline{BI}/\overline{RBO}$	$\overline{LT}$	$\overline{RBI}$	A_3	A_2	A_1	A_0	$\overline{a}$	$\overline{b}$	$\overline{c}$	$\overline{d}$	$\overline{e}$	$\overline{f}$	$\overline{g}$	
灭灯	0	×	×	×	×	×	×	1	1	1	1	1	1	1	全灭
试灯	1	0	×	×	×	×	×	0	0	0	0	0	0	0	8
灭 0	1	1	0	0	0	0	0	1	1	1	1	1	1	1	灭 0
0	1	1	1	0	0	0	0	0	0	0	0	0	0	1	0
1	1	1	×	0	0	0	1	1	0	0	1	1	1	1	1
2	1	1	×	0	0	1	0	0	0	1	0	0	1	0	2
3	1	1	×	0	0	1	1	0	0	0	0	1	1	0	3
4	1	1	×	0	1	0	0	1	0	0	1	1	0	0	4
5	1	1	×	0	1	0	1	0	1	0	0	1	0	0	5
6	1	1	×	0	1	1	0	1	1	0	0	0	0	0	6
7	1	1	×	0	1	1	1	0	0	0	1	1	1	1	7
8	1	1	×	1	0	0	0	0	0	0	0	0	0	0	8
9	1	1	×	1	0	0	1	0	0	0	1	1	0	0	9

在多位译码器进行级连时，$\overline{RBO}$与$\overline{RBI}$应配合使用。在整数位上，高位的$\overline{RBO}$接低位的$\overline{RBI}$，最高位的$\overline{RBI}$接低电平 0，当高位 $A_3A_2A_1A_0$ 输入为 0000 时，本位灭 0，同时$\overline{RBO}$输出为 0，使下级处于灭零状态；在小数位上，低位的$\overline{RBO}$接高位的$\overline{RBI}$，最低位的$\overline{RBI}$接低电平 0。

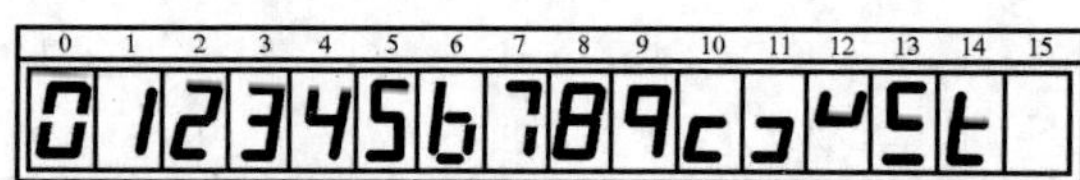

图 3-13　74LS47 的显示字形

74LS47 的 $A_3A_2A_1A_0$ 在输入超过 1001 后，仍然有显示，其显示字形如图 3-13 所示。

74LS47 是集电极开路的译码器，使用时必须通过限流电阻接共阳极接法的数码管，应用电路如图 3-14（a）所示。74LS48 的管脚排列与 74LS47 相同，控制功能相同，它是高电平输出有效，可直接接共阴极接法的数码管，不需要加限流电阻，应用电路如图 3-14（b）所示。

CC4511 是常用的 CMOS 类 BCD-7 段译码器，其管脚排列如图 3-11（d）所示，逻辑功能见表 3-12。$\overline{LT}$是试灯输入端，$\overline{BI}$是灭灯输入端。LE 是数据锁存使能端，当 $LE=0$ 时，译码器的输出随输入变化；当 $LE=1$ 时，输入数据被锁存，输出不再随输入变化。CC4511 输出高电平有效，接共阴极接法的数码管，使用时要加限流电阻，应用电路如图 3-14（c）所示。CC4511 具有拒伪码功能，当输入超过 1001 后，译码输出全为 0，数码管熄灭。

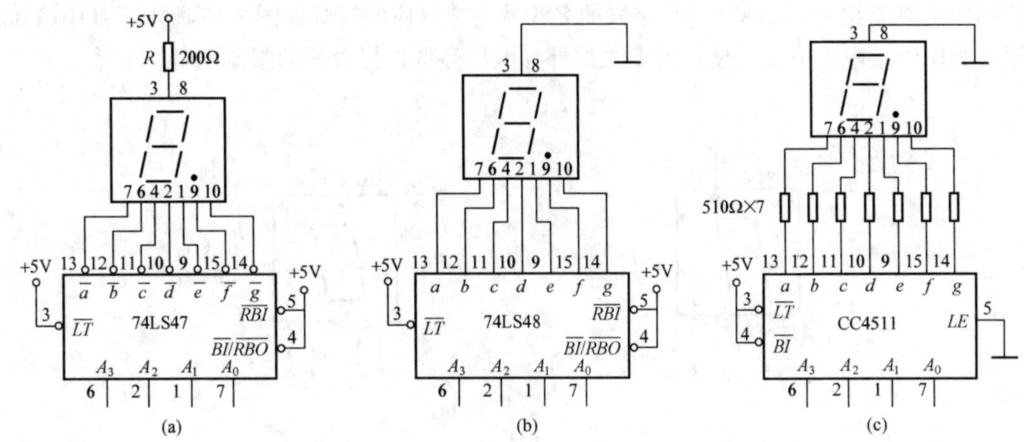

图 3-14 74LS47、74LS48、CC4511 的应用电路

表 3-12 译码器 CC4511 的逻辑功能

功能	输入							输出							显示
	LE	$\overline{BI}$	$\overline{LT}$	A_3	A_2	A_1	A_0	a	b	c	d	e	f	g	
灯测试	×	×	0	×	×	×	×	1	1	1	1	1	1	1	8
消隐	×	0	1	×	×	×	×	0	0	0	0	0	0	0	全灭
0	0	1	1	0	0	0	0	1	1	1	1	1	1	0	0
1	0	1	1	0	0	0	1	0	1	1	0	0	0	0	1
2	0	1	1	0	0	1	0	1	1	0	1	1	0	1	2
3	0	1	1	0	0	1	1	1	1	1	1	0	0	1	3
4	0	1	1	0	1	0	0	0	1	1	0	0	1	1	4
5	0	1	1	0	1	0	1	1	0	1	1	0	1	1	5
6	0	1	1	0	1	1	0	0	0	1	1	1	1	1	6
7	0	1	1	0	1	1	1	1	1	1	0	0	0	0	7
8	0	1	1	1	0	0	0	1	1	1	1	1	1	1	8
9	0	1	1	1	0	0	1	1	1	1	0	0	1	1	9
10				1	0	1	0								
⋮	0	1	1			⋮		0	0	0	0	0	0	0	不显示
15				1	1	1	1								
锁存	1	1	1	×	×	×	×	输出状态锁定在 LE 由 0 变 1 时的输入所决定的状态							

BCD-7 段译码器的种类很多，除了前面介绍的几种外，还有 74LS49、74LS247/248、CC4543、CC4054/4055/4056 等。

三、显示电路

常用的显示器有发光二极管（LED）显示器、液晶显示器（LCD）等，下面主要介绍 LED 显示器的结构与使用方法。

LED 显示器 BS201/202（共阴极）和 BS211/212（共阳极）的外形、管脚排列及等效电路如图 3-15 所示。其中，BS201 和 BS211 每段的最大驱动电流约为 10mA，BS202 和 BS212

每段的驱动电流约为15mA。各个字段的名称及与之对应的管脚如图3-15所示，其中第3脚和第8脚用于接电源或地，使用时要根据外加电压高低选择合适的限流电阻。

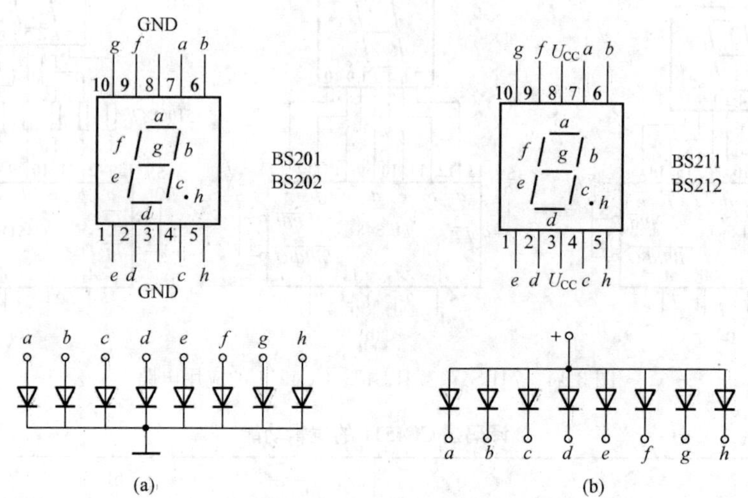

图3-15 LED显示器的管脚排列及等效电路

(a) 共阴极接法的数码管；(b) 共阳极接法的数码管

第四节 触发器和锁存器

触发器具有记忆功能，是数字电路中的基本元器件。常见的集成触发器有基本RS触发器、JK触发器、D触发器等。触发器的触发方式有同步脉冲触发方式、脉冲边缘触发方式、主从触发方式等。锁存器是由多位触发器构成的用于保存一组数据的寄存单元。

一、基本RS触发器

基本RS触发器的逻辑功能见表3-13，电路结构和逻辑符号如图3-16所示，它只有置1端$\overline{S}$和置0端$\overline{R}$两个输入端，输入低电平有效，$\overline{S}$和R不允许同时为低电平。

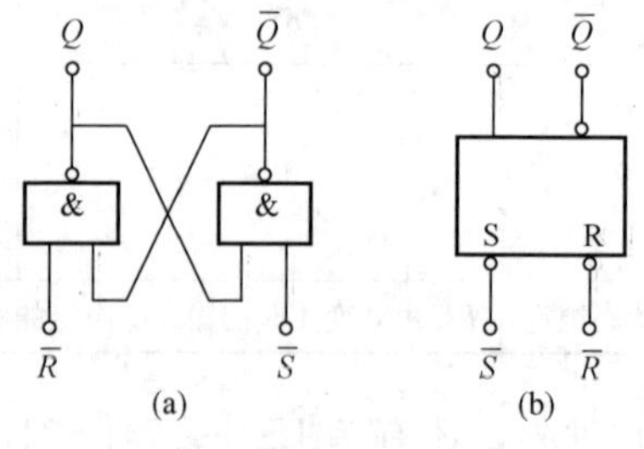

图3-16 基本RS触发器的结构和逻辑符号

(a) 逻辑图；(b) 逻辑符号

表3-13 基本RS触发器的逻辑功能

$\overline{R}$	$\overline{S}$	Q
1	0	1
0	1	0
1	1	不变
0	0	不定

74LS279内部集成4个基本RS触发器，其管脚排列如图3-17（a）所示，逻辑功能见表3-13，其中$\overline{S_A}$和$\overline{S_B}$两个输入端是与的关系，即$\overline{S}=\overline{S_A}\cdot\overline{S_B}$。

CC4044称为三态RS锁存触发器，内部集成4个基本RS触发器，其管脚排列如图3-17(b)

所示，其逻辑功能见表 3-14。EN 是输出控制端，当 $EN=0$ 时，各触发器的输出端 Q 处于高阻状态；当 $EN=1$ 时，各触发器的输出端 Q 输出 0 或 1。

表 3-14　CC4044 的真值表

$\overline{R}$	$\overline{S}$	EN	Q
×	×	0	高阻
0	1	1	0
1	0	1	1
0	0	1	不定
1	1	1	不变

CC4043 的逻辑功能与控制方式与 CC4044 相似。CC4044 的输入端 $\overline{S}$ 和 $\overline{R}$ 是输入低电

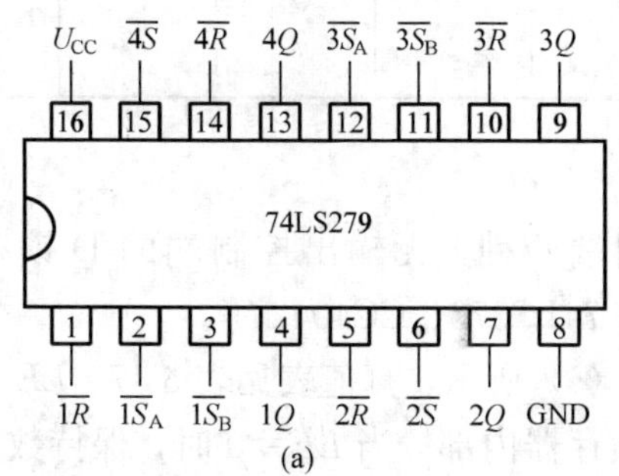

(a)

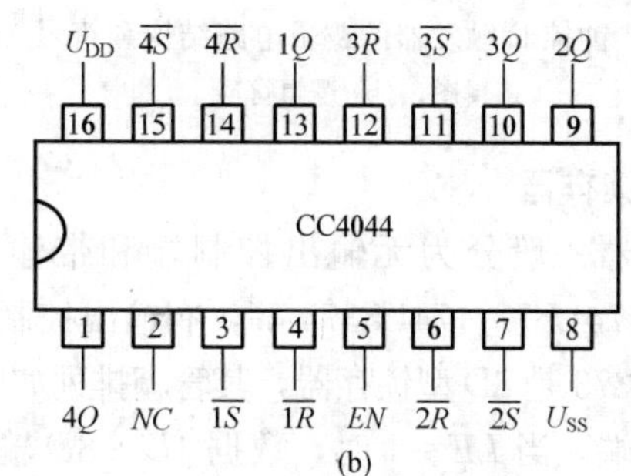

(b)

图 3-17　两种集成基本 RS 触发器

平有效，CC4043 的输入端 S 和 R 是输入高电平有效。

二、钟控 RS 触发器

钟控 RS 触发器也称为同步 RS 触发器，其电路结构和逻辑符号如图 3-18 所示，真值表见表 3-15。与基本 RS 触发器相比，它增加了两个门电路和一个 CP 脉冲控制端。当 $CP=1$ 时，G3、G4 开门，R 和 S 端的信号能够输入；当 $CP=0$ 时，G3、G4 关门，R 和 S 端的信号不能够输入。在 $CP=1$ 期间，若输入信号 R 和 S 变化，则输出端 Q 将随之变化，这种现象称为空翻。另外，该电路还存在约束条件，不允许 R 和 S 同时为 1。

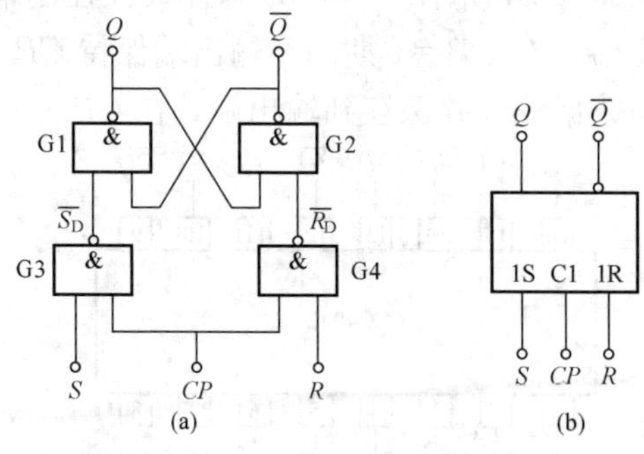

图 3-18　钟控 RS 触发器的结构和逻辑符号
（a）逻辑图；（b）逻辑符号

表 3-15　钟控 RS 触发器的真值表

R	S	CP	Q
×	×	0	不变
1	0	1	0
0	1	1	1
0	0	1	不变
1	1	1	不定

三、钟控 D 触发器

图 3-19 是钟控 D 触发器的逻辑电路结构和逻辑符号，这种触发器也称为同步 D 触发器或 D 锁存器。它是在钟控 RS 触发器的基础上增加了一个非门 G5，它只有一个输入端 D，因而不存在约束条件，其真值表见表 3-16。在 $CP=1$ 时，G3、G4 开门，输入数据；在 $CP=0$ 期间，G3、G4 关闭，输出状态被锁存。在 $CP=1$ 期间，输入数据变化，输出就变化，这种锁存器也称为“透明锁存器”。

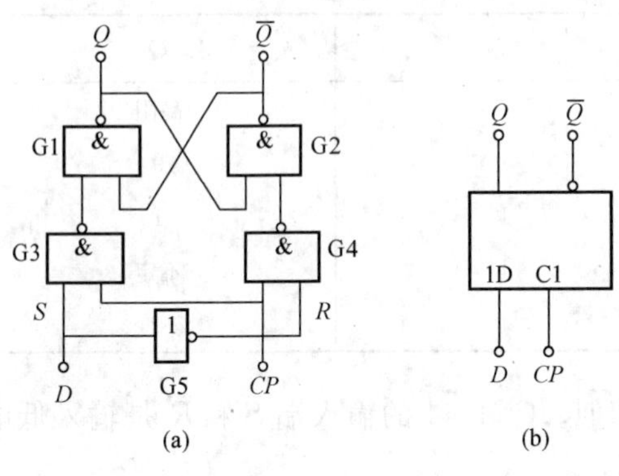

图 3-19 钟控 D 触发器的逻辑电路结构和符号
(a) 逻辑图；(b) 逻辑符号

表 3-16 钟控 D 触发器的真值表

D	CP	Q
×	0	不变
0	1	0
1	1	1

四、锁存器

锁存器一般分为无输出控制端和带输出控制端两种。无输出控制端的 D 锁存器有 74LS75、74LS77、74LS375 等，有输出控制端的有 74LS373、CC4042 等。

74LS373 是 8D 型锁存器，其管脚排列如图 3-20（a）所示，真值表见表 3-17。LE 是数据输入锁存端，当 $LE=1$ 时，数据 $1D$～$8D$ 输入到锁存器内部；当 $LE=0$ 时，保持数据（锁存）。$\overline{OE}$是数据输出允许端，当$\overline{OE}=1$ 时，输出端为高阻状态；当$\overline{OE}=0$ 时，允许数据输出。

表 3-17 锁存器 74LS373 的真值表

$\overline{OE}$	LE	D	Q	$\overline{OE}$	LE	D	Q
0	1	0	0	0	0	×	不变
0	1	1	1	1	×	×	Z

在 $LE=1$，$\overline{OE}=0$ 时，74LS373 成为“透明锁存器”，输入端数据有变化，输出将随之变化。

CC4042 是四 D 型锁存器，其管脚排列如图 3-20（b）所示。POL 是脉冲极性控制端，当 $POL=0$ 时，$CP=0$ 期间数据输入并保存到输出端，在 $CP=1$ 期间，输出端保持 CP 上升沿之前的输入状态；当 $POL=1$ 时，$CP=1$ 期间数据输入并保存到输出端，在 $CP=0$ 期

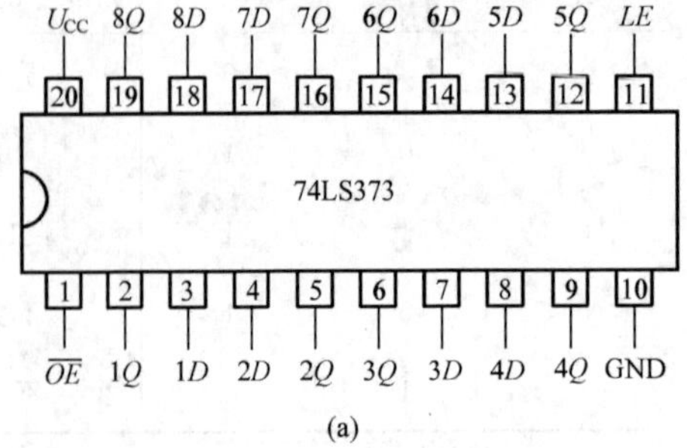

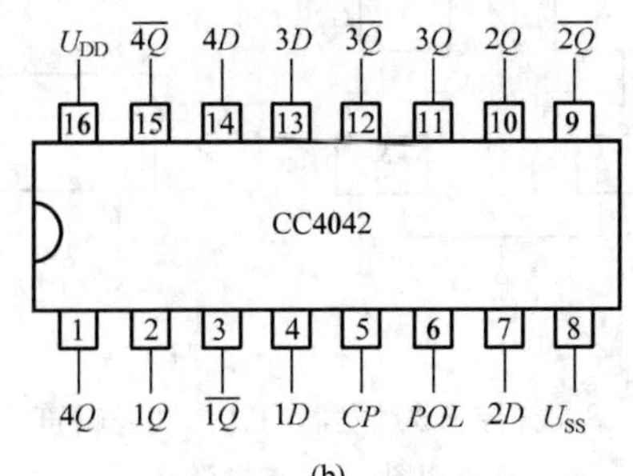

图 3-20 锁存器 74LS373、CC4042 的管脚排列

间，输出端保持 CP 下降沿之前的输入状态。

五、边缘触发方式的触发器

基本 RS 触发器和钟控触发器电路结构简单，但功能还不完善，存在空翻现象或限制约束条件，在实际应用中，大量使用的是功能更加完善的 JK 触发器和 D 触发器。

边缘触发方式的触发器输出状态的变化发生在 CP 脉冲的上升沿（下降沿），输出状态只与上升沿（下降沿）到来时刻的输入有关。这种触发器只要求输入信号在 CP 脉冲的上升沿（下降沿）前后有一小段时间保持不变即可，因此抗干扰能力强，适合在速度高的场合应用。在选用触发器时，要尽量选用触发边缘相同的触发器，如果电路中有特殊需求，可根据情况选用不同边缘触发的触发器。上升沿触发和下降沿触发在原则上没有优劣之分，但对于 TTL 电路，因为输出低电平的驱动能力更强，所以下降沿较好，而上升沿较差，特别是集电极开路输出时上升沿更差，因此对于 TTL 电路选用下降沿触发更好些。

常用的下降沿触发的集成触发器有 74LS76、74LS112、74LS114、CC4027 等，上升沿触发的集成触发器有 74LS74、74LS109、CC4013、74LS273 等。图 3-21 是几种边缘触发器的管脚排列图。

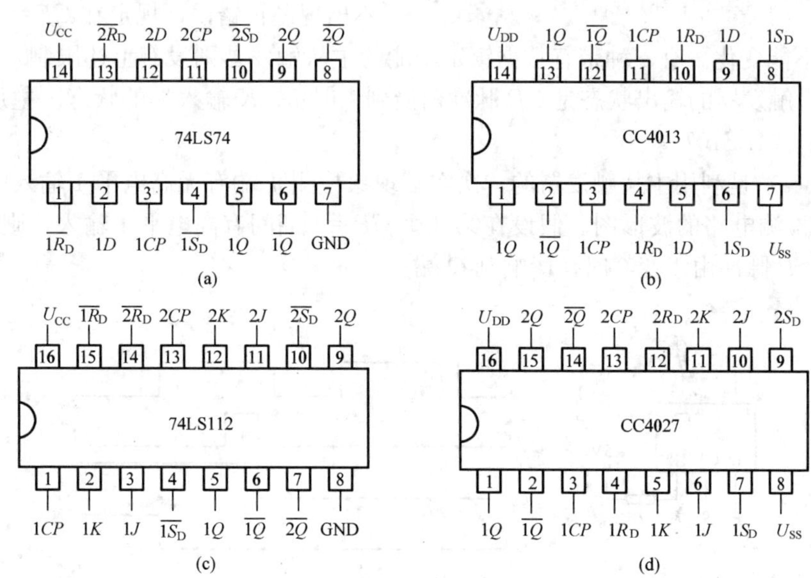

图 3-21　几种边缘触发器的管脚排列图

(a) 74LS74 上升沿触发双 D 触发器；(b) CC4013 上升沿触发双 D 触发器；
(c) 74LS112 下降沿触发双 JK 触发器；(d) CC4027 上升沿触发双 JK 触发器

六、主从触发方式的触发器

图 3-22（a）是主从型 JK 触发器的逻辑电路结构，表 3-18 是其真值表。G1～G4 等组成从触发器，G5～G8 等构成主触发器。输入端信号分两步到达输出端 Q，步骤如下：首先，在 $CP=1$ 期间，主触发器开门，J、K 信号进入，送到主触发器的输出端 Q_1 暂存；然后，在 $CP=0$ 期间，主触发器关门，保持原输入状态，从触发器开门，将 Q_1 的状态送到 Q 端。图 3-22（b）是主从型 JK 触发器的符号，符号“⌐”表示时间延迟，即 $CP=1$ 期间信号输入，在 $CP=0$ 期间输出 Q 才能变化。

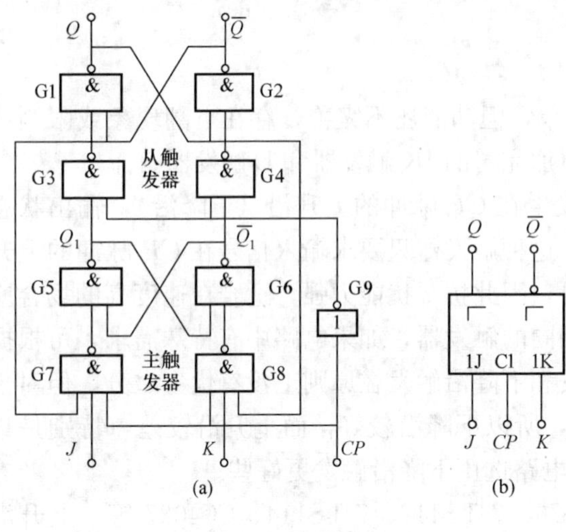

图 3-22　主从型 JK 触发器的逻辑电路结构和符号

(a) 逻辑图；(b) 逻辑符号

表 3-18　主从型 JK 触发器的真值表

CP	*J*	*K*	*Q*
⊓	0	1	0
⊓	1	0	1
⊓	0	0	不变
⊓	1	1	翻转

主从触发方式的触发器对 *CP* 脉冲的边缘变化要求不高，但这种触发器存在一次空翻现象。所谓一次空翻，是指若在 $CP=1$ 期间输入端有高电平 1 输入，不论持续时间长短和出现次数多少，主触发器都会记录下这个高电平 1，保存在 Q_1 端，并作为从触发器的输入信号。为保证触发器不出现逻辑错误，规定在 $CP=1$ 期间，*J*、*K* 端的信号不能变化。有一种带有数据锁定功能的主从触发器则没有上述限制，*CP* 脉冲下降沿到来后，触发器的输出状态是 *CP* 脉冲前沿到来时 *J*、*K* 输入端的状态。主从型的触发器有 74LS76、74LS107 等。

图 3-23（a）是利用主从触发器的一次空翻现象检测 *J* 端有无高电平 1 输入的电路，图 3-23（b）是检测电路的波形图。假设在第 2 个 $CP=1$ 期间有高电平 1 输入，则 Q_1 将随之变化，并在 *CP* 脉冲由 1 变 0 时，影响到 *Q* 端。

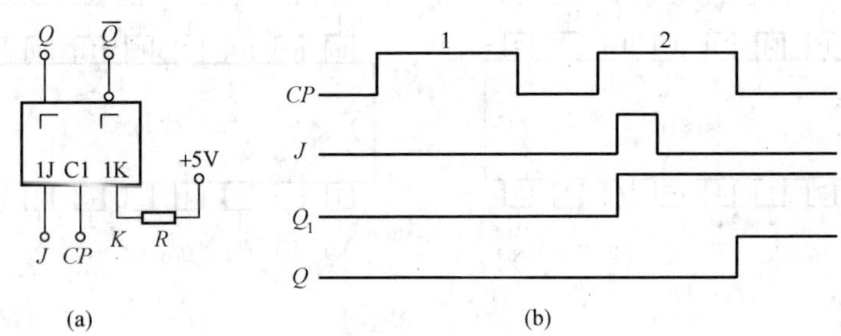

图 3-23　检测“1”的电路及波形图

(a) 电路图；(b) 波形图

第五节　计　数　器

计数器是数字电路中的常用部件，种类繁多，一般可按照计数方式、编码方式和计数规律等进行分类，如图 3-24 所示。

在选用计数器时，除了按照图 3-24 中的分类方式进行选择外，还要考虑计数器有无清零和预置数功能，是同步置数还是异步置数，是同步清零还是异步清零，是单脉冲输入还是双脉冲输入，是上升沿翻转还是下降沿翻转等因素。

一、异步加法计数器 74LS290/74LS90

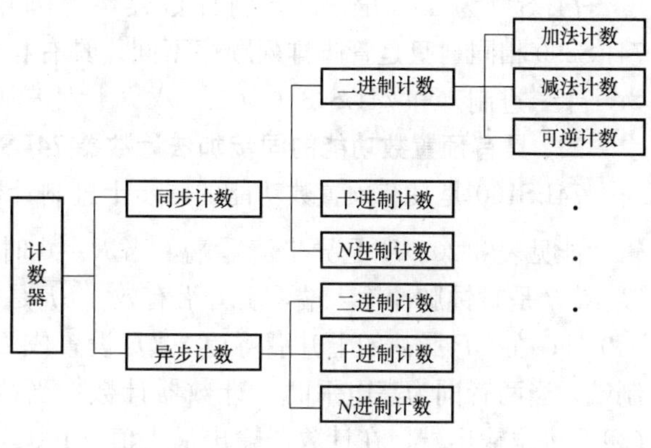

图 3-24 计数器的分类

74LS290 是下降沿触发的二—五—十进制异步计数器，其管脚排列如图 3-25（a）所示，其逻辑功能见表 3-19。R_{01} 和 R_{02} 是异步清零端，当 $R_{01}=R_{02}=1$ 时，计数器清零。S_{91} 和 S_{92} 是异步置 9 输入端，当 $S_{91}=S_{92}=1$ 时，计数器置 9（输出端状态为 1001）。

从 CP_0 输入计数脉冲，用 Q_0 作输出端，其他输出端不用，为二进制计数方式；从 CP_1 输入计数脉冲，用 Q_3、Q_2、Q_1 作输出端，为五进制计数方式；将 Q_0 接 CP_1，从 CP_0 输入计数脉冲，用 Q_3、Q_2、Q_1、Q_0 作输出端，为十进制计数器。

表 3-19 74LS290 型计数器的逻辑功能

R_{01}	R_{02}	S_{91}	S_{92}	CP_0	CP_1	Q_3	Q_2	Q_1	Q_0
1	1	0	×	×	×	0	0	0	0
1	1	×	0	×	×	0	0	0	0
×	×	1	1	×	×	1	0	0	1
$R_{01}R_{02}=0$		$S_{91}S_{92}=0$		↓	×	二进制计数			
				×	↓	五进制计数			
				↓	Q_0	8421 码十进制计数			
				Q_3	↓	5421 码十进制计数			

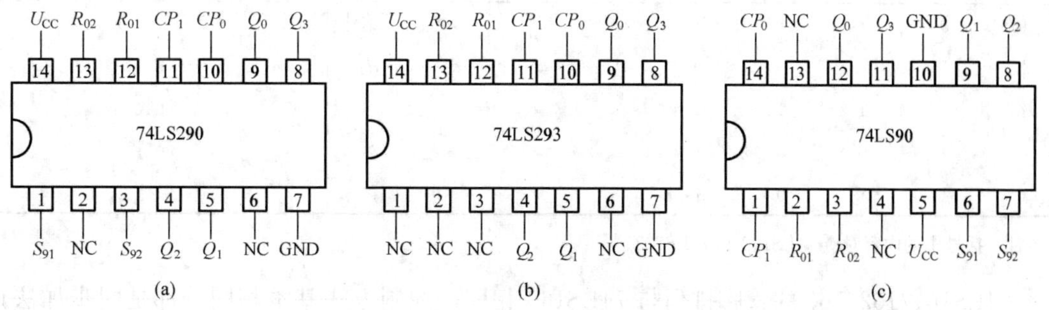

图 3-25 计数器 74LS290/293/90 的管脚排列

74LS293 为二—八—十六进制计数器，管脚排列如图 3-25（b）所示，其计数规律与 74LS290 相似。从 CP_0 输入脉冲，用 Q_0 作输出端，为二进制计数方式；从 CP_1 输入计数脉冲，用 Q_3、Q_2、Q_1 作输出端，为八进制计数方式；将 Q_0 接 CP_1，从 CP_0 输入计数脉冲，用 Q_3、Q_2、Q_1、Q_0 作输出端，为十六进制计数器。R_{01} 和 R_{02} 是异步清零端，当 $R_{01}=R_{02}=1$ 时，计数器清零。

74LS90为二—五—十进制计数器，管脚排列如图3-25（c）所示。其逻辑功能与74LS290相同，只是管脚排列顺序不同。具有相似功能的异步计数器还有74LS92（为二—六—十二进制）和74LS93（为二—八—十六进制计数器）。

二、具有预置数功能的同步加法计数器74LS160/161/162/163

74LS160是具有预置数功能的同步十进制计数器，其管脚排列如图3-26（a）所示，逻辑功能见表3-20。$\overline{R}$是异步清零端，当$\overline{R}=0$时，不论其他输入端为何种状态，计数器清零。CP是时钟脉冲输入端，上升沿有效。$\overline{LD}$是同步并行置数控制端，低电平有效。在$\overline{LD}=0$时，在CP脉冲的上升沿将$Q_0 \sim Q_3$设置成$D_0 \sim D_3$端的输入状态。EP、ET为计数控制端，当两者同为高电平时，计数器计数；当两者有一个为低电平时，计数器保持原态。CO是进位输出端，在计数器输出最大值（1001）的同时，该端输出高电平1，其余时间输出为0。

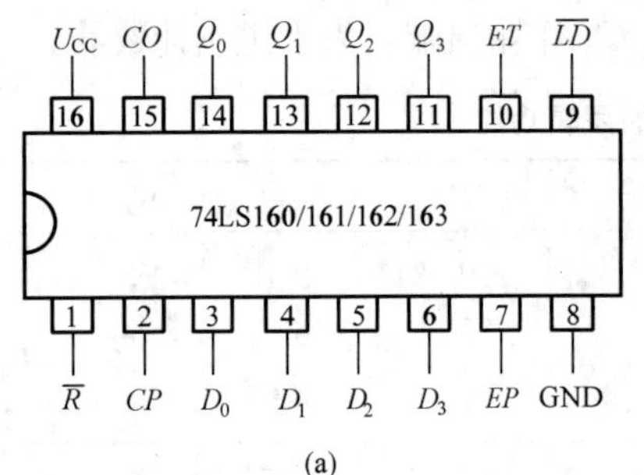

(a)

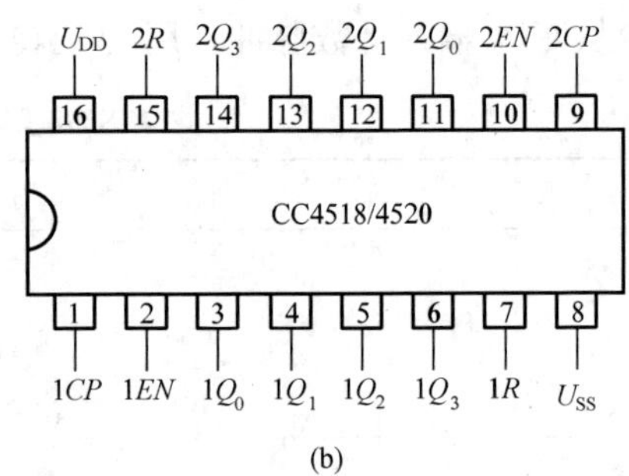

(b)

图3-26 计数器74LS160/161/162/163，CC4518/4520的管脚排列

表3-20 计数器74LS74LS160/161/162/163的逻辑功能

输入									输出			
CP	$\overline{R}$	EP	ET	$\overline{LD}$	D_3	D_2	D_1	D_0	Q_3	Q_2	Q_1	Q_0
×（↑）	0	×	×	×	×	×	×	×	0	0	0	0
↑	1	×	×	0	d_3	d_2	d_1	d_0	d_3	d_2	d_1	d_0
↑	1	1	1	1	×	×	×	×	计数			
×	1	0	×	1	×	×	×	×	保持			
×	1	×	0	1	×	×	×	×	保持			

注 括号中的内容对应74LS162和74LS163。

74LS161/162/163的管脚排列与74LS160相同，控制方式基本相同，都是同步加法计数器，采用同步置数方式，在EP和ET都为高电平时计数，进位输出信号CO在计数器输出最大值时出现（74LS160、74LS162的进位信号CO在计数器输出1001时出现，74LS161、74LS163的进位信号CO在计数器输出1111时出现）。

74LS161是4位二进制计数器，74LS160是十进制计数器，这是它们的区别。

74LS162是同步清零，74LS160是异步清零，这是它们的区别。所谓同步清零，是指当$\overline{R}=0$时，在CP脉冲的上升沿清零。

同步清零时，清零信号$\overline{R}$需要CP脉冲的配合，才能清零；异步清零时，清零信号$\overline{R}$

不需要 CP 脉冲的配合，就能清零。

74LS163 是 4 位二进制计数器、具有同步清零功能，这是它与 74LS160 的两个区别。

74LS161/162/163 构成多位计数器时需要级连，级连时可将低位计数器的 CO 端接高位计数器的 ET 和 EP 端，可参考图 6-43 进行连接。

三、双 BCD 码/4 位二进制加法计数器 CC4518/4520

双 BCD 码十进制计数器 CC4518 的管脚排列如图 3-26（b）所示，其逻辑功能见表 3-21。R 是异步清零端，当 $R=1$ 时，不管其他输入端的状态，计数器清零。它具有两个时钟脉冲输入端 CP 和 EN，当 $CP=0$ 时，在 EN 脉冲的下降沿计数；当 $EN=1$ 时，在 CP 脉冲的上升沿计数。CC4518 在进行级连构成两位计数器时，可参考后文图 6-15 进行连接。

CC4520 是双 4 位二进制计数器，其管脚排列和各控制端功能与 CC4518 相同。

表 3-21　　计数器 CC4518/4520 的逻辑功能

输入			输出			
CP	R	EN	Q_3	Q_2	Q_1	Q_0
×	1	×	0	0	0	0
↑	0	1	加计数			
0	0	↓	加计数			
1	0	×	保持			
×	0	0	保持			

四、同步可逆计数器 74LS190/191

可逆计数器既可作为加法计数器也可作为减法计数器使用。74LS190 是十进制同步可逆计数器，上升沿触发，其管脚排列如图 3-27（a）所示，其逻辑功能见表 3-22。它没有清零端，可通过置数功能设计成不同的进制。$\overline{LD}$是异步置数端，在$\overline{LD}=0$ 时，不考虑其他输入端的输入，将输出端 $Q_0 \sim Q_3$ 置数成 $D_0 \sim D_3$ 端的输入状态。$\overline{EN}$是允许计数控制端，$\overline{EN}=1$，禁止计数；$\overline{EN}=0$，允许计数。$\overline{U}/D$（UP/DOWN）是加/减计数控制端，当 $\overline{U}/D=0$，加计数；当 $\overline{U}/D=1$，减计数。CO/BO 为进位/借位输出端，在计数器出现最大值（加计数）或最小值（减计数）时，该端输出一个正脉冲。$\overline{RC}$为溢出负脉冲输出端，该脉冲出现在最后一个时钟脉冲的低电平期间。CO/BO 与$\overline{RC}$的波形如图 3-28 所示。

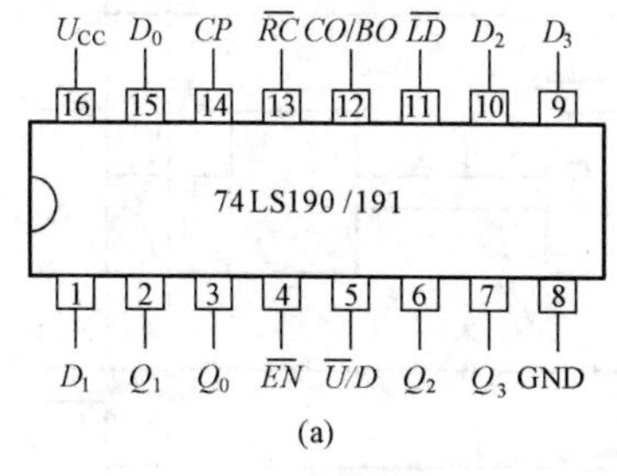

(a)

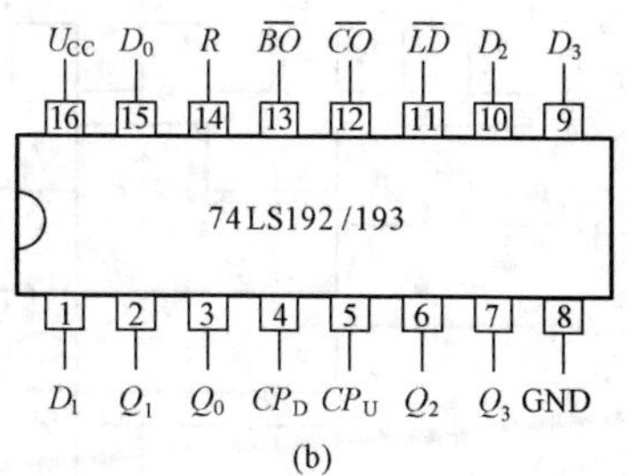

(b)

图 3-27　同步可逆计数器 74LS190/191/192/193 的管脚排列

将$\overline{RC}$连接到下一级的$\overline{EN}$端，可非常方便地进行级连，可参考后文图 6-6 进行级连。

74LS191 是同步可逆 4 位二进制计数器，其管脚排列和逻辑功能与 74LS190 相同。

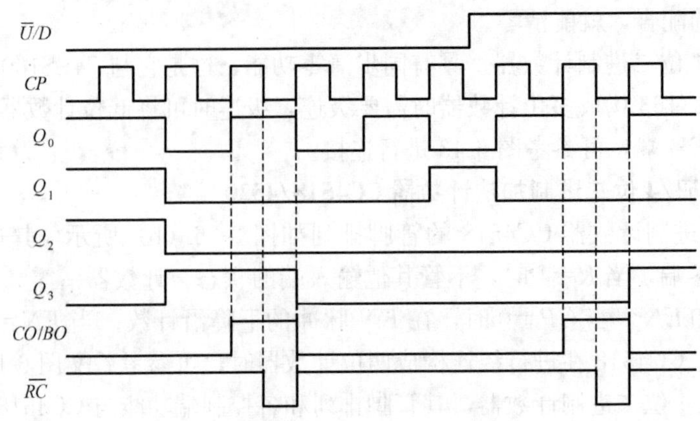

图 3-28　74LS190 逻辑功能图

表 3-22　　计数器 74LS190 的逻辑功能

$\overline{LD}$	$\overline{EN}$	$\overline{U}/D$	CP	功能
1	0	0	↑	加计数
1	0	1	↑	减计数
0	×	×	×	置数
1	1	×	×	保持

五、双时钟同步可逆计数器 74LS192/193

74LS192 是双时钟同步可逆十进制计数器，其管脚排列如图 3-27（b）所示，其逻辑功能见表 3-23。R 是异步清零端，优先级最高，在 $R=1$ 时，不考虑其他输入端的输入，将计数器清零。$\overline{LD}$是异步置数端，优先级较 R 端低，在 $R=0$、$\overline{LD}=0$ 时，不考虑其他输入端的输入，将输出端 $Q_0 \sim Q_3$ 置数成 $D_0 \sim D_3$ 端的输入状态。CP_D是减计数脉冲输入端，上升沿有效。CP_U是加计数脉冲输入端，上升沿有效。$\overline{CO}$是进位输出端，低电平有效，在加计数到最大值（1001）时，出现在 CP_U脉冲的低电平期间，如图 3-29 所示。$\overline{BO}$是借位输出端，低电平有效，在减计数到最小值（0000）时，出现在 CP_D脉冲的低电平期间。在进行多级

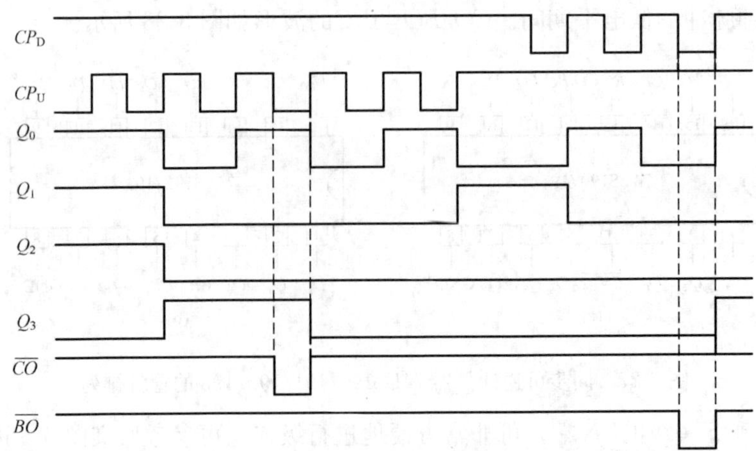

图 3-29　74LS192 逻辑功能图

扩展时，将前级的$\overline{CO}$端接到下一级的CP_U端，可实现加法计数。将前级的$\overline{BO}$端接到下一级的CP_D端，可实现减法计数。74LS193是同步双时钟可逆4位二进制计数器，其管脚排列和逻辑功能与74LS192相同。

74LS192进行级连，构成2位减法计数器的接法，可参考后文图6-34。

CMOS计数器CC40192/40193的管脚排列和逻辑功能与74LS192/193相同。CC40192是十进制计数器，CC40193是4位二进制计数器。

表3-23　　计数器74LS192/193的功能表

输入								输出			
R	$\overline{LD}$	CP_U	CP_D	D_3	D_2	D_1	D_0	Q_3	Q_2	Q_1	Q_0
1	×	×	×	×	×	×	×	0	0	0	0
0	0	×	×	d_3	d_2	d_1	d_0	d_3	d_2	d_1	d_0
0	1	↑	1	×	×	×	×	加计数			
0	1	1	↑	×	×	×	×	减计数			
0	1	1	1	×	×	×	×	保持			

六、CC4029可异步置数的二/十进制可逆计数器

CC4029是一款功能强大的CMOS计数器，其管脚排列如图3-30（a）所示，其逻辑功能见表3-24。它没有清零端，但有异步置数端PE，在$PE=1$时，不考虑其他输入端的输入，将输出端$Q_0 \sim Q_3$置数成$D_0 \sim D_3$端的输入状态。CP是计数脉冲输入端，上升沿有效。$U/\overline{D}$是加/减计数控制端，$U/\overline{D}=0$，为减计数；$U/\overline{D}=1$，为加计数。$B/\overline{D}$是二/十进制计数方式设置端，$B/\overline{D}=1$，为二进制计数；$B/\overline{D}=0$，为十进制计数。$\overline{CI}$是计数控制端，$\overline{CI}=0$，允许计数；$\overline{CI}=1$，保持不变。$\overline{CO}$是进位/借位输出端，在计数器出现最大值（加计数）或最小值（减计数）时，该端输出一个负脉冲。$\overline{CO}$与图3-28中的CO/BO出现的时刻相同，只是极性不同。

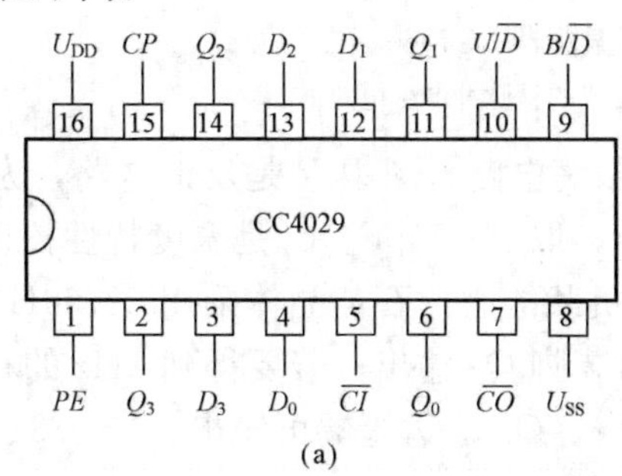

(a)

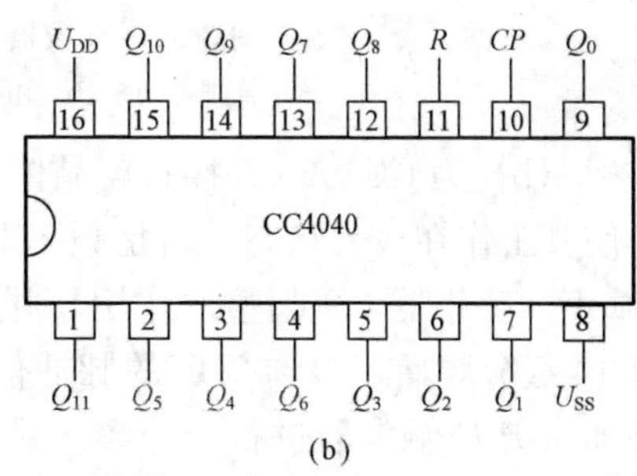

(b)

图3-30　计数器CC4029、CC4040的管脚排列

表3-24　　计数器CC4029的功能表

输入					输出
PE	$\overline{CI}$	CP	$B/\overline{D}$	$U/\overline{D}$	$Q_0 \sim Q_3$
1	×	×	×	×	置数
0	1	×	×	×	保持不变
0	0	↑	1	1	二进制加计数
0	0	↑	0	1	十进制加计数
0	0	↑	1	0	二进制减计数
0	0	↑	0	0	十进制减计数

在级连时，可将前级的 $\overline{CO}$ 端接到下一级的 $\overline{CI}$ 端，实现两级同步计数；也可将前级的 $\overline{CO}$ 端接到下一级的 CP 端，实现两级异步计数。

七、二进制加法计数器/分频器 CC4040 和 CC4060

计数器除了计数功能之外，还具有分频器的作用，计数器的位数越多，分频能力越强。CC4040 是常用的 12 级计数器/分频器，其管脚排列如图 3-30（b）所示。CP 是计数脉冲输入端，在 CP 下降沿计数器翻转。R 是异步清零端，R=1 时，将计数器清零。Q_0～Q_{11}是 12 级二分频器的输出端。每经过一级二分频器，计数脉冲的频率降低一半，即 Q_0、Q_1、Q_2 等端输出脉冲的频率分别为 CP 脉冲频率的 1/2、1/4、1/8，其余类推。与之类似的计数器/分频器还有 CC4020（14 级分频）、CC4224（7 级分频）等，它们的共同特点就是只有清零端 R 和脉冲输入端 CP，其余为输出端。

CC4060 是 14 位二进制计数器/分频器/振荡器，管脚排列和内部结构如图 3-31 所示。两个门电路 G1、G2 可与外接电路构成振荡器产生计数脉冲，经过内部 14 级二分频器分频后，从第 3 脚输出。CC4060 只作为计数器/分频器使用时，从第 9 脚输入外接脉冲信号。R 是异步清零端，R=1 时，将计数器清零。

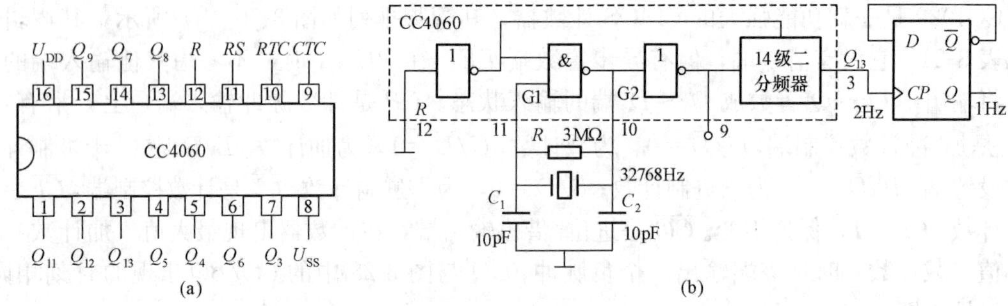

图 3-31 计数器/分频器/振荡器 CC4060

（a）管脚排列；（b）由 CC4060 构成的秒脉冲产生电路

图 3-31（b）为 CC4060 外接石英晶体构成的振荡电路。图中 R 是反馈电路，为 G1 提供偏置，使其工作在放大状态。C_1是频率微调电容，取 5～30pF。C_2是温度特性校正电容，取 20～50pF。反相器 G2 起整形作用，并提高带负载能力。石英晶体采用 32768Hz 晶振，经过内部 14 级分频后，得到 2Hz 的脉冲信号从第 3 脚 Q_{13} 输出；若要得到 1Hz 的秒信号，还要另外加一级 D 触发器进行二分频。从 Q_{12}、Q_{11}、Q_{10}、Q_9 等端可输出 4、8、32、64Hz 的脉冲信号，其余类推。

图 3-32 为由 CC4060 与外接 R、C 元件构成的振荡电路，当 $R_s=10R_t$时，时钟脉冲的输出频率为

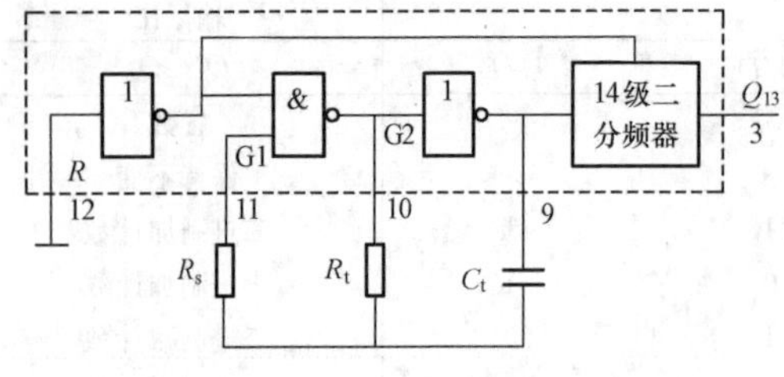

图 3-32 CC4060 构成的振荡电路

$$f_0=\frac{0.45}{R_tC_t}$$

当 $R_t>1\text{k}\Omega$，$C_t>100\text{pF}$ 时电路易于起振。若要在第 3 脚 Q_{14} 得到 1Hz 的秒信号，14 级分频电路的输入频率应当为 16384Hz。取 C_t=1000pF 时，经计算得 R_t=27.465kΩ，可取一只 20kΩ 的固定电阻和一只 10kΩ 的可变

电阻串联代替 R_t，取 $R_s=270k\Omega$。

八、N 进制计数器

用集成计数器构成 N 进制计数器的方法主要有清零法、置数法、级连法等。图 3-33（a）是用 4 位二进制同步加法计数器 74LS161 构成的 12 进制计数器，当计数器计数到 1100（十进制数 12）时，与非门 G 的输出为 0，通过异步清零端清零，开始下一个计数循环。在该电路中 1100 状态存在的时间极为短暂，约等于门 G 和计数器内部电路的传输延迟时间。图 3-33（b）是用同步置零(数)法构成的 12 进制计数器。当计数到 1011（十进制数 11）时，门 G 的输出为 0，在下一个 CP 脉冲的上升沿，使计数器置数为 0000，然后开始下一个计数循环，该计数器将不会出现 1100 状态。

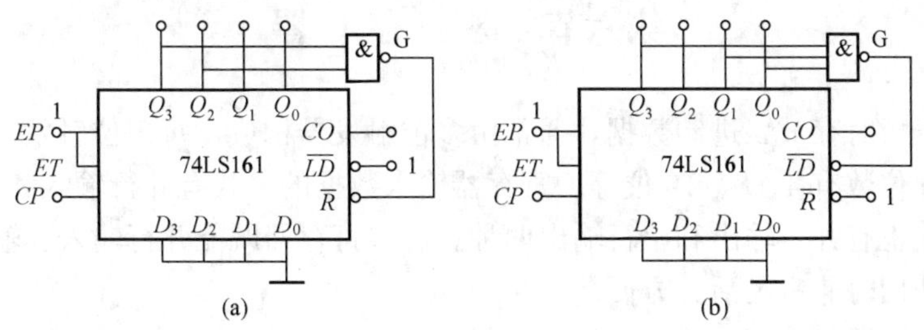

图 3-33 用 74LS161 构成 12 进制计数器

（a）用异步清零法构成 12 进制计数器；（b）用同步置零法构成 12 进制计数器

为提高清零和置数的可靠性，可采用图 3-34（a）的方法，在置数端前增加一个由门电路组成的基本 RS 触发器。它增加了置数信号的保持时间，提高了置数信号的可靠性，并使置数信号在 CP 脉冲的高电平时一直保持，直到 CP 脉冲的低电平出现时消失。在使用这种方法时，要考虑计数器的翻转时刻，若使用下降沿翻转的计数器，在 CP 脉冲接到门 G3 之前，要增加一个非门。

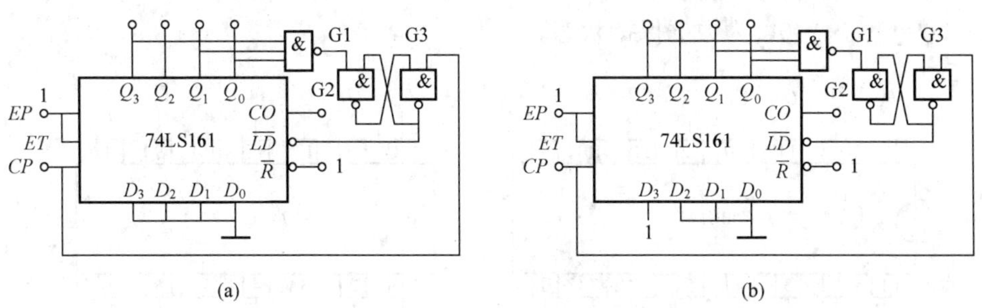

图 3-34 提高清零、置数可靠性的方法

（a）提高清零、置数可靠性的方法；（b）将任意数置数构成 N 进制的方法

图 3-34（b）是置数法的另一种用法，将计数器置数为任意数 A，计数器出现最大数后从 A 开始下一个计数循环。在图 3-34（b）中，$A=1000$，计数器的状态是 1000～1011，共 4 个状态，因而是 4 进制计数器。这种置数方法在减法计数器中也可使用。

图 3-35 是由 CC4029 构成的 24 进制计数器，每个计数器都接成十进制加法计数器，两级相连后构成模数为 100 的计数器，当计数到 0010 0100（十进制数 24）时，与门 G 输出高电平 1 将两个计数器置为 0，开始下一个计数循环。

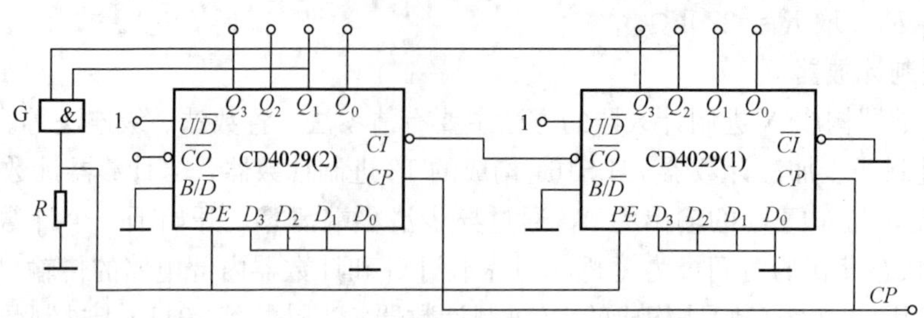

图 3-35 CC4029 构成的 24 进制计数器

第六节 寄 存 器

寄存器用于暂时存放二进制数据，通常由多位触发器构成，每 1 位触发器只能寄存 1 位二进制数，寄存位数有 4、8、16 位等。寄存器输入数据的方式有并行输入和串行输入两种，输出数据的方式也有并行输出和串行输出两种。有些寄存器既能并行输入、输出，也能串行输入、输出，使用时非常灵活、方便。

寄存器与锁存器都是用于暂时存放二进制数据，它们的作用从本质上讲没有区别，一般认为锁存器是由电平触发，寄存器是由脉冲触发或脉冲的边缘触发。

双向移位寄存器 74LS194 既具有并行输入、输出功能，又具有串行输入、输出功能，还能实现双向移位。其管脚排列如图 3-36（a）所示，逻辑功能见表 3-25。$\overline{CR}$是异步清零端，低电平有效。CP 为移位脉冲输入端，上升沿有效。D_0～D_3 是并行数据输入端，Q_0～Q_3 是并行数据输出端。D_{SR}为右移串行数据输入端，Q_3 是右移串行数据输出端。D_{SL} 为左移串行数据输入端，Q_0 是左移串行数据输出端。S_1、S_0 为移位模式控制端，共有 4 种模式，分别是：$S_1=1$、$S_0=1$，为并行输入；$S_1=0$、$S_0=1$，为右移输入；$S_1=1$、$S_0=0$，为左移输入；$S_1=0$、$S_0=0$，为数据保持状态。

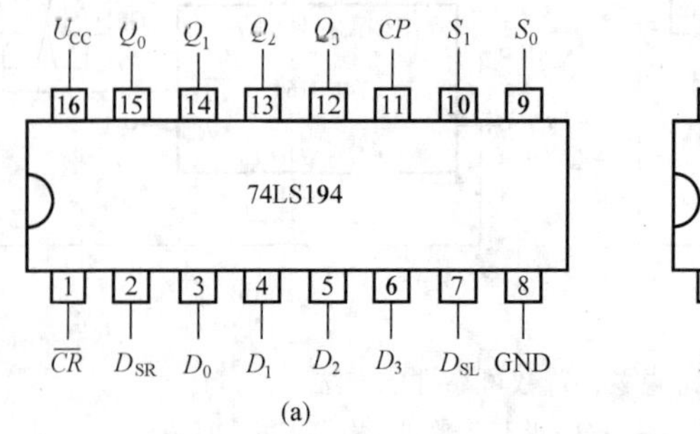

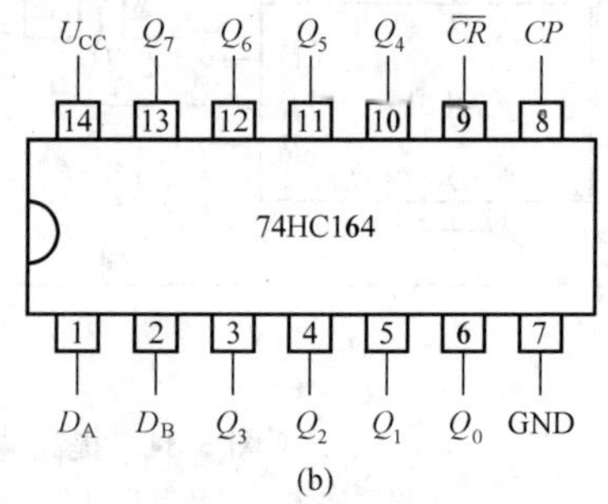

图 3-36 寄存器 74LS194、74HC164 的管脚排列

表 3-25　　双向移位寄存器 74LS194 的逻辑功能

输入										输出			
$\overline{CR}$	CP	S_1	S_0	D_{SL}	D_{SR}	D_0	D_1	D_2	D_3	Q_0	Q_1	Q_2	Q_3
0	×	×	×	×	×	×	×	×	×	0	0	0	0
1	0	×	×	×	×	×	×	×	×	保持			

续表

输入										输出			
$\overline{CR}$	CP	S_1	S_0	D_{SL}	D_{SR}	D_0	D_1	D_2	D_3	Q_0	Q_1	Q_2	Q_3
1	↑	1	1	×	×	d_0	d_1	d_2	d_3	d_3	d_2	d_1	d_0
1	↑	0	1	×	d	×	×	×	×	d	Q_{0n}	Q_{1n}	Q_{2n}
1	↑	1	0	d	×	×	×	×	×	Q_{1n}	Q_{2n}	Q_{3n}	d
1	×	0	0	×	×	×	×	×	×	保持			

将 74HC164 的 D_{SR} 与 Q_3 相连，或将 D_{SL} 与 Q_0 相连，都能构成环形计数器。

74HC164 是串行输入，可串行或并行输出的 8 位寄存器，其管脚排列如图 3-36（b）所示，逻辑功能见表 3-26。$\overline{CR}$是异步清零端，低电平有效。Q_0～Q_7 是 8 个并行数据输出端，Q_7 可作为串行输出端。D_A、D_B 是两个串行数据输入端，相与运算后作为输入信号，在 CP 脉冲作用下移位到 Q_0，Q_0 移位到 Q_1，其他位依次向高位移动。CP 脉冲的上升沿有效。

表 3-26　　74HC164 的逻辑功能

输入				输出							
$\overline{CR}$	CP	D_A	D_B	Q_7	Q_6	Q_5	Q_4	Q_3	Q_2	Q_1	Q_0
0	×	×	×	0	0	0	0	0	0	0	0
1	↓	×	×	不变							
1	↑	1	1	Q_{6n}	Q_{5n}	Q_{4n}	Q_{3n}	Q_{2n}	Q_{1n}	Q_{0n}	1
1	↑	0	×	Q_{6n}	Q_{5n}	Q_{4n}	Q_{3n}	Q_{2n}	Q_{1n}	Q_{0n}	0
1	↑	×	0	Q_{6n}	Q_{5n}	Q_{4n}	Q_{3n}	Q_{2n}	Q_{1n}	Q_{0n}	0

74LS164 的管脚排列与 74HC164 完全一样，功能相同。74LS165 的功能与 74LS164 相近，是既能串行输入、输出，又能并行输入的 8 位寄存器，它有 8 个并行数据输入端和 1 个串行数据输出端。8 位的移位寄存器还有 74HC594、74HC595 等。

第七节　数据选择器、数据分配器和模拟开关

数据选择器是从多路输入数据中选择一路输出，数据分配器是将一路输入数据分配到多路输出，它们都是数字中的多路开关，用于传输数字信号。模拟开关既可用于接通和断开模拟信号，又可用于断开和接通数字信号。

一、数据选择器

数据选择器用于从多路并行输入的数据中选择一路信号输出。74LS151 是 8 选 1 数据选择器，其管脚排列如图 3-37（a）所示，逻辑功能见表 3-27。D_0～D_7是数据输入端。Y 是数据输出端，$\overline{Y}$ 是反相数据输出端。A_0～A_2是选通地址输入端。$\overline{S}$ 是选通控制端，当 $\overline{S}=1$ 时，无选通数据输出，$Y=0$、$\overline{Y}=1$；当$\overline{S}=0$ 时，从 D_0～D_7 端选择一路数据从 Y 端输出。

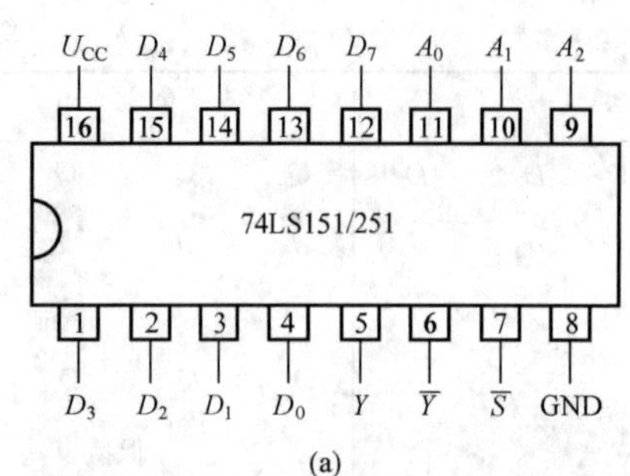

(a)

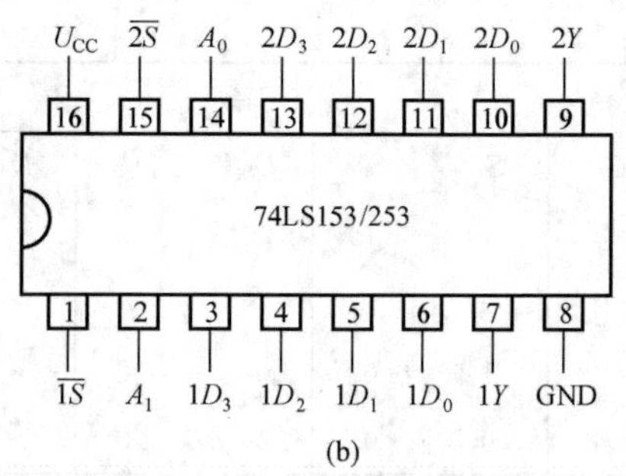

(b)

图 3-37　数据选择器 74LS151/251/153/253

表 3-27　　数据选择器 74LS151/251 的逻辑功能

输入				输出	
A_2	A_1	A_0	$\overline{S}$	Y	$\overline{Y}$
×	×	×	1	0（Z）	1（Z）
0	0	0	0	D_0	$\overline{Y}$
0	0	1	0	D_1	
0	1	0	0	D_2	
0	1	1	0	D_3	
1	0	0	0	D_4	
1	0	1	0	D_5	
1	1	0	0	D_6	
1	1	1	0	D_7	

注　括号中的数据对应 74LS251。

74LS251 的管脚排列和逻辑功能与 74LS151 相似，$\overline{S}=1$ 时，输出为三态。74LS153 包含两个 4 选 1 数据选择器，其管脚排列如图 3-37（b）所示，控制功能与 74LS151 相似。74LS253 与 74LS153 功能相似，$S=1$ 时，输出为三态。

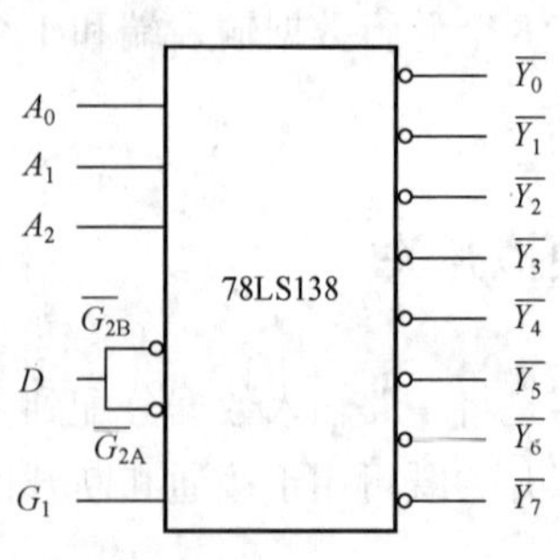

图 3-38　用 74LS138 作数据选择器

二、数据分配器

数据分配器不用单独生产，将译码器作简单的改接就能变成数据分配器。在图 3-38 中，将 74LS138 的$\overline{G_{2A}}$和$\overline{G_{2B}}$连接到一起作为数据分配器的数据输入端 D，将$\overline{Y_0}\sim\overline{Y_7}$作为数据输出端。$G_1$ 作为选通控制端，当 $G_1=1$ 时，数据分配器接通；当 $G_1=0$ 时，数据分配器断开，输出$\overline{Y_0}\sim\overline{Y_7}$全为 1。$A_0\sim A_2$ 为地址码输入端，D 端输入的数据从 $A_0\sim A_2$ 选定的输出端输出。根据相同的原理，也可以将 2/4 线译码器 74LS139 改接成 4 路数据分配器。

三、模拟开关 CC4051/4052/4053

CC4051 是常用的 8 选 1 模拟开关，其管脚排列如图 3-39（a）所示，工作原理如图 3-39（b）所示，逻辑功能见表 3-28。CC4051 内部包含 8 个模拟开关，开关接通后，信号可以双向传输。$I/O_0\sim I/O_7$ 是 8 路信号输入/输出端，O/I 是公共输出/

输入端。在多路传输时，$I/O_0 \sim I/O_7$ 作为输入端，O/I 作为输出端；在信号分离时，O/I 作为输入端，$I/O_0 \sim I/O_7$ 作为输出端。INH 为禁止端，当 $INH=1$ 时，模拟开关全部断开；当 $INH=0$ 时，开关接通。A_2、A_1、A_0 是地址码输入端，经译码后，选择接通某一路模拟开关。例如当 $A_2A_1A_0=011$ 时，公共端 O/I 与 I/O_3 端接通。

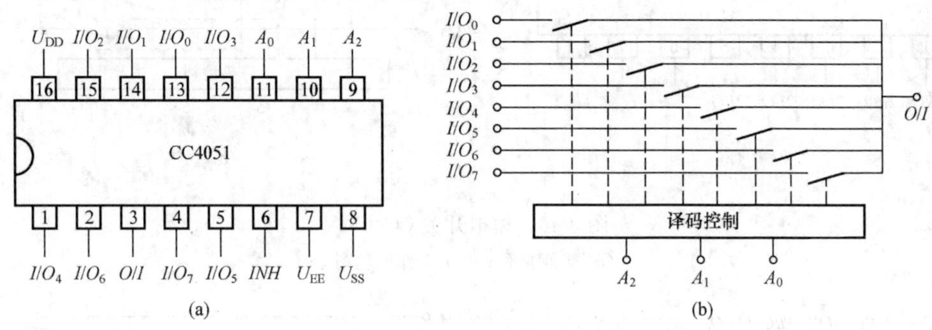

图 3-39　模拟开关 CC4051

(a) 管脚排列；(b) 工作原理图

表 3-28　　模拟开关 CC4051/4052/4053 的逻辑功能

输入状态				导通的通道					
禁止端	地址端			CC4051	CC4052		CC4053		
INH	A_2	A_1	A_0	O/I	$2O/I$	$1O/I$	$3O/I$	$2O/I$	$1O/I$
0	0	0	0	I/O_0	$2I/O_0$	$1I/O_0$	$3I/O_0$	$2I/O_0$	$1I/O_0$
0	0	0	1	I/O_1	$2I/O_1$	$1I/O_1$	$3I/O_0$	$2I/O_0$	$1I/O_1$
0	0	1	0	I/O_2	$2I/O_2$	$1I/O_2$	$3I/O_0$	$2I/O_1$	$1I/O_0$
0	0	1	1	I/O_3	$2I/O_3$	$1I/O_3$	$3I/O_0$	$2I/O_1$	$1I/O_1$
0	1	0	0	I/O_4			$3I/O_1$	$2I/O_0$	$1I/O_0$
0	1	0	1	I/O_5			$3I/O_1$	$2I/O_0$	$1I/O_1$
0	1	1	0	I/O_6			$3I/O_1$	$2I/O_1$	$1I/O_0$
0	1	1	1	I/O_7			$3I/O_1$	$2I/O_1$	$1I/O_1$
1	×	×	×	无	无		无		

CC4051 有 3 个电源端，U_{DD}是正电源端，U_{SS}是数字电路接地端，U_{EE}是模拟地。当 U_{EE} 接负电源时，可输入、输出具有正、负两种极性的模拟信号。

CC4052 的工作方式与 CC4051 相似，其管脚排列、工作原理如图 3-40 所示，逻辑功能见表 3-28。CC4052 内部的 8 个模拟开关分成 2 组，$1O/I$、$1I/O_0 \sim 1I/O_3$ 为第一组，$2O/I$、$2I/O_0 \sim 2I/O_3$ 为第二组。A_1、A_0 是 2 位地址码输入端。任一时刻，各组中只有一路选通，选通地址由 A_1、A_0 确定。

CC4053 的工作方式与 CC4051 相似，其管脚排列、工作原理如图 3-41 所示，逻辑功能见表 3-28。CC4053 内部的 6 个模拟开关分成 3 组，$1O/I$、$1I/O_0$、$1I/O_1$ 为第一组，$2O/I$、$2I/O_0$、$2I/O_1$ 为第二组，$3O/I$、$3I/O_0$、$3I/O_1$ 为第三组。A_2、A_1、A_0 是 3 位地址码输入端。任一时刻，各组中只有一路选通。由 A_2 控制第一组的选通，由 A_1 控制第二组的选通，由 A_0 控制第三组的选通。

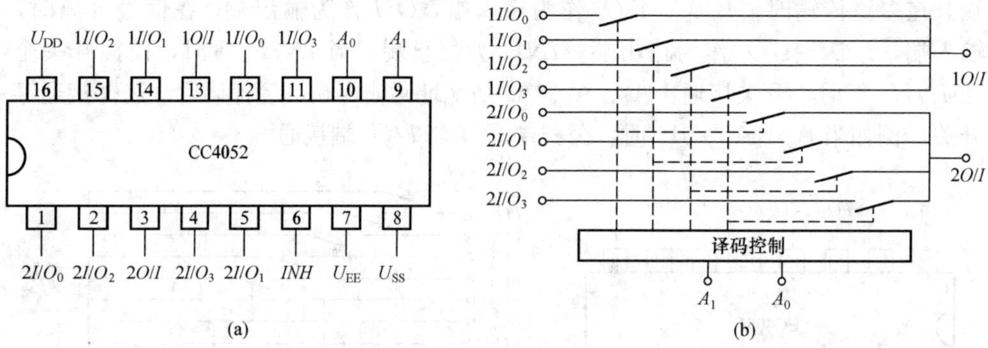

图 3-40 模拟开关 CC4052
(a) 管脚排列；(b) 工作原理图

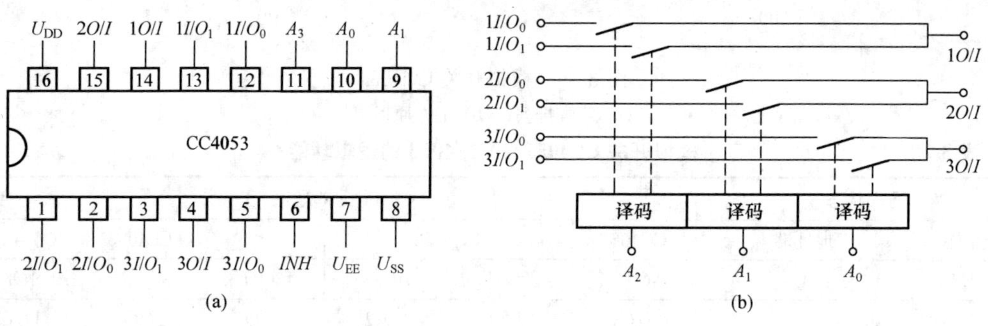

图 3-41 模拟开关 CC4053
(a) 管脚排列；(b) 工作原理图

第八节 单稳态触发器

单稳态触发器具有以下特点：

(1) 电路有两个状态，一个是稳态，另一个是暂稳态。

(2) 在外来触发信号的作用下，电路由稳态进入暂稳态。

(3) 暂稳态持续一段时间后，又自动返回到稳态。暂稳态持续时间的长短取决于电路中的时间常数。

单稳态触发器常用于数字电路中的定时、延时、脉冲展宽等操作。

一、由门电路组成的单稳态触发器

由或非门电路组成的单稳态触发器如图 3-42 (a) 所示。稳态时，U_I 为低电平输入，U_{O1}输出为高电平 1，电容两端的电压 $U_C \approx 0$，U_{O2}输出为低电平 0。

当 U_I 输入正脉冲时，电路进入暂稳态。这时 U_{O1}变为低电平 0，经电容 C 耦合，U_{I2}为低电平 0，U_{O2}变为高电平 1。在这期间，即使输入正脉冲消失，U_{O2}仍然保证 U_{O1}处于低电平状态。

在暂稳态期间，U_{DD}通过电阻 R 给电容 C 充电，使 U_{I2}逐渐升高，当 U_{I2}升高到阈值电平 U_{TH}时，电路回到初始状态，U_{O2}变为低电平，并发生以下正反馈过程（假设输入正脉冲 U_I

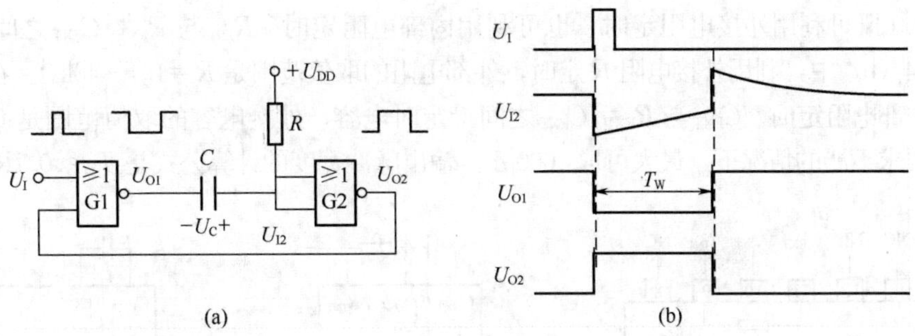

图 3-42 由或非门电路组成的单稳态触发器

已消失）：

$$C\text{充电}\rightarrow U_{I2}\uparrow\rightarrow U_{O2}\downarrow\rightarrow U_{O1}\uparrow\rightarrow U_{I2}\uparrow$$

电路将迅速退出暂稳态而进入稳态。进入稳态后，U_{O1}为 1，电容 C 通过电阻 R 放电，使 $U_C\approx0$。在上述状态转换过程中，电路中各处的波形如图 3-42（b）所示。

经过分析，暂稳态持续时间 T_W 的计算式为

$$T_W\approx0.7RC$$

二、集成单稳态触发器

由门电路组成的单稳态触发器虽然电路简单，但输出脉冲的稳定性较差，而且触发方式单一，因此实际应用中多使用集成单稳态触发器。

集成单稳态触发器按工作方式不同，可以分为可重复触发和不可重复触发两种；按触发时刻不同，可分为上升沿触发和下降沿触发两种。

假设在集成单稳态触发器被触发进入暂稳态期间，又有触发脉冲输入，此时如果新的触发脉冲对暂稳态的持续时间没有影响，则称这种单稳态触发器不可重复触发，如图 3-43（a）所示；如果新的触发脉冲使暂稳态持续时间增长，则称这种单稳态触发器为可重复触发，如图 3-43（b）所示。可重复触发的单稳态触发器能够方便地得到持续时间更长的输出脉冲宽度。

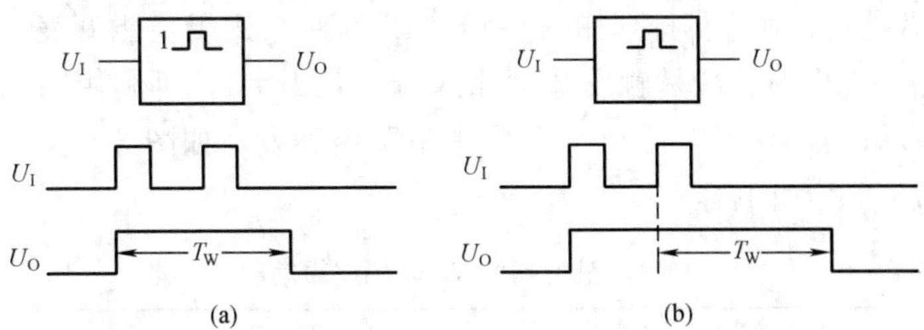

图 3-43 单稳态触发器的可重复触发和不可重复触发

（a）不可重复触发的单稳态触发器；（b）可重复触发的单稳态触发器

三、集成不可重复触发的单稳态触发器 74LS121

74LS121 是不可重复触发的单稳态触发器，其管脚排列如图 3-44（a）所示，其逻辑功能见表 3-29。它既可采用上升沿触发，又可采用下降沿触发，其内部有一个 2kΩ 的定时电阻［见图 3-44（a）］。$\overline{A_1}$、$\overline{A_2}$、B 是 3 个触发脉冲输入端，若 $B=1$，可利用$\overline{A_1}$或$\overline{A_2}$实现下降沿触发，其接法如图 3-44（b）所示；若$\overline{A_1}$或$\overline{A_2}$中有零，可利用 B 实现上升沿触发，其接法如图 3-44（c）所示。

74LS121既可利用外接电阻定时，也可利用内部电阻定时。R_{INT}与R_{EXT}/C_{EXT}之间接定时电阻。在3-44（b）中，利用外接电阻R定时，外部电阻的取值范围是$R=1.4\sim40\text{k}\Omega$。在3-44（c）中，利用内部电阻定时。$C_{EXT}$与$R_{EXT}/C_{EXT}$之间接定时电容，外接电容的取值范围是$C=10\text{pF}\sim10\mu\text{F}$，在要求不严的情况下，最大可取$1000\mu\text{F}$。输出脉冲宽度的计算公式是$T_W\approx0.7RC$。

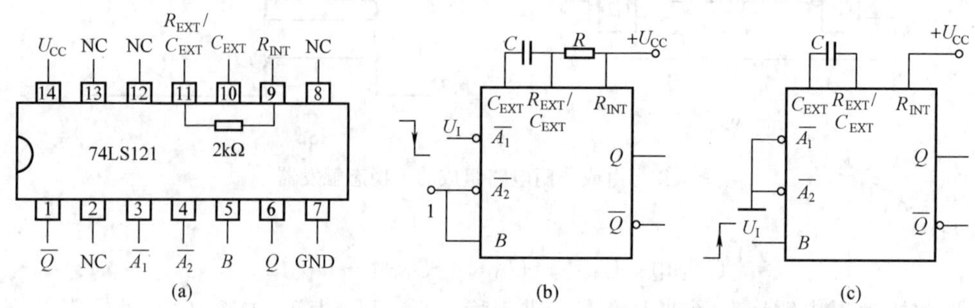

图3-44 集成单稳态触发器74LS121

（a）管脚排列；（b）使用外接电阻定时；（c）使用内部电阻定时

表3-29　　单稳态触发器74LS121的逻辑功能

输入			输出		输入			输出	
$\overline{A_1}$	$\overline{A_2}$	B	Q	$\overline{Q}$	$\overline{A_1}$	$\overline{A_2}$	B	Q	$\overline{Q}$
0	×	1	0	1	↓	1	1	⊓	⊔
×	0	1	0	1	↓	↓	1	⊓	⊔
×	×	0	0	1	×	0	↑	⊓	⊔
1	1	×	0	1	0	×	↑	⊓	⊔
1	↓	1	⊓	⊔					

74LS221是双单稳态触发器，其逻辑功能与74LS121相同。

四、集成可重复触发的单稳态触发器CC4538

CC4538内部包含两个可重复触发的双单稳态触发器，它既可用输入脉冲的上升沿触发，又可用下降沿触发。其管脚排列如图3-45（a）所示，逻辑功能见表3-30。$\overline{C_R}$（Clear）是清零端，低电平有效。A、B是触发脉冲输入端，若$B-1$，可利用A实现上升沿触发，如图3-45（b）所示；若$A=0$，可利用B实现下降沿触发，如图3-45（c）所示。T_1、T_2端外接定时电阻R_X和定时电容C_X。

表3-30　　单稳态触发器CC4538的逻辑功能

输入			输出		输入			输出	
A	B	$\overline{C_R}$	Q	$\overline{Q}$	A	B	$\overline{C_R}$	Q	$\overline{Q}$
×	×	0	0	1	↑	1	1	⊓	⊔
×	0	×	0	1	0	↓	1	⊓	⊔
1	×	×	0	1					

CC4538是精密型单稳态触发器，在规定的温度范围内，相对脉冲宽度的误差为±0.5%。输出脉冲宽度的计算公式为

$$T_W\approx R_XC_X$$

一般$R_X\geqslant5\text{k}\Omega$，$C_X$无明确上限，可达几十微法。

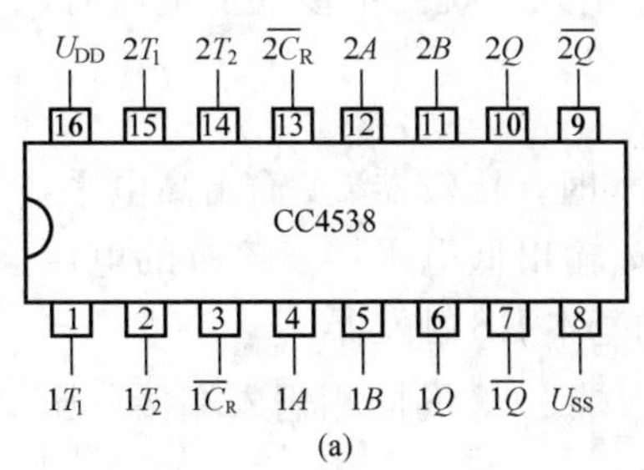

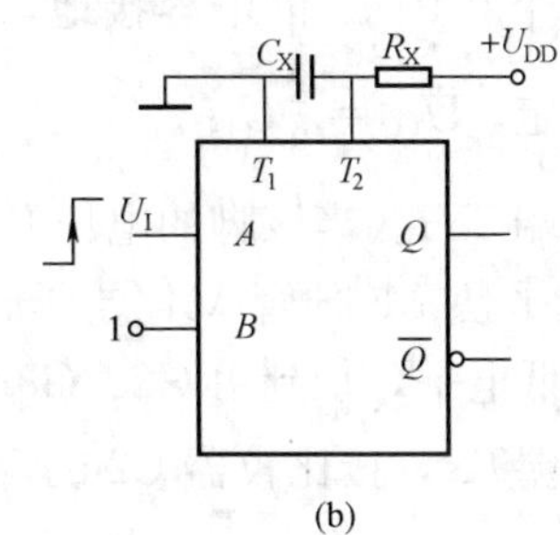

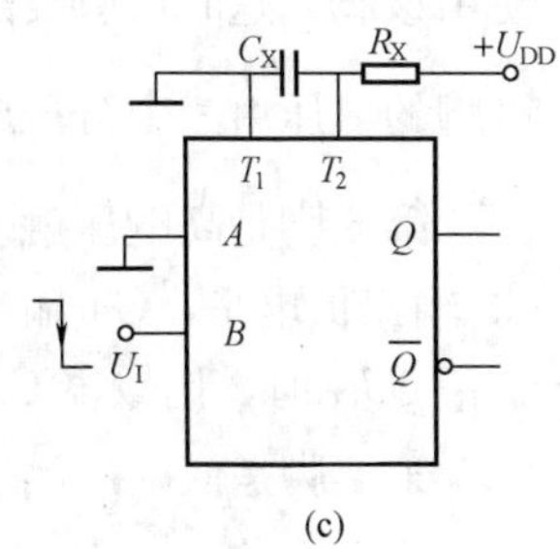

图 3-45　单稳态触发器 CC4538

(a) 管脚排列；(b) 上升沿触发（可重复触发）；(c) 下降沿触发（可重复触发）

将 CC4538 的输入端与输出端相接，可实现不可重复触发，如图 3-46 所示。

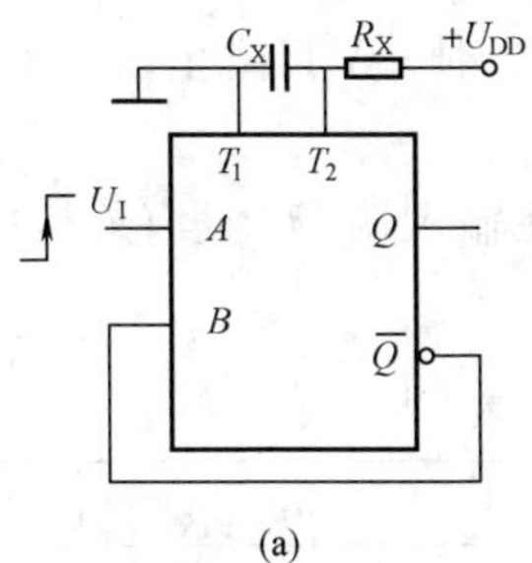

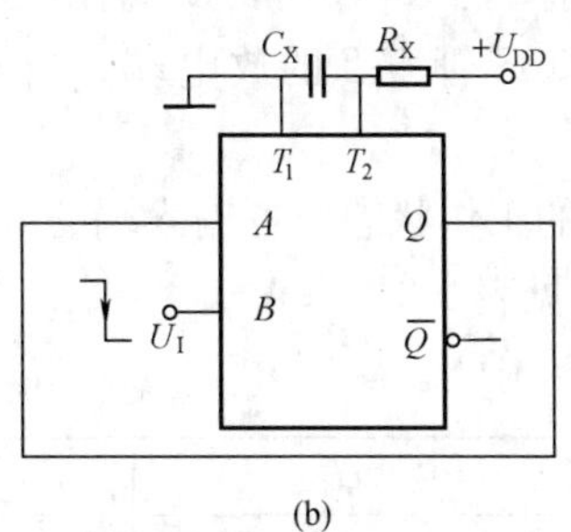

图 3-46　CC4538 连接成不可重复触发的单稳态触发器

(a) 上升沿触发（不可重复触发）；(b) 下降沿触发（不可重复触发）

与 CC4538 功能相似的单稳态触发器还有 CC4528、CC4098、74LS123 等。

第九节　555　定　时　器

555 集成定时器是一种将模拟功能和数字功能巧妙结合在一起的中规模集成电路，外接几个电阻电容元件就可实现多种功能，应用非常灵活、方便。

一、555 定时器构造及特性

1. 555 定时器的结构与工作原理

555 定时器的内部结构如图 3-47 所示。它由三个 5kΩ 电阻组成的分压器，两个比较器 C1 和 C2，一个由或非门 G2 和 G3 组成的基本 RS 触发器，一个 MOS 放电管 VT 等组成。

第 5 脚是控制电压输入端 *CO*。若在该脚加上外部控制电压，会改变两个比较器的比较基准电压。一般情况下不

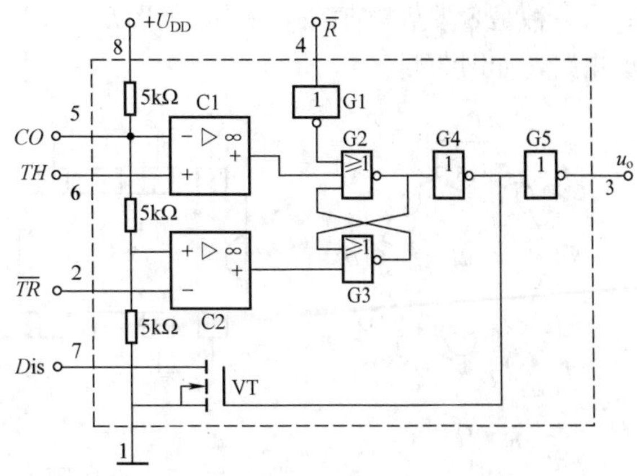

图 3-47　555 定时器的内部结构

使用该脚，这时该脚要通过一个 0.01μF 的电容接地，以防止引入干扰。不接外加电压时，该脚的电压由三个分压电阻确定，$U_{CO}=\frac{2}{3}U_{DD}$。

第 6 脚是高电压触发输入端 TH。当该脚的电压 $U_{TH}>U_{CO}$时，比较器 C1 输出高电平，G2 输出低电平，G4 输出高电平使 MOS 管 VT 导通放电，u_o输出低电平；当该脚的电压 $U_{TH}<U_{CO}$时，比较器 C1 输出低电平，加到由 G2、G3 组成的基本 RS 触发器。

第 2 脚是低电压触发输入端$\overline{TR}$，接比较器 C2 的反相输入端。C2 的同相输入端接分压电阻，其电压值为$\frac{1}{3}U_{DD}$。当$\overline{TR}$端的电压 $U_{TR}<\frac{1}{3}U_{DD}$时，比较器 C2 输出高电平；当 $U_{TR}>\frac{1}{3}U_{DD}$时，比较器 C2 输出低电平。

第 4 脚 $\overline{R}$ 是复位端，低电平有效。当$\overline{R}=0$ 时，G1 输出为 1，G2、G5 输出为 0，G4 输出为 1，VT 导通；当 $\overline{R}=1$ 时，G1 输出为 0，不影响 G2 的输出。

第 7 脚是 MOS 管 VT 的放电端。当 G4 输出为 0 时，VT 截止；当 G4 输出为 1 时，VT 导通。

555 定时器的工作状态由各输入端的电压决定，在输入端 CO 没有外接控制电压时，定时器的工作状态见表 3-31。

表 3-31　　555 定时器的工作状态表

U_{TH}	U_{TR}	$\overline{R}$	u_o	MOS 管
×	×	0	0	导通
$>\frac{2}{3}U_{DD}$	$>\frac{1}{3}U_{DD}$	1	0	导通
$<\frac{2}{3}U_{DD}$	$>\frac{1}{3}U_{DD}$	1	保持	保持
$<\frac{2}{3}U_{DD}$	$<\frac{1}{3}U_{DD}$	1	1	截止

2. 555 定时器的外形和管脚排列

555 定时器的封装一般有两种形式：一种是 8 脚圆形 TO-99 型封装，如图 3-48（a）所示；另一种是 8 脚塑料直插式封装，如图 3-48（b）所示。556 集成定时器内部包括两个 555 定时电路，如图 3-48（c）所示。

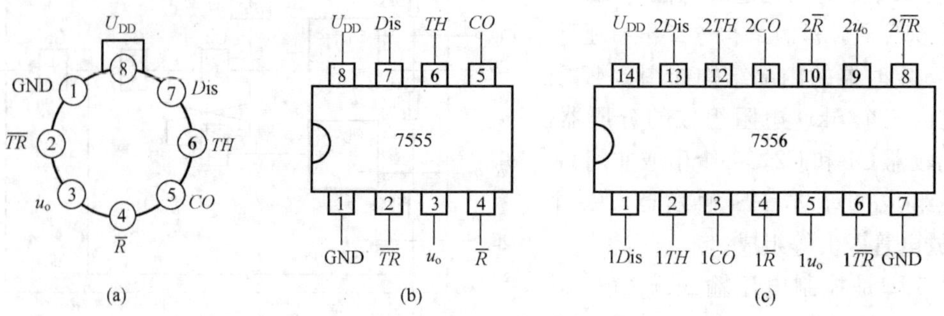

图 3-48　555 定时器的外形和管脚排列

3. 双极型与 CMOS 型 555 定时器的性能比较

555/556 是双极型的 TTL 集成定时器，7555/7556 是单极型的 CMOS 集成定时器，它们的功能和管脚排列顺序完全相同，但性能指标有较大差别。

CMOS 型 555 定时器的优点是输入阻抗高（高达 $10^9\Omega$），静态电流小（300μA），功耗小，在传输过渡时间里产生的尖峰电流小（2～3mA），并且输出脉冲的上升沿和下降沿陡峭，转换时间短，工作电压范围宽（2～18V）；缺点是驱动能力差，输出电流仅为 1～3mA。这种定时器通常应用在定时时间长、功耗小、负载轻的场合。

双极型 555 定时器输入阻抗低、静态电流大、功耗大、尖峰电流大（300～400mA），输出脉冲的上升沿和下降沿不陡峭，工作电压范围是 4.5～16V；优点是驱动能力强，输出电流可达 200mA。这种定时器应用在负载重，且要求驱动能力强的场合。由于尖峰电流大，在电路中应加电源滤波电容，且容量要大。

二、555 定时器的应用电路

1. 由 555 定时器组成的单稳态触发器

由 555 定时器组成的单稳态触发器如图 3-49（a）所示，其波形图见图 3-49（b）。

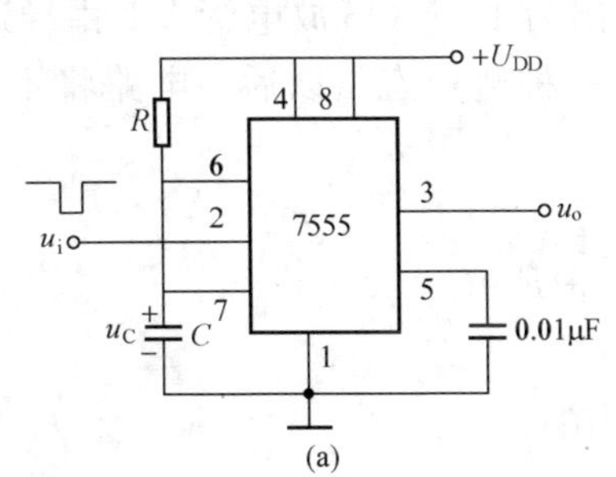

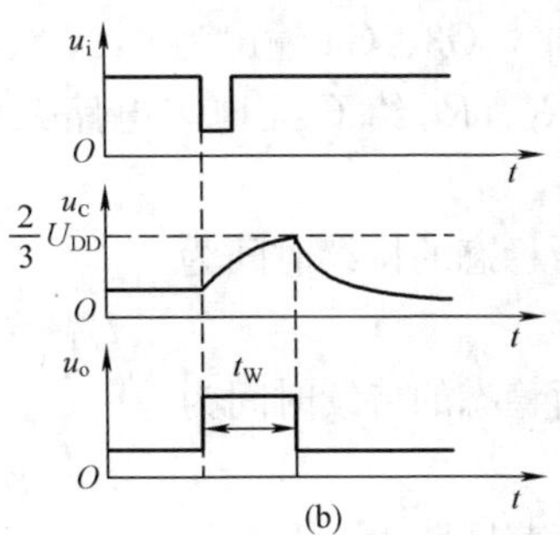

图 3-49　单稳态触发器

（a）电路图；（b）波形图

稳态时 u_i输入高电平，定时器内部的 MOS 放电管处于导通状态，电容 C 两端的电压 $u_C=0$，输出电压 u_o为低电平。若在输入端加一个负脉冲，则电路进入暂稳态。这时定时器内部的 C2 输出高电平、C1 输出低电平，G3、G4 输出为 0，G2、G5 输出为 1，MOS 放电管 VT 由导通变为截止，U_{DD}通过电阻 R 给电容 C 充电，u_C逐渐升高。当 $u_C>\frac{2}{3}U_{DD}$时，定时器内部的 C2 输出低电平、C1 输出高电平，G3、G4 输出为 1，G2、G5 输出为 0，MOS 放电管 VT 由截止变为导通，强迫电容 C 放电，回到 $u_C=0$ 的稳定状态，并一直保持下去。暂稳态持续时间由定时元件 R 和 C 的数值决定，计算式为

$$t_W = RC\ln 3 = 1.1RC$$

2. 由 555 定时器组成的多谐振荡器

由 555 定时器组成的多谐振荡器如图 3-50（a）所示，其波形图见图 3-50（b）。

该电路的输出是一种矩形波，其中包括多种谐波成分，故称为多谐振荡器。该电路没有稳定的工作状态，故也称为无稳态触发器，但它有两个暂稳态，并且不断地在两个暂稳态之间转换。

接通电源后，电源通过电阻 R_1、R_2 给电容 C 充电，电路进入第一种暂稳态，这时 u_C逐

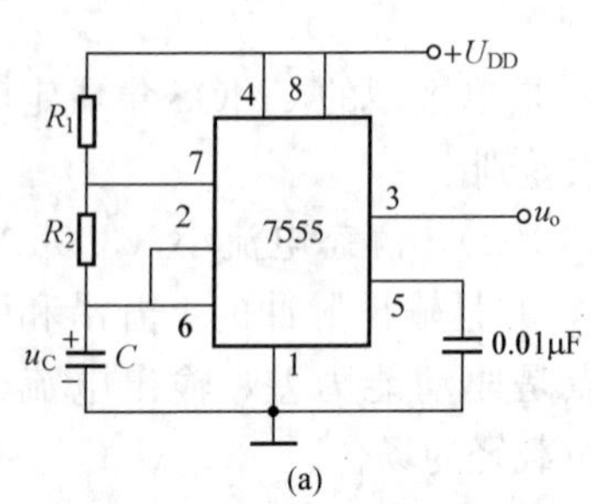

(a)

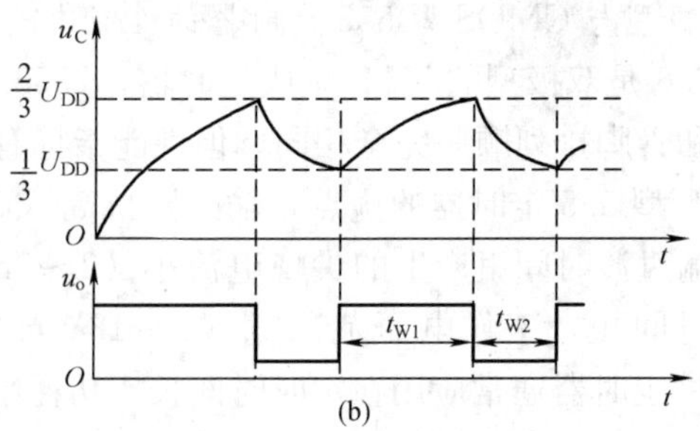

(b)

图 3-50 多谐振荡器

(a) 电路图；(b) 波形图

渐升高。当 $u_C > \frac{2}{3}U_{DD}$ 时，555 定时器内部的 C2 输出低电平、C1 输出高电平，G3、G4 输出为 1，G2、G5 输出为 0，MOS 放电管 VT 由截止变为导通，电路进入第二种暂稳态，电容 C 通过电阻 R_2 放电，u_C 逐渐降低。当 $u_C < \frac{1}{3}U_{DD}$ 时，555 定时器内部的 C2 输出高电平、C1 输出低电平，G3、G4 输出为 0，G2、G5 输出为 1，MOS 放电管 VT 由导通变为截止，电源又通过 R_1、R_2 给 C 充电，电路又进入第一种暂稳态。以后，电路将不断重复上述过程。

第一种暂稳态的持续时间为

$$t_{W1} = 0.7(R_1 + R_2)C$$

第二种暂稳态的持续时间为

$$t_{W2} = 0.7R_2C$$

电路的振荡周期为

$$T = t_{W1} + t_{W2} = 0.7(R_1 + 2R_2)C$$

通过改变电阻 R_1 和 R_2 的阻值，可改变输出脉冲的占空比，输出脉冲的占空比 k_{PDR} 为

$$k_{PDR} = \frac{t_{W1}}{T} = \frac{R_1 + R_2}{R_1 + 2R_2}$$

第四章　电子操作的基本技能

本章介绍了焊接技术、电子电路的测量技术、电子产品的调试技术与检修技术、手工制作印制板的方法等。掌握这些技术和方法，不仅在实习过程中非常有用，对于以后从事电子产品的设计、开发和维修也有很大帮助。现在，人们的生活已经离不开各种各样的电子产品，了解和掌握这些电子操作的基本技能，也会给日常生活带来很大方便。

第一节　焊　　接

对于不同材质、不同形状的金属有多种焊接方法，本节主要介绍线路板上常用的锡焊技术。

一、焊接的分类

焊接通常分为熔焊、钎焊和接触焊三大类。

（1）熔焊。它是加热焊件使之熔化，并产生合金，从而焊接在一起的一种焊接技术，如气焊、电弧焊、超声波焊等。

（2）接触焊。它是一种不用焊剂和焊料就可获得可靠连接的焊接技术，如点焊、碰焊等。

（3）钎焊。用加热熔化成液态的金属（称为焊料）把固体金属（称为母材）连接在一起的方法称为钎焊。焊料的熔点必须低于母材的熔点。按焊料熔点的不同，可分为硬钎焊和软钎焊。焊料的熔点高于450℃的称为硬钎焊；熔点低于450℃的称为软钎焊。印制板焊接中的锡焊所使用的锡铅合金，其熔点一般为183℃，锡焊属于软钎焊。

二、焊接方法

焊接方法主要分为传统的手工焊接和机器自动焊接两类。

1．手工焊接

（1）绕焊。将被焊元件的引线或导线缠绕在接点上进行焊接。这种接法的接触电阻小，机械强度高。

（2）钩焊。将被焊元件的引线或导线弯成钩状，钩接在接点上进行焊接。这种接法适用于不便缠绕（如引线太粗，安装空间狭小），并要求具有一定机械强度和便于拆焊的接点上。

（3）搭焊。将被焊元件的引线或导线搭接在一起进行焊接。这种接法适用于易调整或改接的临时接点。

（4）插焊。将被焊元件的引线或导线插入连接孔中进行焊接。印制板上元器件的焊接就属于插焊。

2．机器焊接

（1）浸焊。将装好元器件的印制板在熔化的锡锅内浸锡，一次完成所有焊点的焊接过程。通常，机器浸焊采用得较少，多为手工浸焊。这种方法适合于小型印制板的焊接，一般用于小批量的生产研制过程中。

(2) 波峰焊。它是采用波峰焊机一次完成印制板上所有焊点的焊接过程。锡锅内熔化的焊锡在机械泵的作用下产生按一定规律变化的锡波。已经插满元器件的印制板在导轨上匀速运动，当经过锡锅上方时，被锡波的波峰接触，从而完成焊接过程。这种方法常用于大批量的自动化生产过程中。

(3) 再流焊。再流焊也称为回流焊，它是适合于小型化贴片元件安装的一种焊接技术。再流焊使用的焊料是焊锡膏。焊锡膏是先将焊料加工成粉末，再加入黏合剂和助焊剂形成能流动的糊状。使用时先将焊锡膏涂在印制板的焊盘上，然后再安放贴片元件，贴片元件被焊锡膏粘住，不能随意移动。最后将装满贴片元件的印制板放入再流焊炉内加热，加热后焊料熔化，并再次流动，从而将元器件焊接到电路板上。

三、印制板的手工焊接技术

1. 焊接机理

低熔点的焊料熔化后，在助焊剂的作用下浸润渗透到被焊金属中，在焊件表面形成新的合金层，从而把焊件连接起来。焊接是一个复杂的物理、化学过程。在印制板上的焊接，就是用焊锡作为焊料，将元器件的管脚和铜箔连接在一起。

2. 五步操作法

印制板的焊接一般按照五步操作法来进行，其步骤是：准备、预加热（2～3s)、送入焊锡丝（1～2s)、移开焊锡丝、移开电烙铁，整个焊接过程为3～5s。

(1) 准备。焊接前要做好必要的准备工作：将印制板和元器件的管脚清理干净，以便于焊接；将电烙铁头处理干净，使之处于良好的工作状态；准备好镊子、焊锡丝等焊接工具和材料。

(2) 预加热。先用电烙铁对元器件的管脚和印制板的铜箔进行加热。只有当管脚和铜箔被加热后，熔化的焊锡才能浸润渗透到它们之中，产生化学反应生成合金层。加热时间视管脚大小、铜箔宽窄、环境温度、风力大小、电烙铁的功率等因素确定，一般为2～3s。

(3) 送入焊锡丝。送入焊锡丝到电烙铁和管脚之间进行焊接。送入时间的长短视焊点的大小决定，送入时间越长，焊点越大，一般为1～2s。

由于管脚和铜箔的散热性能良好，不容易加热，所以要先加热。焊锡的焊点低，很容易加热熔化，所以要后加热。另外，焊锡丝芯内包含由松香等材料组成的助焊剂，若加热时间过长，助焊剂挥发后就会失去效能，从而导致焊接不良。为充分发挥助焊剂的作用，必须要先加热管脚和铜箔，然后再送入焊锡丝。

(4) 移开焊锡丝。当焊锡丝熔化一定量后，向左上方45°移开焊锡丝。

(5) 移开电烙铁。当焊锡丝熔化，并流动形成饱满的焊点后，向右上方45°移开电烙铁，结束焊接。

3. 错误的焊接方法

不允许先将焊锡丝熔化到烙铁头上，然后用带有焊锡的烙铁去焊接元器件，这是一种错误的焊接方法。因为等管脚和铜箔被加热后，焊锡丝内的松香已经全部挥发掉。在没有助焊剂作用的情况下，焊锡的流动性和浸润性都很差，焊接将难以完成，形成的焊点大小不一，既不美观，又不可靠。

四、电烙铁

电烙铁是常用的焊接工具，图4-1是电烙铁的外形和一些部件的形状。

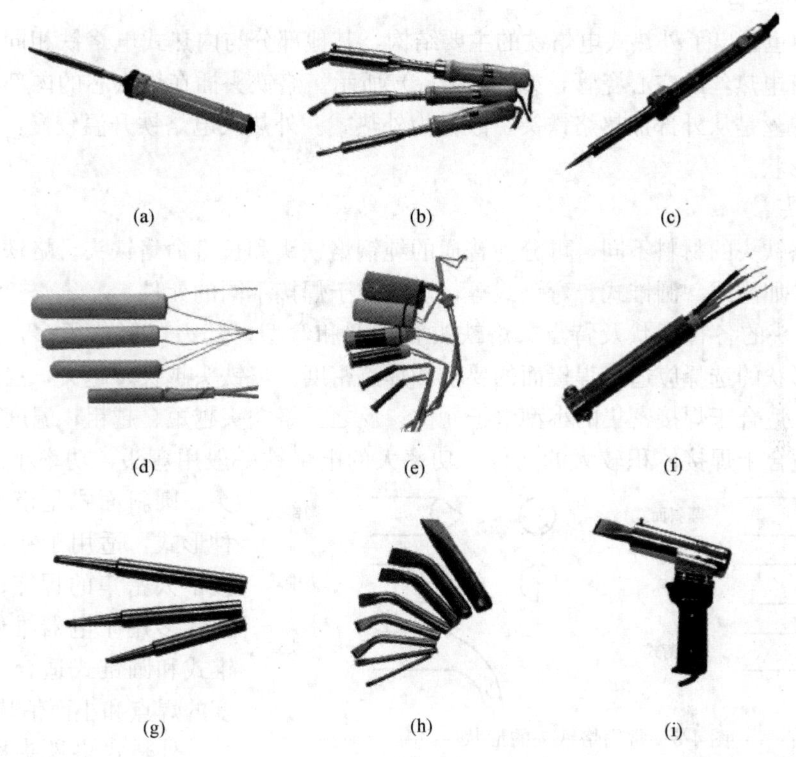

图 4-1　几种常用电烙铁的外形与部件

(a) 内热式电烙铁；(b) 外热式电烙铁；(c) 外热式恒温电烙铁；(d) 内热式烙铁芯；
(e) 外热式烙铁芯；(f) 外热式恒温电烙铁芯；(g) 内热式电烙铁头；(h) 外热式电烙铁头；(i) 手枪式电烙铁

1. 内热式电烙铁

内热式电烙铁的外形和结构如图 4-2 所示。它由手柄、发热体（烙铁芯）、外壳（连接杆）和烙铁头四个部分组成。烙铁芯是内部包含电热丝的空心瓷管，如图 4-1（d）所示。烙铁头套在烙铁杆外面，用卡箍紧固。由于烙铁芯在烙铁杆内部，从内部加热烙铁头，故称为内热式。这种电烙铁的特点是发热快、体积小、质量轻、效率高。20W 内热式电烙铁的功效相当于 25～40W 的外热式电烙铁。烙铁头的温度在 350℃左右。

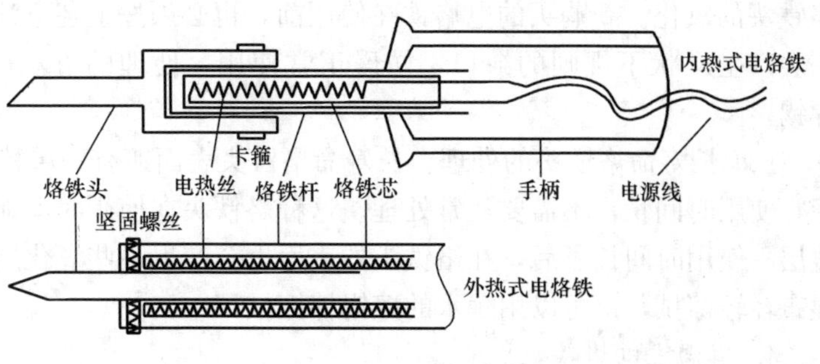

图 4-2　电烙铁的结构

内热式电烙铁的烙铁头和烙铁芯损坏后可以更换。卡箍不紧会使烙铁头向下滑，若用钳子用力紧卡箍，就会将烙铁杆压扁，并压碎内部的烙铁芯。烙铁杆是很薄的圆筒形金属杆，被压扁后无法修复和更换，从而使整个电烙铁报废。

2. 外热式电烙铁

图 4-2 中也画出了外热式电烙铁的主要结构，其他部分与内热式电烙铁相同。它的烙铁芯是外部绕有电热丝的空心瓷管，如图 4-1（e）所示。烙铁头插在烙铁芯的内部，用螺丝紧固。由于电热丝是从外部加热烙铁头，故称为外热式。外热式电烙铁升温较慢，其烙铁头可加工成各种形状。

3. 烙铁头

按制作烙铁头的材料不同，可分为普通的纯铜烙铁头和长寿命烙铁头。烙铁头可以加工成各种形状，如凿式、圆锥式、弯头式等，以适合于焊接不同的元件。

（1）烙铁头的各种形状及特点。烙铁头有直型和弯型，其刃口形状很多，如图 4-3 所示。烙铁头形状的选择应适合焊接面的要求和焊点密度。烙铁头越长、越尖，温度越低，焊接时间越长，适合于焊接密集的小型电子元件；反之，烙铁头越短、越粗，温度越高，焊接时间越短，适合于焊接体积较大的元件。功率大的电烙铁一般用弯头，功率小的一般用直头。圆斜面式是市售较多的一种形式，适用于在单面板上焊接不太密集的焊点；凿式和半凿式多用于电器维修工作；尖锥式和圆锥式适合于焊接高密度的焊点和小而怕热的元器件。

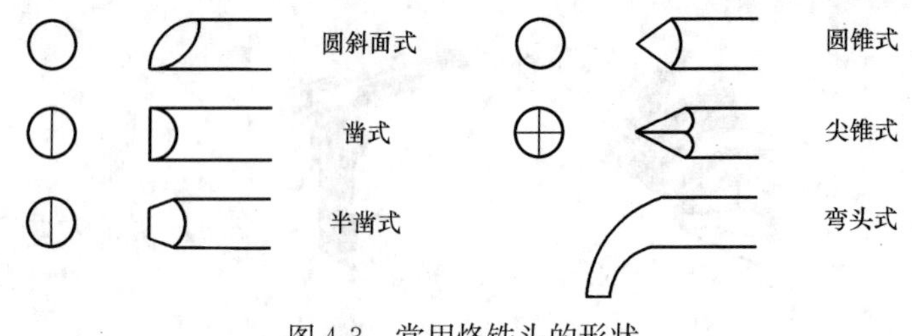

图 4-3　常用烙铁头的形状

外热式烙铁头插入烙铁芯的深度可以调节，插入得深些，烙铁头的表面温度就高；插入得浅一些，烙铁头的表面温度就会降低。

（2）普通纯铜烙铁头的处理。纯铜烙铁头在空气中很容易被氧化，氧化后产生的氧化层使烙铁头表面发黑，并具有隔热作用，无法继续使用。为此，必须要去掉烙铁头表面的氧化层，并在烙铁头表面镀锡，具体做法是：先用锉刀将氧化层锉掉，然后通电加热电烙铁，稍热后沾上点松香，并用焊锡镀满烙铁头的表面。由于焊锡将烙铁头与空气隔离，有效防止了烙铁头的氧化。新购买的电烙铁在使用前，也必须按上述方法进行处理。长期使用后，烙铁头会产生形状不规则的缺口，妨碍正常使用，处理的方法是先用锉刀锉平，再镀上一层焊锡。

（3）长寿命烙铁头的处理。长寿命烙铁头表面镀有一层特殊的合金，它具有抗氧化的作用，使用时间长，不需要经常处理。这种烙铁头在使用时不能用锉刀锉，否则会破坏表面的镀层。使用时间长了后，在烙铁头的表面也会产生一些氧化层和杂质，可以用沾水的海绵或湿布轻轻擦拭，也可以用蘸水的擦锡棉擦拭。

4. 恒温式电烙铁

普通内热式和外热式电烙铁的温度一般都超过 300℃，这样的温度对于焊接晶体管和集成电路等元器件是不利的。在要求较高的场合，要配备恒温式电烙铁。

恒温式电烙铁有电控和磁控两种。电控恒温电烙铁的外形及烙铁芯如图 4-1（c）、（f）所示。它是利用热电偶作为传感元件来检测烙铁头的温度，当烙铁头温度低于规定值时，温控装置使电路中的电子开关接通，给电热丝通电，电烙铁升温，一旦温度达到规定的数值后，温控装置就会使电子开关断开，电热丝断电。如此反复动作，使烙铁头基本保持恒温。

这种电烙铁的温度是可调的，通过调整手柄上的温控电位器就可改变电烙铁的工作温度。

磁控恒温电烙铁借助软磁金属材料在达到某一温度（居里点）时会失去磁性这一特点，制成磁控开关来控制电热丝的通电和断电，从而达到恒温控制的目的。

五、焊料

焊料就是易熔的金属或合金，它熔化后将被焊物连接在一起。焊料按组成成分不同，可分为锡铅焊料、银焊料和铜焊料等；按熔点不同，可分为硬焊料（熔点高于450℃）和软焊料（熔点低于450℃）。

锡（Sn）是一种质软、低熔点的金属，其熔点为232℃。铅（Pb）是一种浅青色的软金属，熔点为327℃，机械性能差，可塑性好，是一种对人体有害的重金属。当锡和铅按一定比例熔合成合金后，熔点和其他物理性能都会发生改变。常用的锡铅焊料及其用途见表4-1。

表4-1　常用的锡铅焊料及其用途

名　称	牌　号	熔点温度（℃）	用　途
10锡铅焊料	HLSnPb10	220	钎焊食品器皿及医药卫生方面物品
39锡铅焊料	HLSnPb39	183	钎焊电子电气制品
50锡铅焊料	HLSnPb50	210	钎焊计算机、散热器、黄铜制品
58-2锡铅焊料	HLSnPb58-2	235	钎焊工业及物理仪表
68-2锡铅焊料	HLSnPb68-2	256	钎焊电缆铅护套、铅管等
80-2锡铅焊料	HLSnPb80-2	277	钎焊油壶、容器、散热器等
90-6锡铅焊料	HLSnPb90-6	265	钎焊黄铜和铜
73-2锡铅焊料	HLSnPb73-2	265	钎焊铅管

1. 锡铅合金状态与温度的关系

锡铅合金一般有固态、半液态和液态三种状态。锡和铅的比例不同，锡铅合金的凝固点和熔点也不同，如图4-4所示。图中横坐标对应合金的成分比例，纵坐标对应合金的温度。*CTD*线称为液相线，温度高于此线时，合金为液态；*CETFD*线称为固相线，温度低于此线时，合金为固态；在液相线和固相线之间的两个三角形区域内，合金呈半熔、半凝固的半液态；*AB*线称为最佳焊接温度线，它高于液相线约50℃。

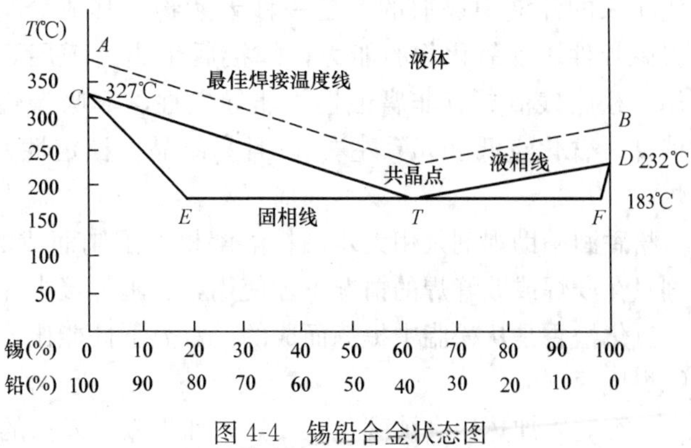

图4-4　锡铅合金状态图

2. 共晶焊锡及其优点

图4-4中的*T*点称为共晶点，对应的合金成分是铅38.1%、锡61.9%，这种合金称为共晶合金，也称为共晶焊锡。它的熔点与凝固点都是183℃，没有半凝固状态。其特点是：熔点低、结晶时间短、流动性好、机械强度高、导电性好；在凝固时直接由液态变为固态，

不经过半凝固状态，不会因半凝固状态时间间隔长而造成焊点结晶疏松、强度降低。这种焊锡是电子产品焊接中用得最多的一种。

焊料的形状有丝状、带状、圆片等。手工焊接常用的焊锡丝是将焊锡制成管状，内部填充助焊剂。助焊剂一般是优质松香，并添加一定的活化剂。焊锡丝直径的规格较多，常用的是 1.5、2.5、3mm 等。

六、助焊剂

助焊剂也称为焊剂，是锡铅焊接中必需的辅助材料，主要用于清除焊件表面的氧化膜、保证焊件的浸润等。

1. 助焊剂的作用

(1) 除去氧化物。焊件表面的氧化物会妨碍两种金属原子之间的接近，使浸润无法进行，影响焊接质量。除去氧化物的方法有机械法和化学法，机械法是用刀刮掉焊件表面的氧化物，化学法是用助焊剂清除。助焊剂中的氯化物、酸类同氧化物产生还原反应，从而除去氧化膜。反应后的生成物变成悬浮的渣，漂浮在焊料表面。

(2) 防止氧化。液态的焊锡和被加热的焊件在高温下与空气接触，都会产生氧化反应。助焊剂熔化后，漂浮在焊料表面，形成隔离层，使金属与空气隔绝，防止了焊接面的氧化。

(3) 减小表面张力，增加焊锡的流动性，有助于焊件的浸润。

2. 助焊剂的分类

常用的助焊剂分为无机类助焊剂、有机类助焊剂和树脂类助焊剂三种。

(1) 无机类助焊剂。这类助焊剂包括无机酸和无机盐。其优点是活性强，焊接性能良好；缺点是具有强烈的腐蚀性。它常用于可清洗的金属制品的焊接中，不宜在电子产品装配中使用。焊接后一定要清除残渣。

(2) 有机类助焊剂。有机类助焊剂主要由有机酸、有机类卤化物以及各种胺盐树脂类等合成。其优点是焊接性能良好；缺点是有一定的腐蚀性，残渣不易清除并有废气污染，限制了在电子产品装配中的使用。

(3) 树脂类助焊剂。这类助焊剂最常用的是在松香中加入活性剂。松香是从各种松树分泌出来的汁液中提取的，是一种天然物，其成分与产地有关。在加热情况下，松香具有去除焊件表面氧化物的能力，焊接后生成的膜层具有覆盖和保护焊点不被氧化腐蚀的作用。松脂残渣具有非腐蚀性、非导电性、非吸湿性，容易清除。松香助焊剂的缺点是酸值低、软化点低（55℃左右），且易结晶、稳定性差，在高温时很容易脱羧碳化而造成虚焊。

松香酒精助焊剂是用无水酒精溶解松香配制而成的，一般松香占 23%～30%。这种助焊剂只在浸焊或波峰焊的情况下才使用，手工焊接中并非必要。

氢化松香是从松脂中提炼而成的，常温下性能比普通松香稳定，助焊作用更强，适用于波峰焊接。

松香反复加热后会被碳化（发黑）而失效，发黑的松香不起助焊作用。若助焊剂存放时间过长，会使助焊剂的成分发生变化，活性变坏，影响焊接质量，因而存放时间过长的助焊剂不能使用。

七、阻焊剂

阻焊剂是一种耐高温的涂料，涂于不需要焊接的部位，使焊料只在需要焊接的焊接点上进行焊接。阻焊剂广泛应用于浸焊和波峰焊中。

1. 阻焊剂的作用

(1) 防止焊接时的桥接、短路、拉尖、虚焊等情况发生，使焊点饱满，提高焊接质量，减少返修率。

(2) 使用阻焊剂后，除了焊盘外，其余线条均不上锡，可节省大量焊料。

(3) 因印制板一部分板面被阻焊剂覆盖，焊接时受到的热冲击减小，降低了印制板的温度，使板面不易起泡、分层，同时也起到了保护元器件和集成电路的作用。

2. 阻焊剂的分类

阻焊剂按成膜方法是加热固化，还是光照固化，分为热固性和光固性两大类。目前热固化阻焊剂被逐步淘汰，光固化阻焊剂被大量采用。

热固化阻焊剂具有价格便宜、黏接强度高的优点，但存在加热温度高、时间长，印制板容易变形，能源消耗大，不能实现连续化生产等缺点。

光固化阻焊剂（光敏阻焊剂）在高压汞灯下照射 2～3min 即可固化，其优点是节约能源、提高生产效率、便于组织自动化生产。

八、拆焊技术

拆焊就是将已经安装在印制板上的元器件拆下来，在电子产品的检修过程中经常用到。拆焊一般要使用一些专用的拆焊工具，常用的拆焊工具有吸锡器、吸锡烙铁、吸锡绳、注射针头等，如图 4-5 所示。

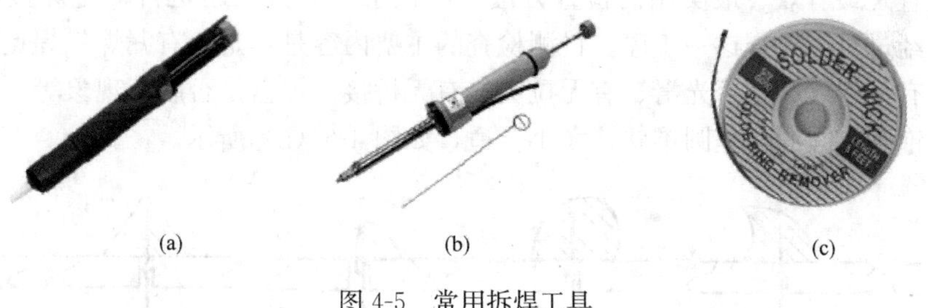

(a)　(b)　(c)

图 4-5　常用拆焊工具

(a) 吸锡器；(b) 吸锡电烙铁；(c) 吸锡绳

1. 常用拆焊工具及其用法

(1) 吸锡器。如图 4-5 (a) 所示，吸锡器是利用活塞运动产生的负压将熔化的焊锡吸入活塞筒内，须与电烙铁配合使用。

(2) 吸锡电烙铁。其外形如图 4-5 (b) 所示，它相当于一只自带加热功能的吸锡器，也可以作为电烙铁使用。

(3) 铜编织线。铜编织线也称为吸锡绳或吸锡线，如图 4-5 (c) 所示。使用时先将铜编织线沾上松香焊剂，然后放在将要拆焊的焊点上，再把电烙铁放在铜编织线上加热焊点，焊点上的焊锡熔化后，就被铜编织线吸走。铜编织线吸满焊料后，就不能再用，需要把吸满焊料的部分剪去。

(4) 医用空心针头。将医用空心针头锉平，可作为拆焊工具使用。它需要与电烙铁配合使用。其用法是：先把针头套在元器件的引脚上，待烙铁熔化焊点后，迅速将针头插入印制板上的焊孔内，使元器件的引脚与焊盘分开。单独使用空心针头的效果不好，一般是先用吸锡器将焊点上的大部分焊锡吸走后，再用空心针头将引脚与焊盘分开。对于不同直径的引脚，要选用不同口径的空心针头与之配合。

2. 拆焊时应当注意的问题

拆焊是一项很艰难的工作，有时会很麻烦。拆焊时要耐心、仔细，避免盲目蛮干导致元器件和印制板上的焊盘损坏。

(1) 对只有两个引脚的元器件，只用普通电烙铁和镊子就可以将元器件拆下来。具体方法是：将印制板立起来，一边用电烙铁加热引脚，另一边用镊子向外拉引脚。这种方法对引脚较少的元器件也可以使用。

(2) 对多个引脚的元器件，可将吸锡器和空心针头配合使用，先将引脚与焊盘分开后，再拆下元器件。

(3) 拆焊时间不要太长。若对焊点的加热时间过长，可能会因过热而损坏元器件，也可能因过热而使焊盘与基板分开，或导致焊盘脱落。

(4) 拆焊时不能过分用力。过分用力也会损坏元器件，并导致焊盘脱落。

(5) 对于集成电路或贴片元件等引脚多，且密集的元器件，应尽量使用专用工具拆焊。

九、焊点质量检查

焊接好坏对整机产品质量的影响很大，焊接完成后必须对焊点进行检查。检查的方法主要是目视检查和手触检查，必要时再配合仪器检查。

1. 目测检查

目测检查是最有效、最实用的检查方法，不论手工焊接，还是自动化焊接，焊接完成后，都必须经过目测检查这一工序。目测检查的主要内容是：是否有漏焊；焊点周围是否有残留焊剂，有无裂纹、是否光滑、有无拉尖；有无桥接；焊盘是否脱落现象等。正常的焊点应当光滑、饱满、圆润，呈圆锥状，大小合适，如图 4-6（a）所示。

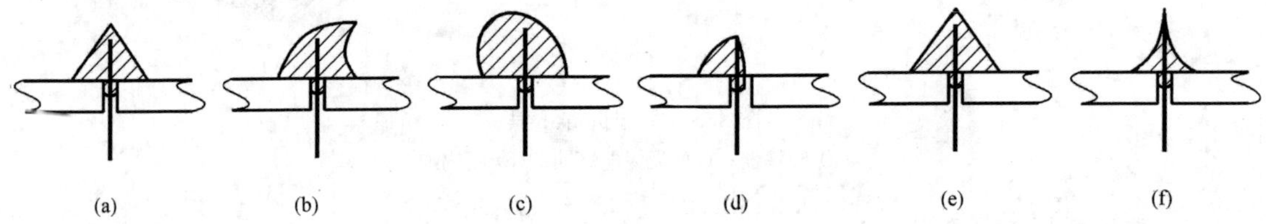

图 4-6 各种焊点的形状

(a) 焊接正常；(b) 拉尖；(c) 堆焊；(d) 空洞；(e) 焊锡过多；(f) 焊锡过少

2. 手触检查

用手拨动元器件，检查元器件和焊点是否牢固、是否有松动现象等。

3. 各种焊接缺陷及成因分析

(1) 桥接。桥接是指焊料将印制板的铜箔连接起来的现象，它将导致短路故障。明显的桥接很容易发现，细小的桥接目测较难发现或较难确定，需要用万用表测量确定。

细小的桥接可能是因为印制板上的印制导线有毛刺或腐蚀时留有金属丝等，在焊接时起到连接作用而导致形成桥接现象。处理的方法是：先将导致桥接的焊锡吸走，然后用小刀刮去毛刺和残余金属丝。

(2) 焊料拉尖。焊料拉尖现象如图 4-6（b）所示。其产生的原因是焊接时间过长，助焊剂早已挥发，焊锡的流动性变差，烙铁离开时就产生拉尖，或是电烙铁的撤离方向不当，造成拉尖现象。处理方法是重焊。

(3) 堆焊。堆焊现象如图 4-6 (c) 所示。它是指焊点的焊料过多，外形轮廓不清，而焊料又没有布满焊盘的现象。造成堆焊的原因是焊料过多，或者是焊接的温度过低，焊料没有完全熔化，焊点加热不均匀，以及焊盘、引线不能浸润等。

避免堆焊形成的办法是彻底清理焊盘和引脚，适量控制焊料，或提高烙铁功率。

(4) 空洞。空洞现象如图 4-6 (d) 所示。它是由于焊盘穿孔太大，焊料不足，或焊盘氧化、脏污、预处理不良等，造成焊料没有填满焊孔的现象。处理方法是增加焊料重焊，或先清理焊盘，再重焊。

(5) 浮焊。这种焊点没有正常的光泽，也不圆滑，呈白色细粒状，表面凹凸不平。产生的原因是电烙铁温度不够，或焊接时间过短，或焊料中杂质太多。浮焊的焊点机械强度低，焊料容易脱落。

(6) 虚焊。虚焊也称为假焊，是指焊锡仅仅简单地依附在被焊物的表面上，没有与被焊物的金属紧密结合而形成合金。这种焊点从外形上看是正常的，但实际上接触不良，有松动现象，或电气上接触不良，或短时间正常，过一段时间就会出故障。

造成虚焊的原因：一是焊盘、元器件引脚上有氧化层、油污和污物，在焊接前没有清洁或清洁不彻底，造成焊锡与被焊物隔离，不能充分浸润，因而产生虚焊；二是焊接时温度过低，使助焊剂未能充分挥发，在被焊物的表面上形成一层松香薄膜，阻碍了焊料对被焊金属的浸润，导致出现虚焊。

(7) 焊料裂纹。焊点上的焊料产生裂纹，其原因是在焊料的凝固过程中，移动或晃动元器件引线。

(8) 铜箔翘起、焊盘脱落。产生这种现象的原因是焊接温度过高，或焊接时间过长，或是在拆焊或重装时盲目蛮干。

从上面对各种焊点缺陷的成因分析可以看出，这些缺陷的产生大多是没有按照操作规程操作而产生的。在焊接前一定要对被焊金属的表面进行清洁，必要时采取涂敷浸锡措施。对电烙铁要进行修整，使之处于良好的工作状态。在焊接过程中，要准确掌握焊接温度、焊接时间和焊锡量。

十、焊点的修整

对于初次参加电子实习的学生，由于焊接技术还不熟练，焊接时会出现各种各样的问题，安装完电子产品后，往往还需要对许多焊点进行修整。

1. 对焊点过大的修整

如果焊点过大，可先用吸锡器吸走一部分焊锡，然后再加热焊点，进行修整。在没有吸锡器时，用普通电烙铁也可以进行吸锡并修整。焊点重新熔化后，会有一部分焊锡流到烙铁头上，将烙铁头上的焊锡擦（抹）掉，就可将焊点减小。圆斜面式和凿式烙铁头比圆锥式烙铁头的吸锡效果要好。把印制板立起来，会有更多的焊锡流到烙铁头上，吸锡效果更好。

2. 对焊点过小的修整

如果焊点过小，重新将焊点熔化后，再加焊锡丝补焊即可。

3. 对桥接的修整

对焊点过大引起的桥接，用吸锡器将焊点上的焊锡吸走一部分后，桥接自然就断开了。对于焊点并不太大，只是由于铜箔或引线距离近，焊接技术不高引起的桥接，用烙铁将桥接处的焊锡加热划开即可。

4. 对于有拉尖现象或其他形状不合格的焊点的修整

对这类焊点，可以用烙铁先沾一点松香，再将焊点重新熔化，并移动电烙铁，使焊点的外形成合格的圆锥形。

5. 铜箔翘起、焊盘脱落的处理

这种故障是不可恢复的，处理的方法只能是用导线或元器件的管脚引线在适当的位置搭桥，使电路接通。

十一、实习指导

(1) 学会五步操作法，并严格按照这些步骤操作。

(2) 学会修整烙铁头，使之处于良好的工作状态。

(3) 学会处理各种元器件的引线，有些只要轻轻擦拭即可，有些要求刮净焊接处，有些要求涂敷或浸锡。

(4) 烙铁较长时间不用时，要断开电源，既节省电源又安全，还能使烙铁保持长久良好的工作状态。

(5) 烙铁很热，注意不要烫伤自己和他人，也不要烫坏烙铁的电源线，以免引起漏电。

(6) 影响焊接效果的因素很多，只有通过实践，才能慢慢体会和掌握。这些因素包括：元器件、印制板、焊料和助焊剂的材料、质量、可焊性、存放时间长短、是否氧化、是否有污物、是否有镀层等；电烙铁的功率、烙铁头的形状、烙铁头的工作状态等；环境温度、通风状况、是否在电风扇下等。

第二节　电子产品的测量与故障检查方法

电子产品使用一段时间后，都会出现故障。实习中安装的电子产品，在安装完成后都需要进行测量和调试，如果元器件损坏或在安装过程中出现错误，电路就不能正常工作，还需要进行故障检查。电子产品的种类很多，每种产品都有它们的个性，也有符合一些共性的规律。个性是指每种电子产品都有其独特的工作原理、测量和检修方法，甚至还有专用的检修工具；共性是指它们的电压、电流关系都符合电路的基本定律，用常规的测量和检修方法能够检查其中的大部分故障。

一、电子产品故障检修的一般步骤

对电子产品的检修，一般是先通过询问和观察，大致确定故障现象后，再对电路的故障部分进行检修。

1. 询问

在检修电子产品之前，要先向产品的用户进行询问。询问的内容包括故障现象、故障的发生过程等。有些产品具有多种功能，其中有些功能已经损坏，需要修理，另外一些功能还能使用，不需要修理，通过询问用户，可以减小故障的检查时间。有些故障是突然发生的，有些故障是逐渐发展的，了解故障的发展过程，也有助于迅速判定故障的原因。

2. 直观检查

在不打开外壳的情况下对电子产品进行直观检查，就是通过产品外部的各种开关、旋钮、按键等，检查产品的各项功能是否正常，从而判断故障的原因。应先进行不通电的直观检查，再进行通电的直观检查。在进行直观检查时，通过眼、耳、鼻等感觉器官，仔细观察，从而发现并判断出故障的现象和原因。

用眼看能够发现大部分问题，用耳听也能发现一部分问题，如音量大小、噪声大小、是否有啸叫声、是否有其他杂音等。如果机内过热或有漏电现象，会发出焦糊的气味，这时必须迅速切断电源。

对具有多种功能的电子产品，有些功能平时用户也不使用，不知道是否损坏，通过检查应当发现这些功能是否正常，以减小不必要的返工，并避免可能出现的纠纷，因为用户在取走检修后的产品时，会对各种功能进行检查。

对于有经验的维修人员，通过询问和直观检查，基本上就能确定故障的原因和部位，甚至能够确定是哪些元件损坏造成的。

3. 开机检查

通过询问和直观检查，基本确定故障的部位后，再打开机壳对故障部位进行重点检查。

二、电子产品常用测量和检查方法

1. 直观检查法

直观检查包括不打开产品外壳检查和打开外壳检查两种情况。

不打开产品外壳的直观检查应当在接受检修任务时，在用户面前进行。

打开产品外壳后的检查分为通电检查和不通电检查两种情况。不通电检查的内容包括：机内是否有断线；是否有烧焦的部位；是否有变形损坏的元件；元器件之间是否碰在一起，从而造成短路等。通电后的检查内容包括：是否有元件过热烧焦产生的烟雾、气味；是否有高压打火放电现象；元器件是否有振动，是否有异常声音等。直观检查能够迅速发现和确定故障的部位，是一种最常用，也很有效的检查方法。

2. 电压测量法

电压测量法包括直流电压的测量和交流电压的测量。在一般电子产品中，除变压器部分有交流电压外，其余均为直流电压。下面主要介绍直流电压的测量方法。

用万用表直流电压挡测量电路中各处直流电压数值，并与正常数值相比较，就能分析判断电路的故障。直流电压的测量内容包括整机电源电压、各部分电源电压、晶体管的工作点电压、电路的关键点电压等。

(1) 整机电源电压的测量。电源部分决定整机的工作是否正常。在对电路进行检查时，首先要检查电源电压是否正常。如果电源电压升高，一般是电源电路的故障；如果电源电压降低，可能是电源电路的故障，也可能是其他部分的故障。检查方法是：将其他电路与电源断开，若电源电压回到正常，则说明电源部分没有问题，故障出在其他电路；否则，故障在电源电路。

(2) 各级电源电压的测量。为消除由电源内电阻引起的级间耦合现象，各级电路之间都要加去耦电路，如图 4-7 所示。

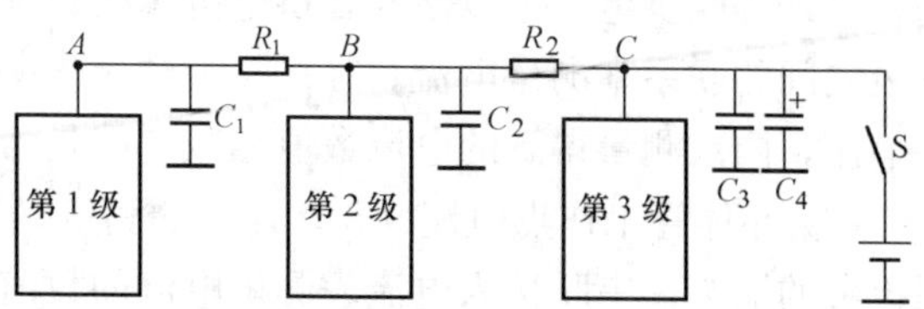

图 4-7　各级电源电压的测量

测量图中 A、B、C 点的电压，可以检查各级的电源是否正常。如果某一级的供电电压异常，故障可能发生在去耦电路，也可能发生在本级内部或前级。

(3) 晶体管工作点电压的测量。晶体管工作点电压包括 U_{BE}、U_{CE}、V_B、V_C、V_E 等，通过测量这些电压，可以判别晶体管及外围元件的故障。

(4) 关键点电压的测量。在电子产品的电路图中，有些点的电压会标示出来，这些点就称为电路的关键点。在图 4-8 中 A 点就是这两级直接耦合放大电路的关键点，只要该点电压正常，这两级电路的直流通路就正常。

电路中有些位置的电压虽然没有标出，但根据经验它们是已知的，这些点也是电路的关键点。在图 4-9 所示的 OTL 电路中，A 点的电压应当是电源电压的一半，约为 6V。

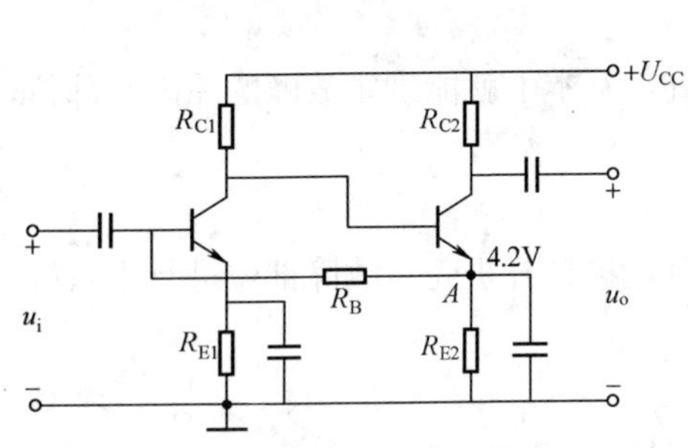

图 4-8 电路中的关键点电压测量

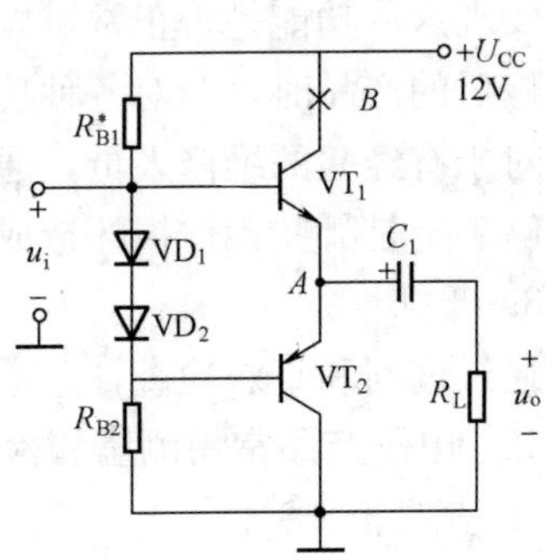

图 4-9 OTL 功率放大电路

测量其他元件上的直流电压，也有助于分析和判断电路的故障，如匝数少的线圈上的直流电压应当为零，若不为零，就说明线圈断路。

电压测量法是检查电路中最简单、最常用的一种测量方法，它不需要对电路进行改动或破坏就能测量。

3. 电流测量法

通过测量电路中各处的电流，来查找和分析电路的故障也是一种常用的方法，测量内容主要是整机电流、各部分（级）工作电流、晶体管的工作点电流、关键点处的电流等。

(1) 整机电流的测量。在图 4-7 中开关 S 两端并联电流表，或在其他位置将电源线断开，串联接入电流表，都可以测量整机电流。如果整机电流过大，就说明电路中有短路或漏电故障；若电流过小，说明有些电路没有导通。

整机电流的测量一般分为空载测量和负载测量。对于实习用的小收音机，无声或声音很小时整机电流为 10～12mA，在最大音量时整机电流可达 30～40mA。

(2) 各级（部分）电流的测量。通过对各级电流的测量，能判别各级工作是否正常。如果各级是并联供电，可以断开各供电电源线分别测量；如果各级是串联供电，可以通过断开各级之间的联系来测量电流。在图 4-7 中，先测量整机电流，然后断开电阻 R_2，再测量整机电流，两次测量得到的电流数值相减，就是第 3 级的工作电流。

(3) 晶体管工作点电流（I_C、I_E）的测量。测量晶体管工作点电流时，可用刀片割断印制板上的铜箔，串联接入电流表测量电流的数值，测量完成后，再将割断处用焊锡接通。这种测量方法既麻烦，对印制板又有损伤，一般不使用。对晶体管工作点电流的测量，常使用间接测量法。例如在图 4-8 中，先测量电阻 R_{E1} 上的电压 U_{E1}，然后用欧姆定律来计算出晶体管的发射极电流（$I_{E1}=U_{E1}/R_{E1}$）。

（4）关键点电流的测量。在安装实习用的电子电路中，有些位置标示出电流的大小，这些点是电路的关键点。在电路的关键点处，往往在铜箔上留下一个缺口，以方便电流的测量与调试，电路调试正常以后，再将缺口处用焊锡接通。在图 4-9 中打星号处的 B 点，就是该电路的关键点。

电流测量法虽然没有电压测量法方便，但能解决一些电压测量不能解决的问题，它也是一种常用的检查方法。

4. 电阻测量法

电阻测量法就是用万用表电阻挡测量元器件引线之间的电阻，以及引线与铜箔、电源线、接地线之间的电阻。电阻测量分为拆焊测量和不拆焊测量两种情况。

拆焊测量就是先将元器件的部分或全部引线从印制板上拆下，然后再测量。这种测量方法比较麻烦，但测量结果准确。

不拆焊状态下的电阻测量也称为在路电阻测量。这种测量方法比拆焊测量方便很多，由于受周围其他元器件的影响，测量结果与实际情况会有很大差别，需要从测量结果中提取出有用的信息，以帮助分析检查电路故障。例如测量开关两端的电阻，在断开和接通两种情况下其阻值应当有变化，如果没有变化，则可判别开关损坏。测量电感线圈两端的电阻，其阻值应当很小或为零，若相反，则可判断线圈开路。

在电阻测量时，调换表笔后的测量结果会有所不同，因为电路中的二极管具有单向导电性，晶体管加正、反向电压时导通能力不同。

为保证测量结果准确，并防止损坏万用表电阻挡，进行在路电阻测量时，一定要关闭电路的直流电源，并将电路中的电容进行放电。

5. 替代法

替代法就是对怀疑有故障的元器件用同类型元器件进行替换。若替换后故障消除，就说明原先的元器件有故障；若替代后故障仍然存在，则说明原先的元器件正常。替代法适合于检查一些时好时坏或性能下降的元器件。一些用现有仪器不能检查的元器件，也适合用替代法检查，如陶瓷滤波器、集成电路等。

在使用替代法时，要先进行仔细分析，避免盲目替换，尽可能减小拆焊范围，以减小对元器件和印制板的损伤。

在有些情况下，并不需要将元器件完全从印制板上拆下。如怀疑滤波电容、耦合电容、旁路电路失效时，可以直接并联一只电容进行试验。对谐振电容，可以只拆焊一根引线，然后并联相同规格的电容进行实验。

随着电子元器件价格的下降和人工成本的提高，在实际电子产品维修过程中，替代法正成为一种常用的检查方法，替换的对象也不仅仅是对元器件的替换，而是对整个印制板进行替换。

6. 信号注入法

放大电路正常工作需要具备两个条件：一是各级直流静态工作点正常；二是信号的交流通路正常。电阻、电感、电容、晶体管等元件的某些故障能够导致电路直流静态工作点的变化，对这类故障可以用前面介绍的电压测量法、电流测量法、电阻测量法等检查方法进行检查。由电容等元件失效或性能降低引起的谐振频率偏离、音量减小、无声等故障，对电路的直流工作点没有影响，只是影响了信号在交流通路上的传递和放大作用。对这类故障的检查，要使用信号注入法。

信号注入法就是将信号发生器产生的信号加到各级放大电路的输入端，通过在输出端观测信号的大小或失真情况，来判断电路故障的一种方法。

图 4-10 是一个小型收音机的电路组成框图，它主要由 6 个部分组成，分别是变频级、第一级中频放大、第二级中频放大、检波级、前置放大级、功率放大级。电路中各部分的信号频率是不同的，变频级前是高频调幅波信号，变频级到检波级之前是中频调幅波信号，检波级之后是音频信号。使用信号注入法时，对不同的电路要施加不同的信号。

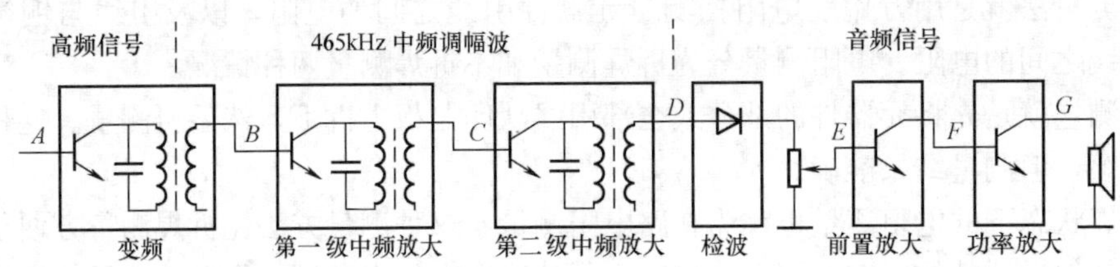

图 4-10 收音机的组成框图

对于收音机无声故障的检查方法是：将信号发生器输出的音频信号从后向前分别接到各级电路的输入端（图中的 A、B、C、D、E、F 点），在喇叭中会听到响声。假设信号加到 D 点时有声音，加到 C 点时听不到声音，则可判断故障发生在 C 点与 D 点之间。

信号注入法的检查顺序可以是从后向前逐级检查，也可以是从前向后逐级检查，还可以先从中间开始检查。假设在图 4-10 中从 E 点加入信号，如果能听到声音，则可判断故障在检查点之前；否则，故障在检查点之后。从中间加入信号，能迅速划定故障范围，减少检查的时间。

信号注入法所使用的信号源可以是通用的信号源，也可以是专用信号源。信号的种类很多，包括正弦波、调幅波、调频波、锯齿波、脉冲波等。对于一般放大电路都可以使用 1kHz 的正弦波进行检查。

在注入信号的同时，再在输出端用电子仪器进行波形的观察和电压测量，会进一步提高检查效果。

7. 干扰法

可以认为干扰法是信号注入法的一种特例，其区别是：信号注入法输入的标准信号来自于信号发生器；干扰法的信号来源于人体感应的杂散电磁波，或自制简单工具产生的断续干扰信号。

（1）人体感应法。人体处于周围的电磁场中，会感应出微弱的电动势，当用手拿小镊子或螺丝刀碰触图 4-10 中的电路输入端（A、B、C、D、E、F 点）时，会在喇叭上产生喀喀的响声，根据这种响声，就可以判断电路的故障点。假如用小螺丝刀碰触 C 点时能听到响声，碰触 B 点听不到响声，则可判断故障发生在 B 点与 C 点之间。

这种故障检查方法只能检查电路对杂散干扰信号的反应，对于正常信号是否具有放大作用则不能判断。

（2）脉冲信号法。取一只几千欧的电阻与一只几微法的电容串联在一起，两端分别接鳄鱼夹。将一端的鳄鱼夹接地，用另一端的鳄鱼夹分别去碰触图 4-10 中的电路输入端，这时喇叭中也会发出咔嚓的响声。当用鳄鱼夹碰触时，相当于在电路中并联了一只电阻，会改变碰触点的直流电压。不断地碰触，造成该点电压的不断变化，相当于接入了一个脉冲信号。用这种方法产生的干扰信号比人体的感应信号强。

8. 信号寻迹法

可以把信号寻迹法看作是信号注入法的一种逆操作。它先将信号发生器的输出信号接到整机电路的输入端，然后用电子仪器从前向后逐级检查信号的有无及信号的失真情况，以确定电路的故障点。这种方法一般需要两台仪器配合使用。用于寻迹的电子仪器，可以是毫伏表、示波器等，也可以根据电路的性质，使用一些自制的简单工具。

9. 断路法

断路法就是将怀疑有故障的部分从电路中断开。该方法主要用于检查直流电路的短路或漏电故障。对图 4-7 所示的电路，当出现电流过大时，表明电路中有短路或漏电故障。要查找故障点，可以分别断开电阻 R_1、R_2，以便确定故障范围。断开 R_1，就是将第 1 级电路断开；断开 R_2，就是将第 1 级和第 2 级都断开。

10. 短路法

短路法也称为交流短路法，它是通过在电路中并联旁路电容将交流信号短路，以便检查故障的范围。这种方法主要用于检查电路中自激振荡引起的啸叫现象。由于电路中分布参数和外界干扰信号的影响，放大电路会出现自激现象，产生啸叫声。

假设图 4-10 所示收音机电路出现啸叫声，检查的方法是，将电容的一端接地，另外一端从后向前分别接电路中的 A、B、C、D、E、F 点。若接到 C 点时啸叫声消失，说明故障在该点之前；若啸叫声不消失，说明故障在该点之后。若接到 C 点时啸叫声消失，接到 B 点时啸叫声又出现，说明故障就发生在 B 点与 C 点之间。

使用短路法检查电路的自激振荡时，要根据自激信号频率的高低选择不同容量的电容。对高频自激信号的检查，可采用 0.01μF 的瓷介电容或涤纶电容；对低频自激信号的检查，可采用 10μF 的电解电容。

以上介绍的只是一些常用的故障检查方法，对不同的电子产品，还有一些特殊的检查方法，需要在实践中去学习和掌握。处理实际问题时，具体选用哪种检查方法，要根据情况灵活掌握。

第三节　电子产品的调试

电子产品组装完成后都要进行调试。只有通过调试，才能使产品的性能指标达到设计要求，成为合格品。在生产线上组装的电子产品因为生产过程标准化，出错的概率较低。实习中组装的电子产品会出现各种各样的问题和错误。例如将元器件极性接反，将两个阻值不等的电阻接错了位置，焊接不良，焊接时间过长而将元器件烫坏等。实习中组装的电子产品更难调试，往往调试过程与故障检查同时进行。

一、电子产品的调试步骤

电子产品调试的一般步骤是：通电前检查→通电后观察→电源电路调试→各单元电路调试→整机统调。

产品组装完成后，先检查一下焊接点是否有桥接、虚焊现象；元器件是否相碰、接错位置、接反等，确定无误后，再通电检查。

通电后，先不急于进行测量，而是先观察一下电路有无打火放电、冒烟、异味等异常现象，若有异常应立即切断电源，若无异常现象，再对电路进行测量和调试。

电源部分工作正常是整机正常工作的前提，因此应先对电源电路进行调试。若电子产品使用交流电源，其内部一般都有变压、整流、滤波、稳压等电路，将交流电变换为直流电，应当先对这一部分逐级进行检查调试。实习中组装的小型电子产品一般只使用电池供电，不用对电源部分进行调试。但通电一段时间后，应当用手摸一下电池，若电池过热，就说明电路中有短路或严重的漏电故障。

将电源部分调试正常后，然后再对各单元电路分别进行调试。将各单元电路调试正常后，再对电路进行整机调试。

对各单元电路分别进行调试的方法，特别适合于初次参加电子产品组装实习的学生。因为实践经验不足，面对复杂的电子电路，有些学生不知道从哪处下手进行检查、测量和调试。将整机电路分解为几个单元电路，根据实际情况，可以从后向前逐级检查调试，也可以从前向后逐级检查调试。使用这种方法，可以先断开各级之间的联系，逐级检查调试正常后再将它们连接起来。若断开各级之间的联系比较困难，可采用逐级安装，逐级调试的方法，即安装完成一部分电路后，接着进行通电测量和调试，调试正常后再安装下一级电路。这样的安装调试方法，可以极大地简化调试难度，有助于初学者学习和掌握电路的测量与调试方法。

二、电子产品的调试方法

对电子产品的调试，一般是先进行直流通路的调试，然后再进行交流通路的调试。

1. 直流通路的调试

直流通路的调试也称为静态调试，它是在没有交流信号输入的情况下，对电路直流静态工作点进行的调试。直流工作点正常是电路正常工作的前提条件，对电路调试时，要先将直流工作点电压、电流调试到正常数值。一般的电子电路都将关键点的电压、电流作为调试的关键数据，或将它们标注在电路图上，或留有专门的电流测量口以便于测量和调试。调整或更换偏置电阻，就能改变关键点处的电压、电流数值。电路的偏置电阻通常使用半可变电阻或可换电阻。可换电阻也是阻值固定的电阻，为了调整电路的工作点，可更换其阻值。在电路图中，可换电阻旁边一般要加上一个星号作为标记。半可变电阻在受到振动时会改变阻值，或老化后容易产生接触不良的故障，在便携式电子产品中不宜使用。图 4-8 中的 R_B 和图 4-9 中的 R_{B1}^* 都是偏置电阻。

2. 交流通路的调试

交流通路的调试也称为动态调试，是在电路中加入交流信号后，对放大电路进行的调试。其调试内容主要有失真情况调试、频率特性调试、整机统调等，并对放大倍数、输出功率等参数进行测量和调整。

对电路失真情况的测试要使用信号发生器和示波器。将信号发生器接到电路的输入端，在输出端用示波器观察输出波形。如果出现失真现象，就要对电路的参数进行调整。电路的直流工作点不合适，容易引起失真；电路的放大倍数过高，也会引起失真。

对电路的频率特性进行调试，要用到频率特性测试仪（扫频仪）。如图 4-10 所示收音机电路中的两级中频放大电路都是谐振放大电路，谐振频率是 465kHz。调节中频变压器的磁芯，就可以调整其谐振频率。如果用扫频仪进行调试，非常直观、方便。

在对各单元电路完成调试后，就要进行整机调试。整机调试，就是使产品的性能指标达到设计要求。如果达不到整体设计要求，还需要对某些单元电路再重新调整。

由于实习人数众多，专用仪器数量有限，对实习过程中安装电子产品的调试要立足于不使用专用仪器，只使用万用表、信号发生器等常用仪器仪表进行调试。在调试之前，要先学习电路的原理与调试技术。使用一些自制的简单工具，再配合一些简单易行的方法，在调试过程中往往会起到较好的效果。

第四节　手工制作印制板

印制板在承载电子元器件的同时，又将元器件的引脚通过铜箔连通构成电路。印制板有单面板、双面板和多层印制板。在普通电子产品中多使用单面或双面印制板，在复杂或精密的电子产品中使用多层印制板。

在一般的产品研制过程中，先由设计人员用 Protell99se 等软件绘制印制板图形，然后送到专门的印制板生产厂家进行加工。这样制作的印制板，其加工准确度高，但加工周期长、费用高，也不便于修改。

本节将介绍在实验室中用手工制作印制板的方法。根据制作工具和设备的不同，手工制作印制板的方法有许多种。在最简单的条件下，只要用一把小刀（或雕刻刀）和一台电钻即可制作印制板。小刀用于刻出导线的图形，电钻用于钻出元件管脚的过孔。这样制作印制板费时费力，加工准确度也很低。要制作高质量的印制板，就需要配置雕刻机、激光打印机、热转印机等设备。由于受到加工准确度的限制，手工制作印制板时，一般只制作单面印制板。

敷铜板和感光电路板是手工制作印制板的常用材料，使用时先把电路图形刻画（或转印）到印制板上，然后将图形处的铜箔保留，将图形以外多余的铜箔去掉。去掉多余铜箔的方法有多种，可以分为两大类：一类是机械加工法，即用刀刻去多余的铜箔；另一类是化学腐蚀法，即用三氯化铁等化学材料腐蚀掉多余的铜箔。

一、用热转印法将敷铜板制作成印制板

热转印法需要使用激光打印机、热转印机等设备，制作的印制板准确度较高，是现在最常用的制作方法之一，其制作过程为：

(1) 用 Protel、Multisim、Orcad、Coreldraw 等绘图软件绘出印制电路板图形。

(2) 用激光打印机将电路图打印到热转印纸上（没有时可用不干胶纸代替）。

(3) 按照需要剪裁敷铜板，并去掉四周毛刺。

(4) 敷铜板的表面处理。用橡皮或用零号细砂纸轻轻地打磨铜皮，去掉铜皮表面的氧化层和污物。切忌用粗砂纸打磨铜皮，否则会使铜箔变薄，并且表面有划痕，会影响热转印效果。

(5) 热转印图形。将打印好图形的热转印纸覆盖在敷铜板上，用电熨斗（使用最热挡）在热转印纸上加热，使熔化的墨粉完全吸附（即转印）在敷铜板上，形成一层抗腐蚀层。有条件的话，使用热转印机转印图形效果会更好。

(6) 待敷铜板冷却后，揭去热转印纸，检查焊盘与导线是否有遗漏；如有，用调和漆或油性笔将图形和焊盘描好，作防腐蚀用。

(7) 打样冲眼。用小冲头对准要钻孔的部位冲上一个小的凹痕，便于以后打孔时不至于偏移位置。

(8) 腐蚀。三氯化铁是腐蚀印制板最常用的化学药品，使用时将三氯化铁配制成浓度为28%～42%的水溶液，盛放在塑料容器内。盛放三氯化铁腐蚀液的容器不能使用铜、铁、铝等金属制品，因为三氯化铁会与这些金属产生化学反应。配制时先放三氯化铁，后放水，并不断搅拌。溶液量控制以能完全将铜箔面浸没为限，太多易造成浪费，太少不能很好地腐蚀印制板。为了加快腐蚀速度，在腐蚀过程中要不断晃动容器，或用排笔（毛笔）轻轻刷扫印制板。加大三氯化铁的浓度，会提高腐蚀速度，但溶液的浓度不宜超过50%，否则太浓的溶液会使需要保存的铜箔从侧面被腐蚀。提高溶液的温度，也能提高腐蚀速度，但温度不能太高，否则会使修整焊盘或导线的漆层隆起脱落。在腐蚀过程中要注意观察，不要腐蚀过度。蚀刻时间为10～30min。

用盐酸＋双氧水＋温水（比例是1∶2∶2）配制的腐蚀液，其腐蚀速度更快。但盐酸和双氧水具有很强的腐蚀性，操作时要注意安全，若碰到手上，要立即用水清洗。

(9) 水清洗。当不需要的铜箔被腐蚀完后，应立即将印制板取出，用清水冲洗掉残留的三氯化铁，否则残存的腐蚀液会使铜箔导线的边缘出现黄色的痕迹。

(10) 擦去防腐蚀层。印制板制作时描上的防腐蚀漆层经过腐蚀工序后，依然存在，应当用棉花蘸香蕉水擦洗，也可用细砂纸（最好是水磨砂纸）轻轻磨去覆盖的漆层。

(11) 钻孔。按前面冲出的凹痕钻孔。钻孔时，为使孔眼光洁、无毛刺，除了选用锋利的钻头外，对孔径2mm以下的，要使用高速（4000r/min以上）电钻。对孔径3mm以上者，转速可以略低一些。

(12) 涂松香层。在印制板上涂松香层的目的是：①起保护作用，防止日久后铜箔导线受潮锈蚀；②作为助焊剂，便于在铜箔上的焊接。

配制酒精松香溶液时，将松香研碎后放入2～3倍的纯酒精中（浓度在95%以上），并盖紧盖子放置一天，使之溶化。使用时用毛笔或小刷子蘸上配制好的酒精松香溶液，均匀地涂抹在印制板上，晾干即可。酒精挥发后，就在印制板上留下一层黄色透明的松香保护层。

在涂抹松香层之前，要先将印制板的表面进行清洁处理，可用细砂纸轻轻研磨，也可用布蘸去污粉，在板面上反复擦拭，去掉铜箔上的氧化膜，使线条及焊盘露出铜的光亮本色。

二、用机械加工法将敷铜板制作成印制板

1. 用雕刻刀手工将敷铜板制作成印制板

(1) 按照需要剪裁敷铜板，并去掉四周毛刺。

(2) 将电路图描绘到敷铜板上。如果电路图比较简单，可使用铅笔和尺子直接在敷铜板上画图，也可用复写纸在敷铜板上描图，还可以使用前面介绍的热转印法将电路图转印到敷铜板上。

(3) 用雕刻刀刻掉不需要的铜箔。

(4) 钻孔。

(5) 涂松香保护层。

这种加工方法比较简单，需要的材料和工具较少，一般只用于制作简易的实验电路。

2. 用雕刻机将敷铜板制作成印制板

用雕刻机加工印制板的方法与用雕刻刀加工印制板的方法基本相同，其步骤是：

(1) 用 Protel、Multisim 等绘图软件绘制电路板图形。

(2) 按照需要剪裁敷铜板，并去掉四周毛刺。

(3) 将剪裁好的敷铜板放入雕刻机，将绘制好的电路图输入到雕刻机中，雕刻机将根据电路图形自动雕刻出导线和焊盘的图形，并完成钻孔。

(4) 涂松香保护层。

用这种方法制作印制板省时、省力，但没有化学腐蚀法的加工准确度高，在要求加工准确度高的场合要使用化学腐蚀法。

三、用感光电路板制作印制板

感光电路板也称为预涂布感光敷铜板，简称为感光板。它是在敷铜板的表面再增加一层感光材料，经过曝光后，留下的涂层抗剥离强度高、耐腐蚀，它能够制作出准确度更高的印制板。其制作过程为：

(1) 用 Protel、Multisim 等绘图软件绘制电路板图形。

(2) 原稿制作。用激光打印机将电路图打印到热转印纸或硫酸纸上，也可以打印到透明、半透明或普通白纸上，作为底图。用光绘机或照相底片输出底图，效果会更好。

(3) 裁切感光板。将感光板从包装袋中取出，先用裁纸刀切断保护膜，再用锯子或裁刀按所需尺寸裁好感光板，用锉刀将毛边锉平，将剩余的感光板放入包装袋中，并置于冷暗处保存。电木板也可先用小刀在板的两面各割出深约 0.2mm 的刀痕，再予以折断。

(4) 曝光。首先撕掉保护膜，露出草绿色的感光膜，将电路图原稿的打印面（炭粉面）贴在感光膜面上，用玻璃板压紧，越紧解析度越好。然后拿到曝光灯下曝光，不同材料制作的原稿，曝光时间不同。

不能使用普通白炽灯进行曝光，可使用日光台灯进行曝光。若使用 9W 的日光台灯进行曝光，玻璃至日光灯的距离是 4cm，透明稿的标准曝光时间是 8～10min，半透明稿的标准曝光时间是 13～15min；使用强太阳光曝光时，透明稿的标准曝光时间是 1～2min，半透明稿的标准曝光时间是 2～4min；使用弱太阳光曝光时，透明稿的标准曝光时间是 5～10min，半透明稿的标准曝光时间是 10～15min。

如果感光板的宽度超过 10cm，则要用两只日光台灯平均照射或使用一只日光台灯进行分区照射。感光板的存放时间每增加半年，曝光时间就要增加 10%～15%。

(5) 显影。将显影剂按 1∶100 的比例加水调制成显影液（有些显影剂按照 1∶20 的比例兑水，要按照显影剂的说明进行配制），并放入塑料盆内。一包 5g 的显影剂要兑 500mL 的水。

将曝光后的感光板膜面向上放入显影液内，感光板上的线条（铜箔）就会逐渐显现出来。轻轻摇动容器，使显影液在膜面上均匀流动，以保证均匀显影。当感光板上的线条完全清晰地显现出来时，显影过程完成。

一般情况下，显影时间为 1min 左右。显影时间的长短与曝光时间有关，还与显影液的温度和浓度有关。感光板每存放半年，显影液的浓度要增加 20%。若曝光时间不足，或显影液浓度过低，会使显影时间过长，甚至不能清晰地显现出线条；反之，若曝光时间过长，或显影液浓度过高，则会使显影太快，线条过细，甚至完全消失。显影液使用后，经过一天时间会自行分解，由于不含硫、氯等元素，不会造成环境污染。

(6) 水洗。将显影后的感光板用清水冲洗，并用电吹风吹干。

(7) 修膜。对感光板的膜面进行全面检查，对短路处要用小刀割开，断路处要用油性笔修补。对于采用菲林（胶片）制作的感光板，在没有人为损伤的情况下，一般不需要修补。

(8) 腐蚀。将修膜后的感光板放入三氯化铁溶液中进行腐蚀。在腐蚀约 5s 后，将感光板拿出来检视，将要腐蚀掉的多余铜箔部分应为粉红色，若为亮绿色即显影不足，需用清水冲洗后再重新进行显影。

(9) 水洗。将腐蚀好的感光板用清水冲洗，洗掉残余的三氯化铁，晾干或吹干。

(10) 钻孔。

(11) 除膜。感光膜可直接焊接不必去除。若不去除必须使用高质量的焊锡；若要去除，可用布蘸酒精、丙酮等溶剂，抹去余下的膜层。去掉膜层后的印制板应涂松香保护层或 PCB 板保护剂。

第五章 电子电路安装实习

电子电路的安装实习通常是将成套的电子套件组装成一个产品。学生们进行这种实习，不仅仅要学会将电子元件安装到电路板上，更重要的是要通过实习，学会识别和测量电子元器件、电子电路的识图、电子电路的安装技术，并熟练掌握焊接技术、学会电子电路的测量和故障检查方法等。通过这种实习，使学生们的综合实践能力有较大的提高，并且加强理论与实践的联系，培养对电子电路学习研究的积极性。

这种实习只需要配置一些万用表、电烙铁等常用工具即可，需用的大型电子仪器较少，便于安排多个班级同时实习，是各高校普遍采用的一种实习方式。过去，大多数学校都是以安装收音机作为实习内容，现在实习内容更加丰富，除了安装收音机这项经典实习内容外，还增加了安装机械式万用表、数字式万用表、无线话筒等实习内容。本教材选取其中一些典型电路进行介绍。

第一节 电子电路安装实习的工艺步骤

在进行电子电路的安装实习之前，学生们应当先学会一些基本的电子操作技能，这些技能包括用万用表测量电子元器件、焊接技术、电路的测试与故障检查方法等。在实习过程中，要严格按照实习工艺步骤进行操作，尽量减少安装过程中对元器件的损坏，尽量减少安装错误，这样的产品才便于调试和检查故障。一般情况下，电子电路安装实习的工艺步骤如下。

一、清点、分类元器件

在拿到电子套件后，应先对照元件清单清点电子元器件是否齐全，并设法配齐。因为电子套件都是由人工组配完成，难免出现错误，有些套件中会缺少几个电子元件，另一些套件中又会多出几个电子元件。为保证实习的顺利进行，在以班级为单位组织的实习中，都要购买一些配件。

清点元器件齐全后，下一步要对电子元器件进行分类。将电阻、电容、电感、二极管、晶体管等分类，并按照元器件的参数分别放置，便于安装时能迅速、准确地找到元器件。

二、检查元器件的质量

在安装之前，要先对电子元器件进行测量，检查元器件的质量，质量合格的元器件才能安装到电路板上。

一般是用万用表对电子元器件进行检查和测量。对电阻元件，要检查断路和短路故障，还要检查其误差是否太大；对电感和变压器，要检查断路、短路、局部短路故障；对电容元件，应检查断路、短路、漏电、失效（容量减小）故障；对二极管，要检查断路、短路、反向漏电故障；对晶体管，要检查集电结、发射结和集射极之间的断路、短路、漏电故障，还要检查其电流放大倍数是否正常。

三、看懂并熟悉电路图

电子电路图有两种：一种是电路原理图；另一种是印制板图。

对于电路原理图，首先要分清整个系统由哪几个部分组成，然后分析各个部分的作用、工作原理及其耦合方式，再对各级电路的直流通路、交流通路、级内反馈、级间反馈等进行分析，最后还要找出各部分的关键测试点及其测试数据。通过以上分析，不但对整个电路有总体的理解与把握，也对各级电路有准确的理解与把握，并达到理解电路中每个元件的作用，清楚每个关键测试点的数据。只有分析和掌握了这些内容，才能在安装完成后进行调试工作，并对出现的各种故障进行检查。

在每个实用的电子电路中，除包含一些常用电路外，还会出现一些专用和特殊的电路。对于这些电路，要通过查阅资料掌握它们的工作原理与测试方法。

电路原理图与印制板图有很大区别，也有一些共同点。它们之间的区别是：在电路原理图上出现的都是直线，在印制板图上出现的多数是曲线；在电路原理图上各个部分出现的位置一般是从左至右，在印制板图上各个部分出现的位置是不固定的，有左右顺序，也有上下顺序。它们之间的共同点是：不论是在电路原理图上，还是在印制板图上，各个部分的元器件一般都是紧靠在一起的。这就为分析印制板图提供了方便，只要顺着印制板的布线，就能够很方便地从一个元件找到其相邻元件。

对于初次接触印制板图的学生，看懂并熟悉这种图形的方法很简单，只要在印制板图上逐个找到电路原理图中元器件相应的位置，并分析它与相邻元件之间的连接关系即可。

四、检查印制板

这一步主要是对印制板的外观进行检查，检查铜箔布线是否有断路现象，铜箔之间是否有短路现象。检查印制板时，应对照印制板图或电路原理图进行检查。随着印制板制作技术的提高，铜箔的断路和铜箔间的短路这种故障现象已经很少出现。

五、刮脚

由于长时间的存放，电子元器件的管脚上会出现一些污垢，并产生氧化层。如果不将这些污垢和氧化层去掉，会影响焊接质量，甚至出现虚焊。将电子元器件的管脚刮净后，才能安装到电路板上。刮脚时最好用的工具是折断的钢锯条，钢锯条的硬度很高，能够将管脚刮得很干净。折断的钢锯条不锋利，不会割伤手，也不容易割坏桌面。

需要说明的是，现在生产的二极管、晶体管等电子元件管脚的表面都有良好的镀层，如果这些元件管脚没有生锈和污垢，表面光洁如新，就不需要仔细进行刮脚。变压器等电子元件管脚上有一层焊锡，这样的元件也不需要进行刮脚。一般情况下，电阻、电容等电子元件需要仔细刮脚。

电子元器件的管脚刮净，并用电烙铁进行镀锡后，才能安装到电路板上，以保证焊接质量。镀锡也称为上锡或搪锡，它能有效增强元器件的可焊性，保证焊接质量。对多股导线，在焊接前一定要镀锡，一方面便于焊接；另一方面也防止多股导线散开后，与其他元件相连而出现短路故障。

六、整形安装

在印制板上，有些元件采用立式安装，有些元件采用卧式安装，如图 5-1（a）所示。在将电子元器件安装到电路板上之前，要根据安装孔之间的距离，将电子元件进行适当整形，使安装后各个元件整齐排列，避免出现相互碰撞而引起短路。在整形时，可用镊子或钳子等工具将电子元件的管脚弯曲成直角，如图 5-1（a）所示。在整形时，若用力过大，或整形位置过于靠近元件体，会将电子元件折断。

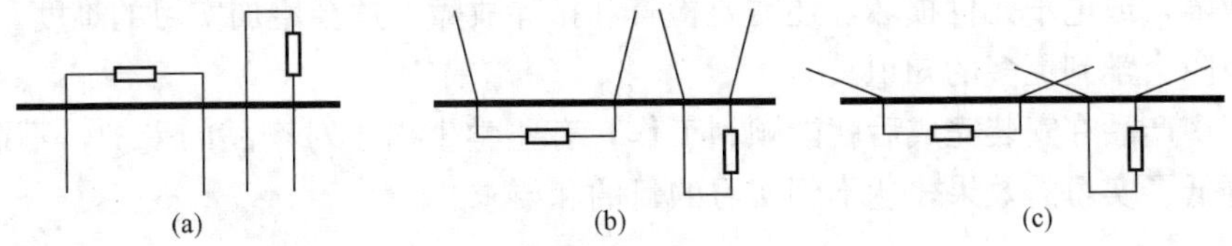

图 5-1 电子元件的整形安装

（a）整形安装；（b）管脚应稍微向外折；（c）管脚折的角度过大

若电子元件的安装位置靠电路板太近，会影响元件的散热；若安装位置靠电路板太远，又会增加整个电路板的厚度，使产品合不上盖。电子元件的安装高度要适当，既便于散热，又不增加电路板的厚度。对于卧式安装和立式安装中较短的元件，适当离电路板远一些安装；对于立式安装中较长的元件，要尽量靠近电路板进行安装。

在安装电子元件时，要将元件的管脚稍微向外折一下，防止焊接时电子元件从电路板上脱落，如图 5-1（b）所示。不可将元件的管脚向外折的角度过大，或将管脚折平，如图 5-1（c）所示。若将管脚折平，将会增加拆焊的难度，拆焊时很容易造成铜箔翘起、折断甚至脱落，如图 5-2（a）所示。铜箔折断脱落后，露出孤立的管脚，电子元件将无法直接焊接到电路板上，需要进行搭桥才能将电路接通，如图 5-2（b）所示。搭桥处的电子元件由于安装不牢固，在使用中很容易出现故障。为避免安装的电子产品中出现多处搭桥的现象，在安装、焊接和拆焊时，都要细心、认真。

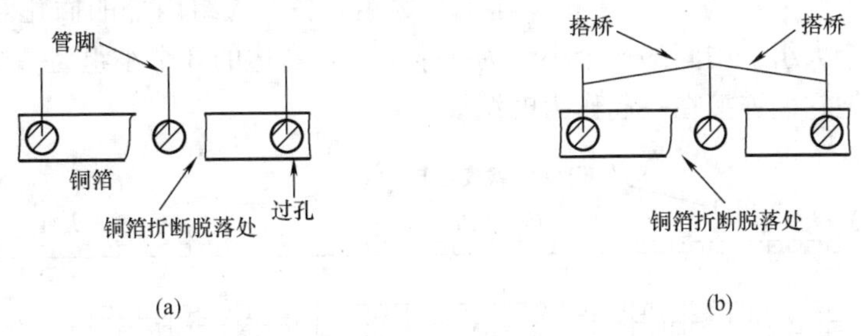

图 5-2 在铜箔折断脱落处搭桥

（a）铜箔折断脱落处露出孤立的管脚；（b）在铜箔折断脱落处搭桥

七、焊接

初次进行安装实习的学生，焊点要尽量小一些；若焊点太大，则会造成短路故障。焊接完成后，若觉得焊点过小，可进行补焊。对于插孔、电位器、开关、旋钮等经常活动或受力的元件，焊接要牢固，焊点要尽量大一些。

八、剪脚

焊接完成后，需要将管脚上多余的部分剪掉。可用斜口钳作为剪脚工具，也可用普通指甲刀作为剪脚工具。剪脚时，不要用力过猛，否则崩出的管脚会伤到他人。

先将管脚中多余的部分剪掉，再进行焊接也是可以的，但这种方式容易造成虚焊现象。

九、调试与故障检查

电子产品安装完成后要进行测量和调试，使产品的质量最佳。若安装过程中出现断路、短路等故障，或电子元件损坏，还需要检查和排除故障，这会增加实习的难度，但通过检查和排除故障会学到更多的知识。

有很多产品在安装完成后就能顺利工作，有些学生出于对产品的爱护，不敢进行调试，这样就降低了实习的效果，达不到实习的目的和要求。

第二节 面包板与万能线路板的使用

在制作一些小型实验电路时，经常使用面包板或万能线路板将元器件和导线连接成实验电路，在电子实习或课程设计时也经常用到它们。

一、面包板

1. 面包板的结构

图 5-3 面包板的结构

面包板的结构如图 5-3 所示，元器件和连接线都插在面包板的插孔中，连接成实验电路。面包板的插孔分成互不联系的若干组，它们之间的连接关系如图 5-4 所示。

每 5 个插孔连接在一起，组成一个小组，便于在元件的每个引脚上接出多条导线。

第一排共有 10 个小组。这 10 个小组，又分成了 3 个大组，各个大组内部的插孔互相连通。左边的 3 个小组为一个大组，中间的 4 个小组为一个大组，右边的 3 个小组为一个大组。在使用时，可以用红线把它们连接在一起作为电源线。

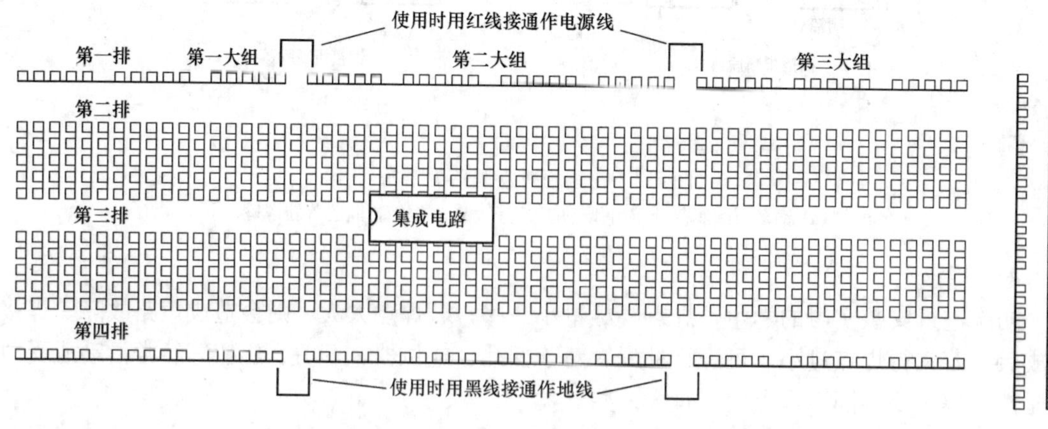

图 5-4 面包板各组插孔之间的连接关系示意图

第二、三排中各个小组之间互不连通。常常把集成电路插在这两排之间。

第四排的结构与第一排相同，在使用时，可以用黑线把它们连接在一起作为地线。

图 5-4 中的面包板右边在垂直方向上有 10 个小组的插孔，每 5 个小组连接在一起，共分成 2 个大组，各个大组内部的插孔互相连通。

2. 使用面包板时应当注意的问题

(1) 电源线使用红导线，地线使用黑导线，不要乱用，这样可有效防止将电源线和地线接错。

(2) 插拔导线时使用小镊子夹住导线进行插拔，不要用手插拔。因手指较粗，在导线很多时，会将导线弄乱。

(3) 插入集成电路前，要先用钳子将集成电路的管脚整齐，再插入面包板。若管脚不齐，在插拔时很容易折断管脚。在拔出集成电路时，应当使用集成电路起拔器。在没有专用起拔工具时，要仔细一些。

(4) 在安装电路之前，要先对安装位置进行规划。规划一下信号的走向、集成电路的排列位置、电源部分的位置、显示电路的位置。规划的目的减少导线的交叉，更方便安装和检查，同时也使安装后的电路整齐、美观。

(5) 在安装电路时，要对电路作深入分析。能够就近连接的导线，不要跨接到远处；能节省的导线，就要节省，使电路更易于安装和检查。

(6) 在安装电路时，还要画一张安装位置和接线关系图，便于以后对电路的检查和调试。在这张图上主要是标出集成电路的安装位置和信号线之间的连接关系，其他一般的导线不用标出，如图 5-5 所示（该图为数字电子钟的校时电路）。因为有些电路很复杂，用一天时间连接不完，要用几天时间来连接线路和调试。为防止遗忘，要做到一边接线，一边画下接线关系图。

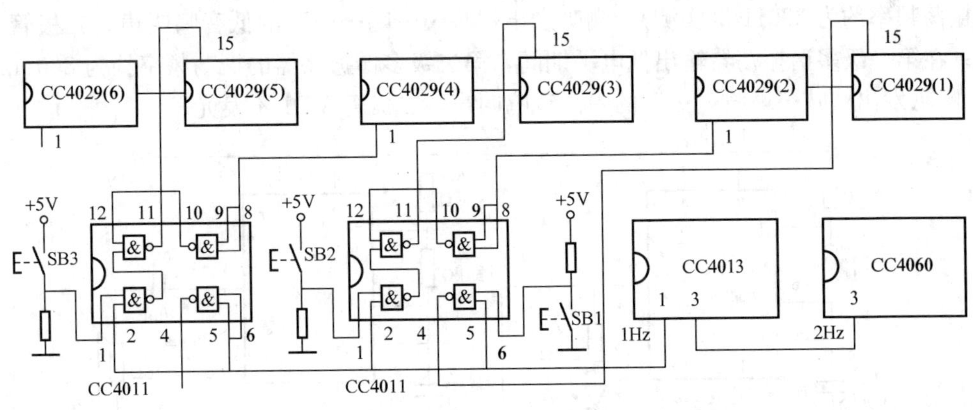

图 5-5　面包板上电路的安装位置和接线关系图

二、万能线路板

万能线路板如图 5-6 所示。它有成排的插孔和焊盘，使用时把元器件插入插孔，并焊接在焊盘上。它特别适合于初学者练习焊接使用，也适合于制作一些小型实验电路。

各个插孔之间是独立的，互相不连接。元器件之间要通过管脚或导线连接在一起，构成实验电路。

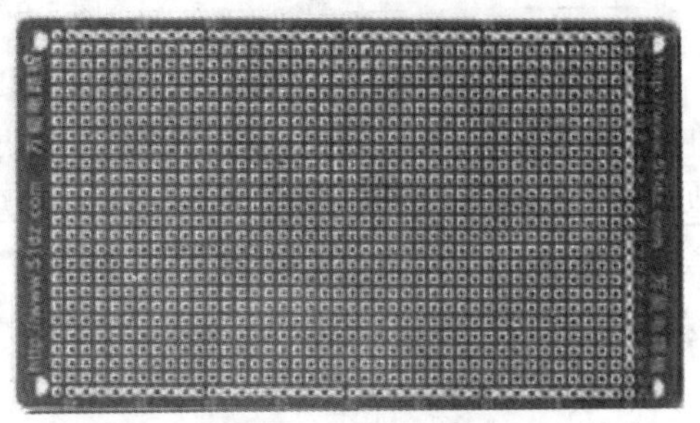

图 5-6　万能线路板

练习焊接使用时，要先将万能线路板擦拭干净，然后再进行焊接练习。万能线路板虽然

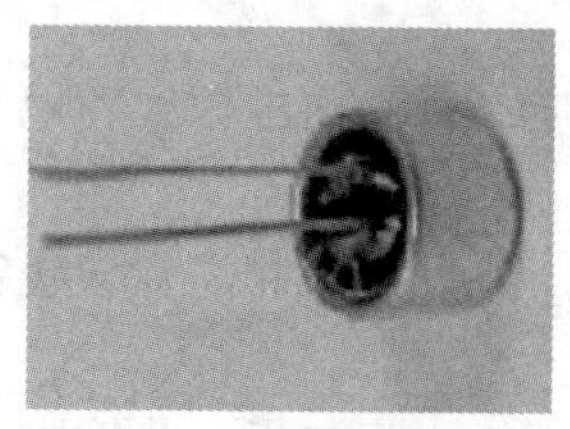
图 5-7 加装引线的驻极体电容话筒

可以多次使用，但用过的万能线路板一般不要再作为练习焊接使用。因为有焊锡的焊盘很容易焊接，使用这样的万能线路板练不好焊接技术。

万能线路板在作为制作小型实验电路使用时，要对元器件的安装位置先进行规划，使之排列整齐，做到既美观，又便于检查和测量。

三、驻极体电容话筒

这种话筒内部含有一个场效晶体管放大电路，因此需要外加直流电源供电。话筒的电极有正、负极性之分，与铝外壳相连的电极为负极。若电源的极性接反，则话筒不能工作。在使用时，需要为话筒安装两个引线，如图 5-7 所示，可以使用剪下的管脚弯曲后焊到话筒上作引线。

第三节 变音警笛电路

如图 5-8 所示，变音警笛电路由两个多谐振荡器电路组成。U1、R_1、R_2、C_1、C_2等组成第一级多谐振荡器，U2、R_5、R_6、C_3、R_L等组成第二级多谐振荡器。第一级多谐振荡器的振荡频率设定为 1Hz 左右。在第一级多谐振荡器的控制下，第二级多谐振荡器重复发出低音和中高音信号，模拟警笛发音。在第一级多谐振荡器输出高电平期间，第二级多谐振荡器的振荡频率约为 330Hz（实测），喇叭发出“呜……呜……”的低音鸣叫声，二极管 VD1 发光；在第一级多谐振荡器输出低电平期间，第二级多谐振荡器的振荡频率约为 860Hz（实测），喇叭发出“吱……吱……”的中高音鸣叫声，二极管 VD1 不发光。

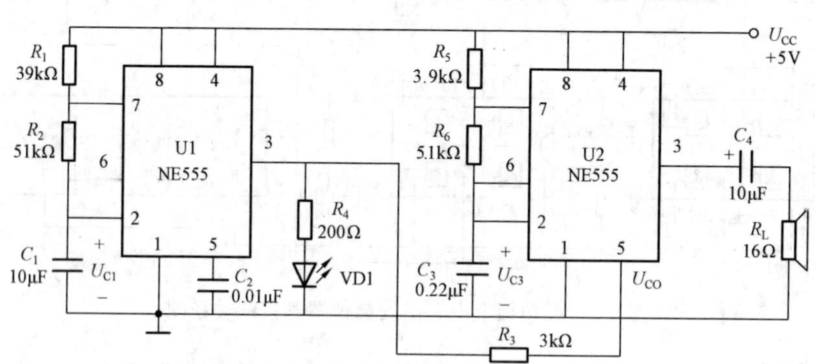

图 5-8 变音警笛电路

第一级多谐振荡器电路的工作原理如图 5-9 所示。第 8 脚接电源端U_{CC}，NE555 的工作电源是 5～15V。第 4 脚为清零端。第 5 脚为控制电压输入端，不接控制电压时通过C_2接地。第 2 脚是低电压触发输入端，第 6 脚是高电压触发输入端。在多谐振荡器中，第 2 脚和第 6 脚接在一起。第 7 脚接内部的电子开关 S。接通电源后，通过R_1、R_2给电容C_1充电，当$U_{C1} > \frac{2}{3}U_{CC}$时，通过比较器和触发器，使第 7 脚内部的电子开关接通，电容C_1通过R_2放电；当$U_{C1} < \frac{1}{3}U_{CC}$时，通过比较器和触发器，使第 7 脚内部的电子开关断开，电容C_1再

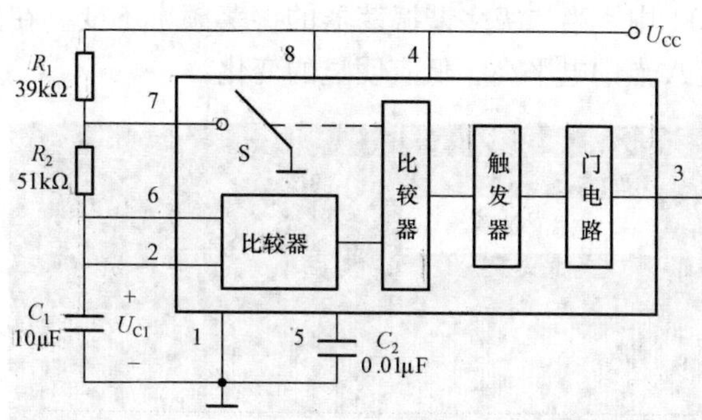

图 5-9 第一级多谐振荡器的工作原理

次通过 R_1、R_2 充电，以后重复上述过程。比较器输出的高、低电平经过触发器和门电路后，在第 3 脚输出一系列的脉冲信号。第一级多谐振荡器的振荡频率为 1Hz，计算式为

$$f_1=\frac{1}{0.7(R_1+2R_2)C_1}=\frac{1}{0.7\times(39\times10^3+2\times51\times10^3)\times10\times10^{-6}}=1(\mathrm{Hz})$$

从图 5-8 中可以看出，若断开 R_3，第二级多谐振荡器的电路结构与第一级相同，工作原理也相同，只是振荡频率不同，约为 460Hz，计算式为

$$f_2=\frac{1}{0.7(R_5+2R_6)C_3}=\frac{1}{0.7\times(3.9\times10^3+2\times5.1\times10^3)\times0.22\times10^{-6}}=460(\mathrm{Hz})$$

在图 5-8 中，若接通 R_3，则 U2 第 5 脚的电压 U_{CO} 将受 U1 输出电压的控制，这时 U2 中比较器的阈值电平将会发生变化，U2 的振荡频率会发生变化。在通过 R_5、R_6 给电容 C_3 充电时，当 $U_{C3}>U_{CO}$ 时，通过比较器和触发器，使第 7 脚内部的电子开关接通，电容 C_3 通过 R_6 放电；当 $U_{C3}<\frac{1}{2}U_{CO}$ 时，第 7 脚内部的电子开关断开，电容 C_3 再次通过 R_5、R_6 充电，以后重复上述过程。

接通 R_3 后，在 U1 输出低电平时，U_{CO} 降低，电容 C_3 的充放电时间变短，电路的振荡频率升高，喇叭发出的声音音调升高；在 U1 输出高电平时，U_{CO} 升高，电容 C_3 的充放电时间变长，电路的振荡频率降低，喇叭发出的声音音调降低。

变音警笛电路的 Proteus 仿真电路如图 5-10 所示，仿真时喇叭会不断发出“呜……呜……，吱……吱……”的声音。用示波器可观测两级多谐振荡器的工作波形。图 5-11 为断开 R_3 时，第一级和第二级多谐振荡器的输出端 A、B 两点的波形。图 5-12 为接通 R_3 后，A、

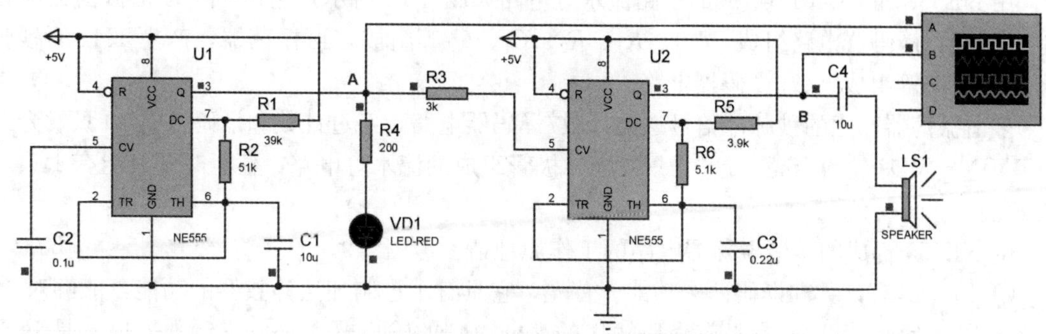

图 5-10 变音警笛电路的 Proteus 仿真电路

B两点的波形。在图5-11中，第二级多谐振荡器的振荡频率不变。在图5-12中，第二级多谐振荡器的振荡频率随A点的电平高、低有明显的变化。

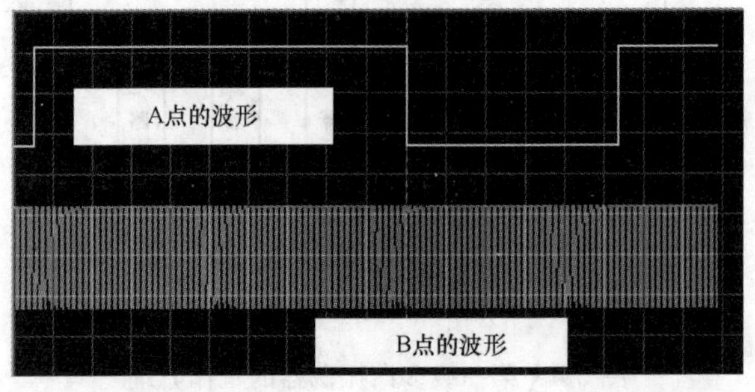

图5-11 不接R_3时A、B两点的波形

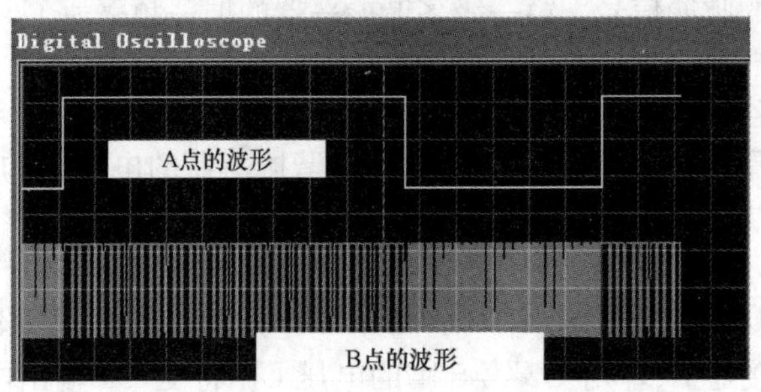

图5-12 接R_3时A、B两点的波形

相关说明如下：

(1) 改变C_3的大小，可改变第二级多谐振荡器振荡频率的高低。C_3越小，音调越高。

(2) 若C_3取值0.22μF，用示波器观测波形时，因第二级多谐振荡器的振荡周期太小，不易区别B点频率的变化。为观测波形的方便，在图5-12中观测到波形是将C_3增加到1μF时的波形。

(3) 关于NE555定时器的详细介绍请参考图3-47。

第四节 用NE555和CD4017组成的十路流水灯

用NE555和CD4017组成的十路流水灯电路如图5-13所示。它由一个多谐振荡器电路和一个计数/译码器电路组成。U1、R_1、R_2、C_1、C_2等组成多谐振荡器，产生1Hz的秒脉冲信号。U2等组成计数/译码器电路。

多谐振荡器产生的秒脉冲信号送到计数/译码器电路，经过计数和译码，使10只发光二极管VD0～VD9轮流点亮。这10只发光二极管组成的流水灯电路，任意时刻只能有1只灯被点亮。

由NE555构成的多谐振荡器电路的工作原理请参考图5-9。

CD4017具有计数和译码两个功能。首先，它具有十进制加法计数器的功能，能够对10个脉冲进行计数。其次，它具有译码输出的功能。它的输出既不是二进制数，也不是BCD码，而是对计数结果进行译码后再输出，其逻辑功能见表5-1。

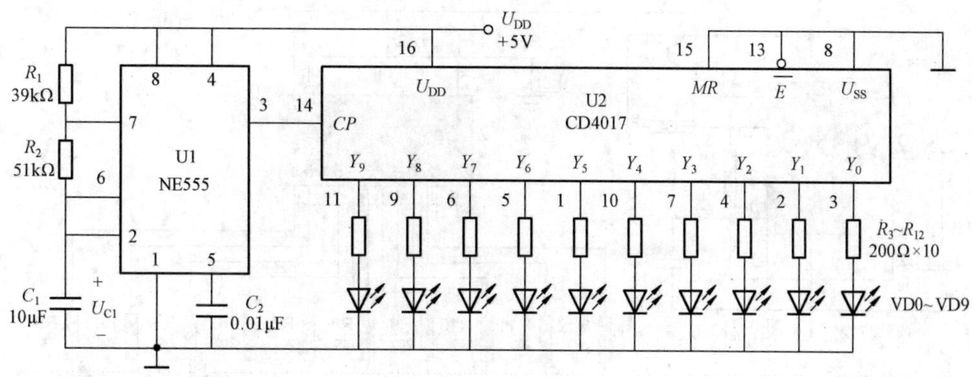

图 5-13 用 NE555 和 CD4017 组成的十路流水灯电路

表 5-1 **CD4017 的真值表**

输入				输出										
MR	$\overline{E}$	CP	CP 个数	Y_0	Y_1	Y_2	Y_3	Y_4	Y_5	Y_6	Y_7	Y_8	Y_9	CO
1	×	×	×	1	0	0	0	0	0	0	0	0	0	1
0	1	×	×	Y_0	Y_1	Y_2	Y_3	Y_4	Y_5	Y_6	Y_7	Y_8	Y_9	CO
0	0	↑	0	1	0	0	0	0	0	0	0	0	0	1
0	0	↑	1	0	1	0	0	0	0	0	0	0	0	1
0	0	↑	2	0	0	1	0	0	0	0	0	0	0	1
0	0	↑	3	0	0	0	1	0	0	0	0	0	0	1
0	0	↑	4	0	0	0	0	1	0	0	0	0	0	1
0	0	↑	5	0	0	0	0	0	1	0	0	0	0	0
0	0	↑	6	0	0	0	0	0	0	1	0	0	0	0
0	0	↑	7	0	0	0	0	0	0	0	1	0	0	0
0	0	↑	8	0	0	0	0	0	0	0	0	1	0	0
0	0	↑	9	0	0	0	0	0	0	0	0	0	1	0
0	0	↑	10	1	0	0	0	0	0	0	0	0	0	1

MR 是清零端，高电平有效，MR=1 时，将输出端 Y_0 置 1，Y_1～Y_9 置 0。

$\overline{E}$是时钟输入允许端，低电平有效。$\overline{E}$=0 时，允许计数器对 CP 脉冲计数；$\overline{E}$=1 时，封锁 CP 脉冲，计数和译码输出不变。

CP 是计数脉冲，上升沿有效。在 CP 脉冲的上升沿，计数和译码输出发生变化。

CO 是进位端，Y_0～Y_4输出 1 时，CO=1；Y_5～Y_9输出 1 时，CO=0。

Y_0～Y_9是计数/译码器的 10 个输出端，任何时刻只有 1 位输出为 1，其余位输出为 0。

说明：若只需要轮流点亮 8 个灯时，在 Y_0～Y_7端接 8 个灯，并将 Y_8接 MR，就可实现 8 个灯的流水点亮；在计数到 8 时，Y_8=1，通过 MR 使 Y_0置 1，电路回到初始状态，从零开始重新计数。

用 NE555 和 CD4017 组成的十路流水灯电路，可用 Proteus 进行仿真，其 Proteus 仿真电路如图 5-14 所示。

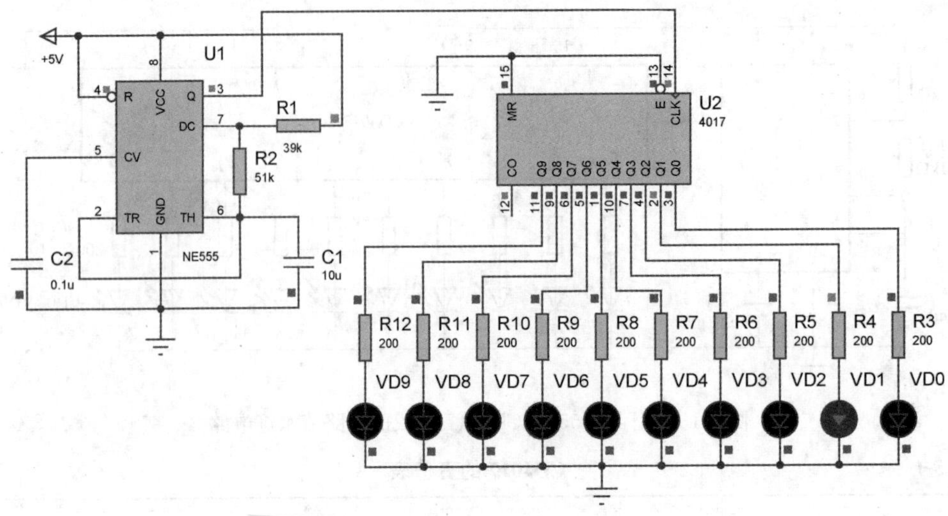

图 5-14 用 NE555 和 CD4017 组成的十路流水灯 Proteus 仿真电路

第五节 声控光控照明灯电路

声控光控照明灯电路应当具有以下的功能：

(1) 用声音控制照明灯的点亮；

(2) 照明灯只能在夜晚光线暗的情况下才能点亮，光线亮时不能被点亮；

(3) 照明灯点亮后，应具有延时熄灭的功能，延时时间的长短可调整。

声控光控照明灯电路如图 5-15 所示。R_1、MIC 拾取声音信号，MIC 采用驻极体电容话筒，R_1是话筒 MIC 的直流供电电阻。

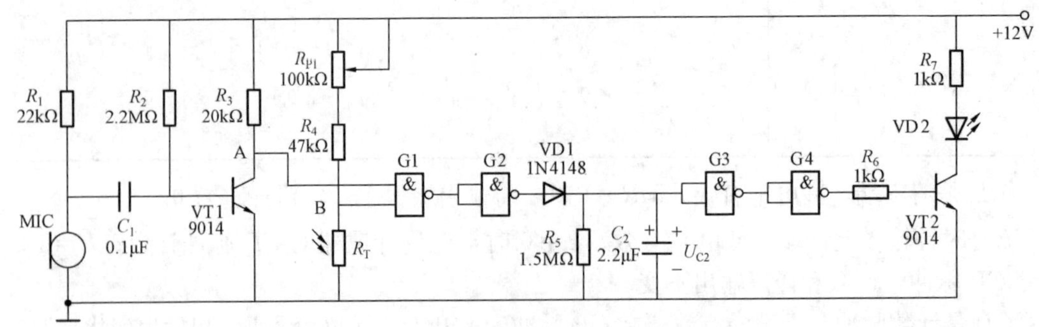

图 5-15 声控光控照明灯电路

MIC 拾取的声音信号，经过耦合电容 C_1加到 VT1 的基极，再经过 VT1 等组成的共射极放大电路放大后，加到与非门 G1。R_2是 VT1 的基极偏置电路，R_3是 VT1 的集电极负载电阻。无音频信号输入时，A 点电位低于 3V，加到与非门 G1 上，相当于输入低电平 0；有音频信号输入时，VT1 集电极电压会发生变化，在音频输入信号的负半周，A 点电位高于 3V，加到与非门 G1 上，相当于输入高电平 1。

R_{P1}、R_4、R_T 等组成光强度检测与控制电路。R_T 是光敏电阻，其外形如图 5-16 所示。

光敏电阻在光线暗时电阻值很大，可达 20MΩ；光线亮时电阻值小，可达 8kΩ。光线亮时，B 点电位低于 3V，加到 G1 的输入端，相当于低电平 0；光线暗时，B 点的电位高于 3V，相当于高电平 1。

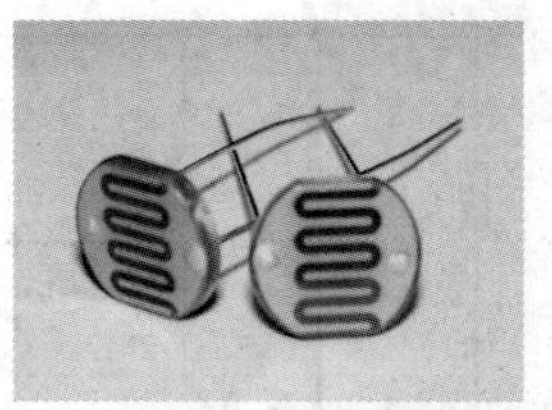

图 5-16　光敏电阻外形图

与非门电路的功能是“见 0 得 1，全 1 得 0”。当 G1 输出为 1 时，G2 输出为 0，二极管 VD1 不导通，电容 C_2上的电压$U_{C2}=0$。这时 G3 输入为 0，输出为 1。G4 输出为 0，晶体管 VT2 不导通，照明灯 VD2 不亮。当 G1 输出为 0 时，G2 输出为 1，二极管 VD1 导通后给电容 C_2充电，当 $U_{C2}>3V$ 时，G3 输入为 1，输出为 0。G4 输出为 1，晶体管 VT2 饱和导通，照明灯 VD2 点亮。

光线亮时，B 点是低电平 0，G1 输出为 1，不论有无声音信号，照明灯 VD2 不能点亮；光线暗、无声音信号输入时，A 点为低电平 0，B 点为高电平 1，G1 输出为 1，照明灯 VD2 不能点亮；光线暗、有声音信号输入时，A、B 两点同时为高电平 1，G1 输出为低电平 0，照明灯 VD2 点亮。

R_5、C_2组成的充放电电路，具有定时功能。在 G2 输出高电平 1 时，VD1 导通，给电容 C_2充电，由于 G2 的输出电阻很小，充电很快，电容 C_2上的电压很快上升到高电平。声音信号消失后，G2 输出低电平时，VD1 截止，C_2只能通过电阻 R_5放电。由于 R_5的阻值较大，故放电较慢。当 C_2上的电压放电后，G3 的输入变为低电平，通过 G4、VT2，使照明灯 VD2 熄灭。R_5、C_2构成的放电电路时间常数的大小，决定声音信号消失后，照明灯的点亮时间。R_5或 C_2越大，C_2放电时间越长，照明灯的点亮时间越长。

G3、G4 构成脉冲整形电路，将 C_2上在充放电过程中产生的连续变化的电压信号，变为数字信号，控制晶体管 VT2 的导通。

VT2 输入低电平时截止，照明灯 VD2 不亮；VT2 输入高电平时饱和导通，照明灯 VD2 点亮。R_6为 VT2 的基极限流电阻，R_7为 VD2 的限流电阻。

相关说明如下：

（1）无声音信号时，A 点的电压要小于 3V，应为 2V 左右，不能太高，也不能太低。若该点电压太高，无声音时照明灯也会点亮；若该点电压太低，需要很强的声音信号，才能点亮照明灯。可通过改变 R_2、R_3的阻值来调整该点的电压。

（2）调整 R_{P1}的阻值，使光线亮时，B 点的电压小于 3V，照明灯不亮。调整该点的电压，可控制在不同亮度的环境下点亮照明灯。

（3）声控光控照明灯控制电路有很多种，可参考其中的优点，自己进行设计。

（4）本实验电路中用发光二极管 VD2 代替照明灯，也没有使用 220V 交流电和晶闸管，主要是从安全角度考虑。因为在没有学习交流电和晶闸管的知识时，实验具有一定的危险性。

（5）驻极体话筒的使用请参考图 5-7。

声控光控照明灯电路的 Proteus 仿真电路如图 5-17 所示。在图 5-17 中，用交流信号源代替话筒 MIC，交流信号源设定为频率 1kHz，最大值等于 10mV 的正弦波信号。光敏电阻用 TORCH _ LDR 元件来代替，点击光源（灯）旁边的上、下小箭头，可调整光源到光敏电阻的距离，改变光敏电阻的阻值。

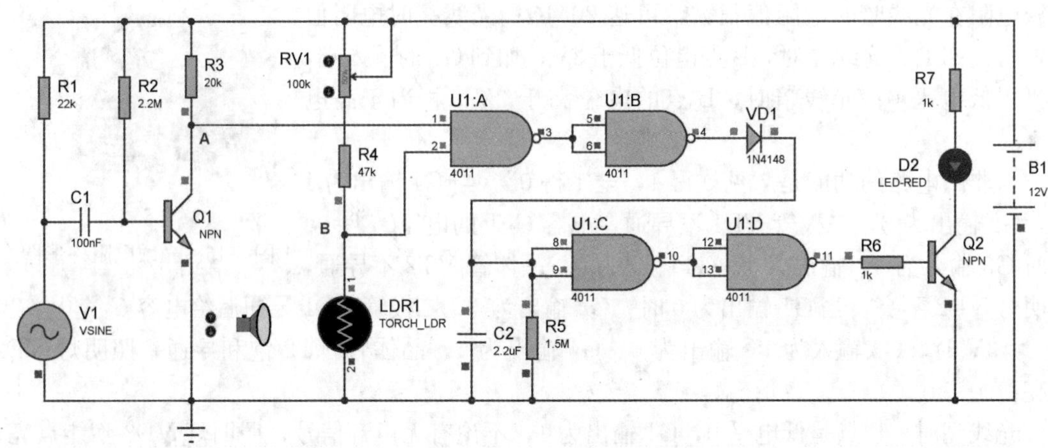

图 5-17　声控光控照明灯电路的 Proteus 仿真

第六节　热释电传感器防盗报警电路

热释电传感器接收人体辐射的红外线，在有人靠近时产生报警信号。由于它是被动地接收人体辐射的红外线，本身不发出声、光和电磁信号，因此不易被察觉。BISS0001 是一款具有较高性能的信号处理集成电路，与热释电传感器配合时只要外加少量元件就可构成防盗报警电路。

一、热释电传感器的结构与工作原理

热释电传感器主要由敏感元件、滤光镜片、场效晶体管等组成，其外形如图 5-18 所示，其内部结构如图 5-19 所示。

图 5-18　热释电传感器外形图

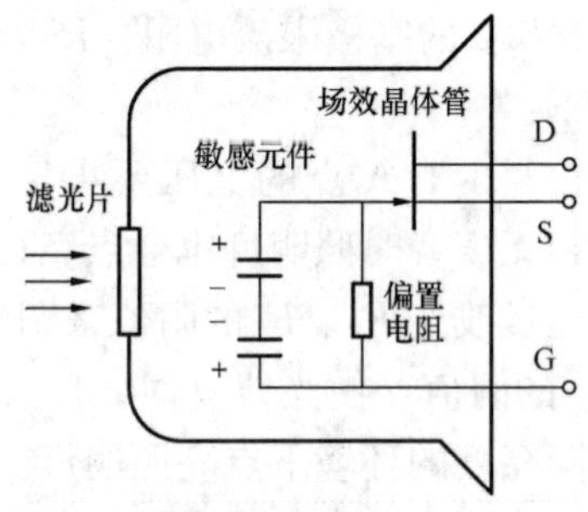

图 5-19　热释电传感器内部结构图

1. 敏感元件

热释电传感器中的敏感元件通常由锆钛酸铝等制成。先把热释电材料制成小薄片，然后在薄片的两面镀上电极，就制成热释电敏感元件。受到外界辐射时，敏感元件的温度发生变化，在敏感元件两面产生正、负极化电荷，这种现象称为热释电效应。温度稳定后，敏感元件两端的电荷不再变化。敏感元件可用电容的符号来表示。

将两片极性相反的敏感元件串联在一起，利用它们的对称性，抵消环境温度变化对输出的影响。环境温度变化时，两片敏感元件上产生数量相等、极性相反的极化电荷，互相抵

消，热释电传感器无信号输出。

2. 场效晶体管实现阻抗变换

由于热释电传感器中敏感元件输出的是电荷信号，不能直接被放大，需要利用电阻（即图 5-19 中的偏置电阻）将其转化成电压信号。由于该电阻的阻抗很大，可达 104MΩ，故引入 N 沟道结型场效晶体管，并接成源极输出器来实现阻抗变换。

3. 滤光镜片

由于热释电传感器中的敏感元件是一种广谱材料，能探测各种波长的辐射，为了减少环境中的自然光及各种杂散光源产生的干扰，需要在敏感元件的前面增加一组滤光镜片。滤光镜片也称为干涉滤光片，其作用是只允许人体辐射的红外线通过，阻止其他波长的光线通过。

人体的温度是 36～37℃，产生的红外线波长是 9.64～9.67μm。滤光镜片的响应波长是 7.5～14μm。人体产生的红外线波长几乎对应滤光镜片波长的中心，故很容易通过滤光镜片。滤光镜片也容许与人体体温接近的动物产生的红外线通过，故这些动物的活动也影响探测结果。

4. 菲涅尔透镜

热释电传感器在使用时都要加菲涅尔透镜，菲涅尔透镜放置在热释电传感器的前面。不加菲涅尔透镜时，热释电传感器的探测距离小于 2m；配上菲涅尔透镜时，探测距离大于 10m。菲涅尔透镜由普通聚乙烯组成，如图 5-20 所示。菲涅尔透镜又称螺纹透镜，镜片的表面一面为光面，另一面刻录了由小到大的同心圆，它的纹理是根据光的干涉、扰射以及相对灵敏度和接收角度等要求来设计的。

菲涅尔透镜的作用有两个：一是聚焦作用，即将红外信号折射或反射到热释电传感器的滤光镜片上；二是利用特殊光学原理，在透镜的后方（即滤光片上）产生一个个交替变化的“盲区”和“高灵敏区”，以提高它的探测接收灵敏度。

图 5-20 菲涅尔透镜外形图

当有人从透镜前走过时，人体发出的红外线就不断地交替从“盲区”进入“高灵敏区”，这样就使接收到的红外信号以忽强忽弱的脉冲形式输入，从而增强其信号的幅度。

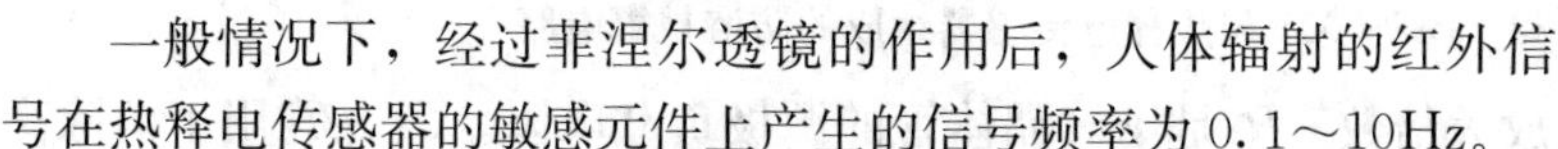

一般情况下，经过菲涅尔透镜的作用后，人体辐射的红外信号在热释电传感器的敏感元件上产生的信号频率为 0.1～10Hz。

人体在热释电传感器的前面做横向运动时，产生的感应信号幅度最大；在纵向靠近或远离热释电传感器时，产生的感应信号的幅度最小；若人体站立不动或非常缓慢地移动，热释电传感器没有输出信号或输出信号极小。

热释电传感器应挂在 2.0～2.4m 的高度，传感器的前面应当没有遮挡物。

二、信号处理芯片 BISS0001

BISS0001 是一款性能比较高的信号处理芯片，内部包括运算放大器、比较器、状态控制器、定时电路等，如图 5-21 所示。

由 BISS0001 与热释电传感器组成的防盗报警电路如图 5-22 所示。

热释电传感器 S 端的输出，接 BISS0001 第一级运算放大器 OP1 的同相输入端（第 14 脚）。BISS0001 的 16 脚是 OP1 的输出端，15 脚是 OP1 的反相输入端。R_7、R_8、C_5 构成反

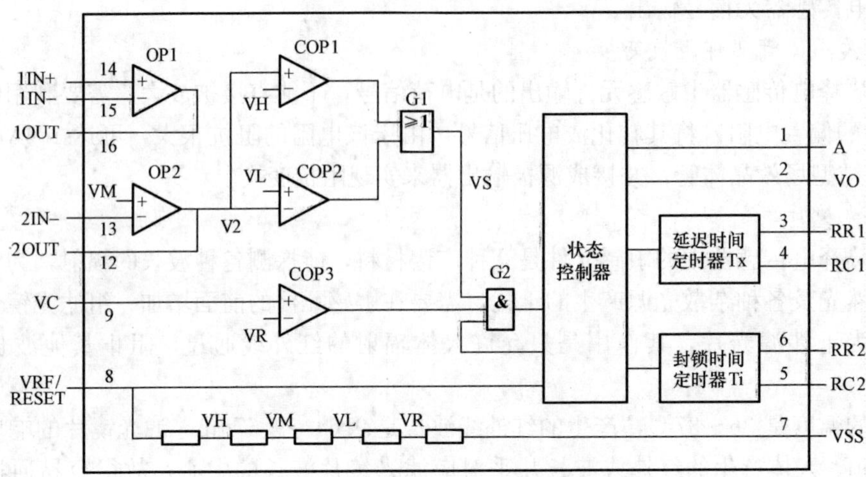

图 5-21　BISS0001 的内部

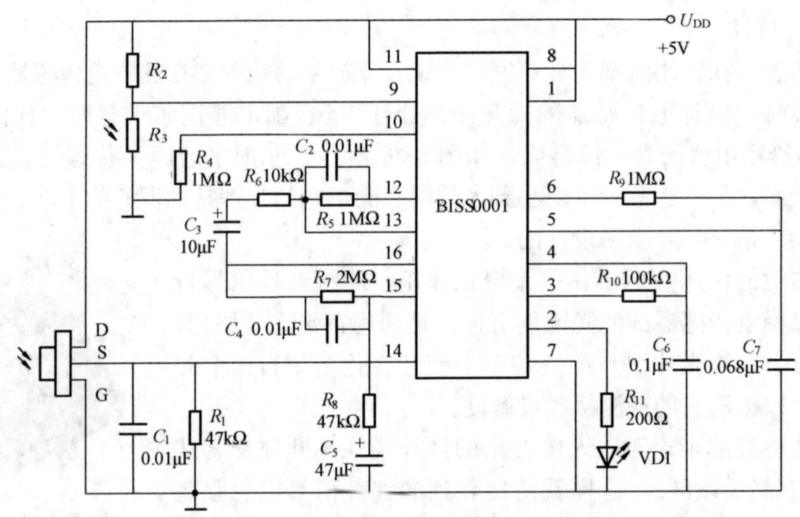

图 5-22　BISS0001 与热释电传感器组成的防盗报警电路

馈电路，决定 OP1 的电压放大倍数。R_1是场效晶体管的源极负载电阻。C_1、C_4用于消除高频干扰。

OP1 的输出经 C_3、R_6耦合到第二级运算放大器 OP2 的反相输入端（第 13 脚）。12 脚是 OP2 的输出端。R_5是反馈电阻，由 R_5、R_6 确定 OP2 的放大倍数。C_2用于消除高频干扰。OP2 的同相输入端接基准电压 VM（VM=0.5U_{DD}），故 OP2 输出端的直流电压是 VM。

OP2 的输出 V2 接到由比较器 COP1、COP2 组成的双向鉴幅器。COP1 的反相输入端接基准电压 VH（VH=0.7U_{DD}），若 V2 > VH，则 COP1 输出高电平 1，通过或门 G1，使 VS 变高电平 1。COP2 的同相输入端接基准电压 VL（VL=0.3U_{DD}），若 V2 < VL，则 COP2 输出高电平 1，通过或门 G1，使 VS 变高电平 1。总之，当热释电传感器输出的信号较大时，再经过 OP1、OP2 的放大，V2 的幅度较大，才能使 COP1 或 COP2 输出高电平 1。当热释电传感器输出的信号较小时，V2 的幅度较小，不能使 COP1 或 COP2 输出高电平 1，

或门 G1 的输出为 0，不起作用。

信号 VS 经 G2 加到状态控制器，控制输出端（第 2 脚）的输出。当 VS=1 时，第 2 脚输出高电平 1（平时输出为 0）；当 VS=0 时，第 2 脚输出低电平 0。

第 2 脚输出高电平 1 的持续时间，由延迟时间定时器 Tx 和外接定时元件 R_{10}、C_6 来确定，计算式为 $T_X=49\ 152R_{10}C_6$。

第 2 脚由高电平 1 变为 0 后，也要持续一段时间，这段时间称为封锁时间，用于防止第 2 脚电平在 1 和 0 之间频繁的变化，造成后面的报警电路不断开启，损坏设备。在封锁时间内，即使 VS 出现了高电平 1，状态控制器也不响应。封锁时间的长短由封锁时间定时器 Ti 和外接定时元件 R_9、C_7 来确定，计算式为 $T_i = 24R_9C_7$。

第 1 脚是重复触发控制端。该脚接 1 时，允许重复触发；反之，不可重复触发。所谓重复触发，是指在热释电传感器有较强信号输入，第 2 脚有高电平输出期间，若热释电传感器又有较强信号输入，状态控制器是否响应新的输入。若响应新的输入，就是允许重复触发；否则，是不允许重复触发。允许重复触发时，第 2 脚输出高电平的时间要重新计时；否则，第 2 脚的输出高电平的时间不重新计时。

第 9 脚是触发禁止端，内部接比较器 OP3 的同相输入端，OP3 的反相输入端接基准电压 VL（VL=0.2U_{DD}）。若第 9 脚电压高于 VL，则 OP3 输出为 1，允许 G2 输出到状态控制器（称为允许触发）；否则，OP3 输出为 0，禁止 G2 触发。

实际使用时，第 9 脚外接电阻 R_2、R_3，其中 R_3 是光敏电阻。光线亮时，R_3 电阻小，第 9 脚电压低，禁止 G2 触发；光线暗时，R_3 电阻大，第 9 脚电压高，允许 G2 触发。

图 5-22 中第 2 脚的输出接发光二极管 VD1 作为报警输出，该脚也可接到声音报警电路。

第 8 脚也可作为复位控制端使用，当该脚电压为 0 时，将定时器复位。

第 10 脚是运算放大器的偏置电流设置端，第 11 脚接电源 U_{DD}，第 7 脚接电源负极 U_{SS}（或接地）。

第七节　触摸与声光报警电路

触摸与声光报警电路主要由触摸记忆电路、振荡电路、声光报警电路三部分组成，如图 5-23 所示。

一、触摸记忆电路

触摸记忆电路由门电路 G1、G2、G3 和 R_1、C_1、R_2、C_2 以及金属片 S 等组成。

假定初始状态时，$V_A=0$、$V_B=1$、$V_C=0$、$V_D=1$。由于 $V_B=1$，则经过 R_1 给电容 C_1 充电，使 $U_{C1}\approx U_{DD}$，下面的金属片 S 上有高电平。

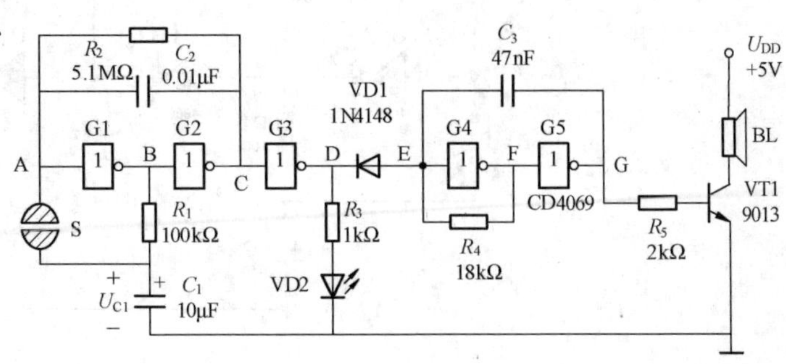

图 5-23　触摸与声光报警电路

若用手触摸金属片 S，

人体的电阻将使两片金属片导通，电容C_1上的高电压加到A点，使$V_A=1$，则$V_B=0$，$V_C=1$，$V_D=0$。由于$V_D=0$，二极管VD1导通，使$V_E=0$，由G4、G5组成的振荡电路停振，报警电路不工作。由于$V_B=0$，C_1将经过R_1放电，最终使$U_{C1}=0$。R_2将C点的高电平反馈到A点，在手离开金属片S后，使A点仍然保持高电平。

经过一定时间，电容C_1上的电压变为0。若用手再次触摸金属片S，则金属片导通后，使$V_A=0$，则$V_B=1$，$V_C=0$，$V_D=1$。由于$V_D=1$，二极管VD1截止，由G4、G5组成的振荡电路起振，报警电路工作。由于$V_B=1$，R_1再次给电容C_1放电，最终使$U_{C1}\approx U_{DD}$。R_2将C点的低电平反馈到A点，在手离开金属片S后，使A点仍然保持低电平。电容C_2具有消除噪声干扰的作用。

该电路能记忆手触摸金属片S的状态，每触摸一次，则电路的状态翻转一次。

二、振荡电路

振荡电路由G4、G5、R_4、C_3等组成。

假设电路的初始状态是G4输出为1、G5输出为0，则通过电阻R_4给电容C_3充电（左正右负），使E点的电位逐渐升高。当E点电位达到G4的高电平阈值电压时，G4输出变为0，G5输出变为1。在G5的输出升高为1时，经过电容C_3的反馈作用，使G4的输入端电压迅速升高为1。

当G4输出为0、G5输出为1时，电容C_3通过电阻R_4放电，使E点的电位逐渐降低。当E点的电位低于G4的低电平阈值电压时，G4输出变为1，G5输出变为0。在G5的输出降低为0时，经过电容C_3的反馈作用，使G4的输入端电压迅速降低为0。以后，不断重复上述过程。

振荡电路振荡频率的计算式为$f_0R_4C_3=0.45$。经过计算，该电路的振荡频率f_0为957Hz。

三、声光报警电路

由电阻R_3和发光二极管VD2组成灯光报警电路。VT1、BL等组成音响报警电路，VT1将振荡电路输出的957Hz音频信号放大后，通过喇叭BL输出。

触摸记忆与光电报警电路的Proteus仿真电路如图5-24所示。每按下一次按钮SB1，电

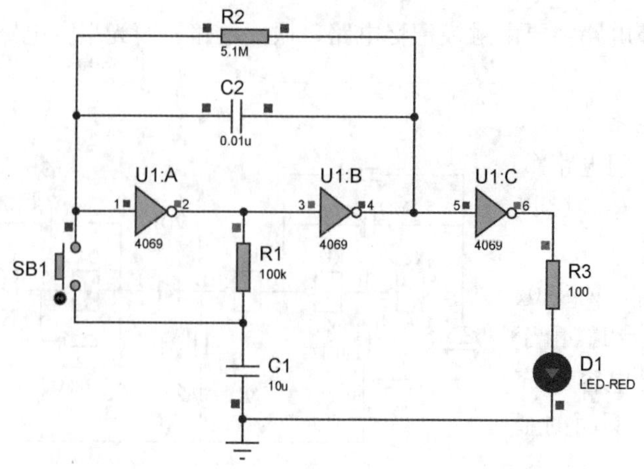

图5-24　触摸记忆与光电报警Proteus仿真电路

路的状态翻转一次。

音响报警电路的 Proteus 仿真电路如图 5-25 所示。打开开关 SW1，由 U1：D、U1：E 等组成的振荡电路工作，喇叭发出 1kHz 左右的中高音信号。

触摸与声光报警电路必须分为两部分进行仿真，如果把它们合并在一起，系统就停止工作。

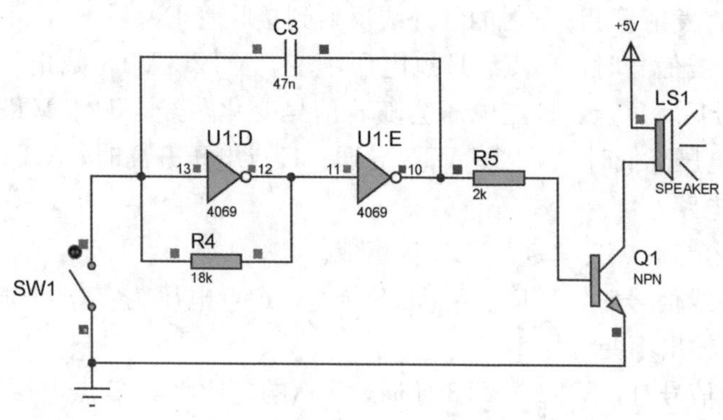

图 5-25　音响报警 Proteus 仿真电路

第八节　红外感应烘手器

红外感应烘手器电路主要由红外线发射电路、红外线接收电路、开关控制电路、延时电路等部分组成，如图 5-26 所示。

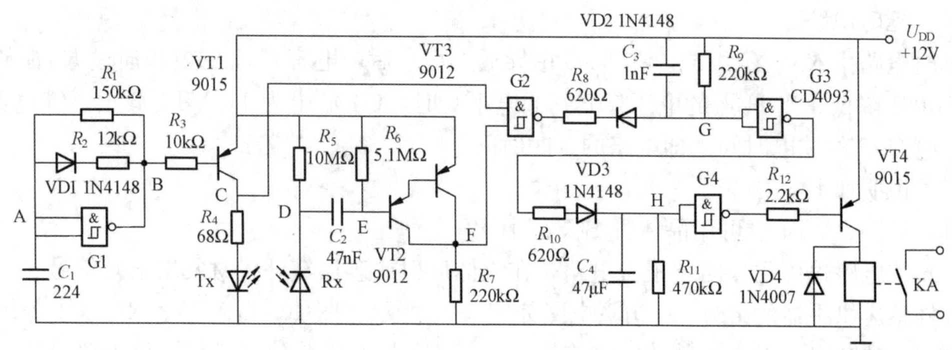

图 5-26　红外感应烘手器

一、红外线发射电路

红外线发射电路由 G1、R_1、C_1、VT1、R_4、Tx 等组成。

G1 是具有施密特触发器功能的与非门，它与 R_1、R_2、C_1、VD1 等组成振荡电路。当 A 点为低电平 0，B 点为高电平 1 时，B 点的高电平通过 R_1 给 C_1 充电，使 A 点电压上升。当 A 点的电压达到 G1 的正向阈值电压 V_{T+} 时，A 点变为高电平 1，B 点变为低电平 0，电容 C_1 将通过 VD1 和 R_2 放电，使 A 点的电压逐渐降低。当 A 点的电压低于 G1 的负向阈值电压 V_{T-} 时，A 点变为低电平 0，B 点变为高电平 1，B 点的高电平将再次通过 R_1 给 C_1 充电，以后不断重复上述过程，B 点产生一系列的脉冲信号。

振荡电路产生的脉冲信号经过晶体管 VT1 放大后，通过红外线发射管 Tx 向外发射。采用红外线发射的好处是发射和接收不受环境中自然光及各种杂散光源的干扰。

二、红外线接收电路

红外线接收电路由 Rx、R_5、R_6、C_2、VT2、VT3、R_7 等组成。Rx 是红外线接收管，有无红外线接收信号时阻值差别很大；不接收红外线时阻值大，接收到红外线后阻值变小。当人的手靠近时，将发射管 T_X 发射的红外线反射到接收管 R_X。

Rx 未收到红外线信号时，D 点、E 点电压不变，VT2、VT3 截止，R_7 上的电压为零。Rx 收到红外线信号后，D 点、E 点电压会随着信号变化，经 VT2、VT3 放大，在 R_7 上输出脉冲电压。E 点电压降低时，VT2、VT3 导通；E 点电压升高时，VT2、VT3 截止。

三、开关控制电路

开关控制电路由 G2、G3、G4、VT4 等组成。

Rx 未收到红外线信号时，VT2、VT3 不导通，F 点电压为零，封锁 G2，不论 C 点的电压如何变化，G2 输出不变（为 1）。

Rx 收到红外线信号时，VT2、VT3 导通，F 点的电压将与 C 点电压同相变化。当两点同为高电平时，G2 输出为 0；当两点同为低电平时，G2 输出为 1。

G2 输出为 1 时，VD2 截止，G 点为高电平 1。G3 输出为 0，VD3 截止，H 点为低电平 0。G4 输出为 1，VT4 截止，继电器 KA 不工作。

G2 输出为 0 时，VD2 导通，G 点为低电平 0。G3 输出为 1，VD3 导通后给电容 C_4 充电，使 H 点电压升高为高电平 1。G4 输出为 0，VT4 饱和导通，继电器 KA 通电，使送风电路工作。

R_9、C_3 在电路中起消除噪声干扰的作用，提高电路工作的可靠性。

四、延时电路

延时电路由 R_{11}、C_4 组成。在 VD3 由导通变截止后，电容 C_4 上的电压通过 R_{11} 泄放，使 H 点的电压降低。当 H 点的电压降低到低电平 0 时，G4 输出为 1，VT4 截止，继电器 KA 断电。电容 C_4 的放电时间，即电路的延时时间。

相关说明如下：

(1) VT1、VT4 也可用晶体管 BC327 代替；

(2) 该电路也可用作防盗报警电路，在人体反射或遮挡红外线时发出报警信号。

红外感应烘手器的 Proteus 仿真电路如图 5-27 所示。图中，U1：A、R1、C1 等组成的振荡电路单独画出，没有与其他电路连接在一起，否则系统将停止工作。该电路可通过虚拟示波器单独测试。

红外发射管和接收管用光电管 PC817 代替。继电器用 G2R-1E-DC5 代替，继电器中开关不论是否接通，位置不变。

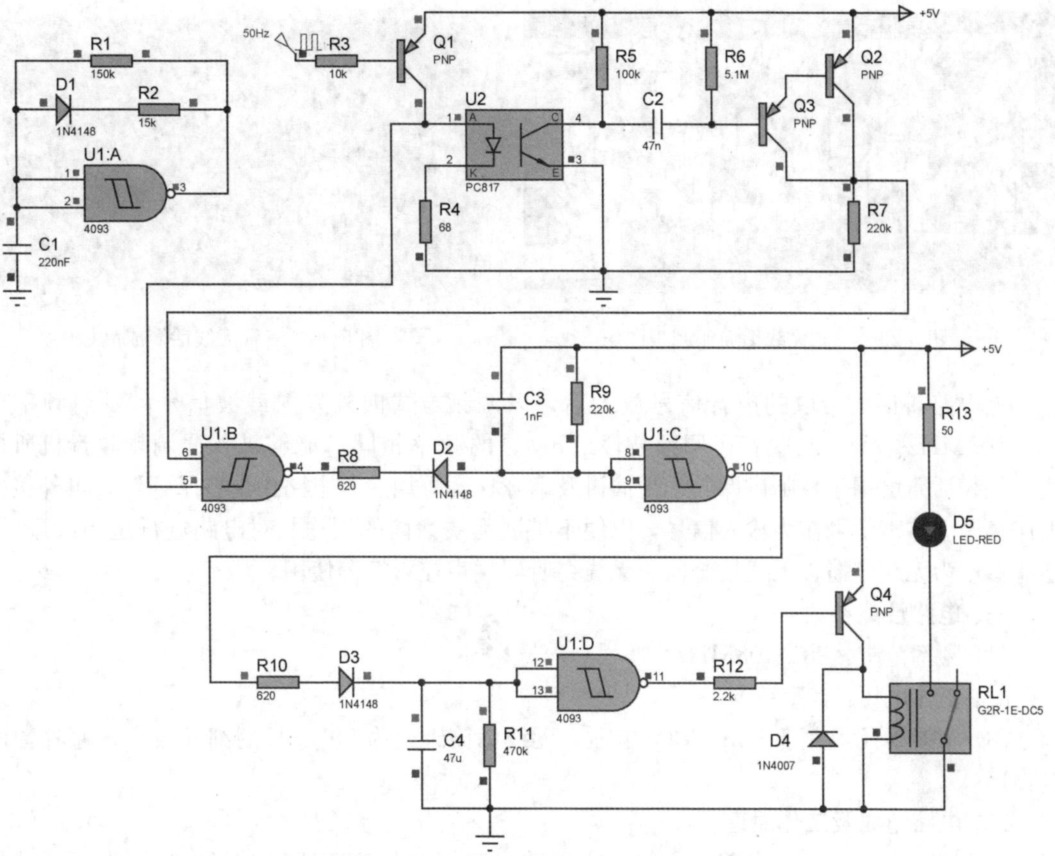

图 5-27　红外感应烘手器 Proteus 仿真电路

第九节　三管无线话筒的安装实习

三管无线话筒由话筒、晶体管、电阻、电感、电容等 35 个电子元件组成，其电路如图 5-28 所示，图 5-29 是其印制板图，图 5-30 是安装好的成品电路板。三管无线话筒电路结构简单、安装难易程度适中，便于调试和检查故障，并且成本低廉，是一款非常适合学生安装实习用的电子套件。

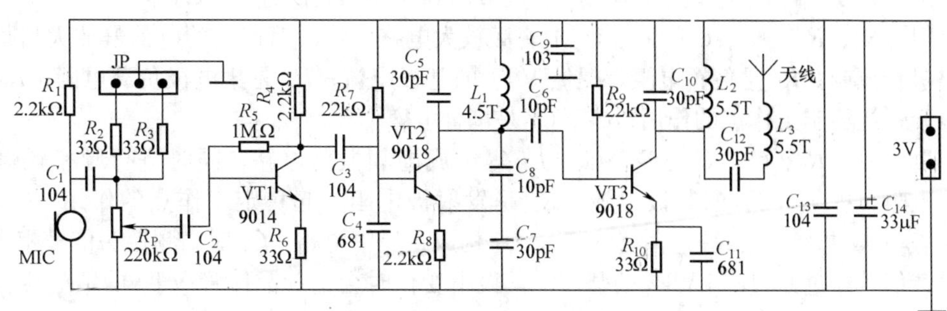

图 5-28　无线话筒电路图

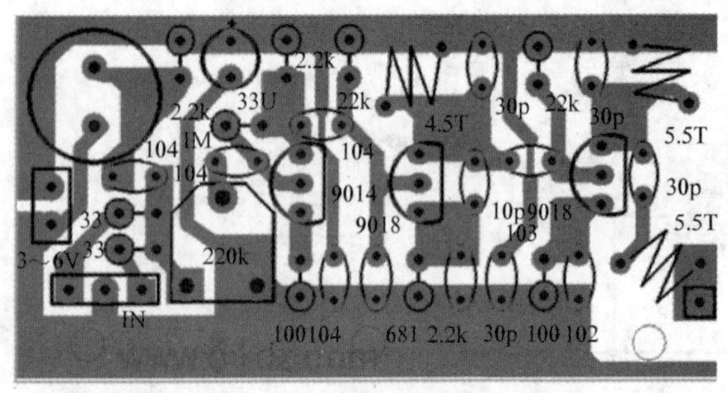

图 5-29　三管无线话筒印制板图

图 5-30　三管无线话筒成品板

该电路将话筒拾取的声音信号放大后，以调频方式向外发射载波信号，发射频率在88～108MHz之间，与收音机调频波段（FM）的频率相同，能够被普通调频收音机所接收。无线话筒可用于教师讲课、学生演讲及歌咏比赛等用途。电路中配备了插针，可外接电视伴音等立体声信号作为输入信号，以便于扩展无线话筒的用途。对电路进行适当改进后，还能够作为无线广播、无线报警器、无线窃听器、声控彩灯等使用。

一、电路性能参数

（1）频率范围：88～108MHz。

（2）工作电压：1.5～9V。

（3）发射半径：大于 100m（3V 电压，无线话筒天线为 50cm 长的细导线，普通收音机接收）。

二、电路组成及工作原理

三管无线话筒由输入电路、音频放大电路、调频电路及高频放大电路等组成，如图 5-31 所示。

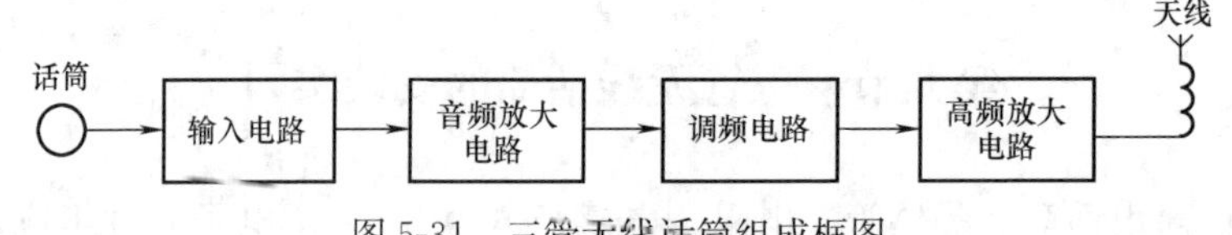

图 5-31　三管无线话筒组成框图

输入电路由 R_1、R_2、R_3、C_1、话筒 MIC、插针 JP、电位器 R_p 等元件组成。R_1 是话筒 MIC 的直流偏置电阻，一般在 2～5.6kΩ 之间；C_1 是耦合电容；外接立体声信号由插针 JP 输入；R_2、R_3 是输入电阻；电位器 R_p 可调节加到 VT1 的音频信号大小。

VT1、R_4、R_5、R_6、C_2、C_3 等组成音频放大电路，将话筒产生的电信号放大后加到调频电路进行调制。R_5 是偏置电阻，提供 VT1 的基极电流；R_4 是集电极负载电阻；R_6 是发射极电阻，起稳定工作点的作用；C_2、C_3 是耦合电容。

VT2、R_7、R_8、C_4、C_5、C_7、C_8、L_1 等组成高频振荡电路，同时进行频率调制。R_7 是偏置电阻，提供 VT2 的基极电流；R_8 是发射极电阻，起稳定工作点的作用；C_5、C_7、C_8、L_1 等组成电容三点式振荡电路；C_7、C_8 构成正反馈电路；C_4 对高频振荡信号相当于短路；声音信号经过 C_3 加到 VT2 的基极，其大小变化时会引起晶体管 VT2 的结电容发生变化，引起振荡频率变化，从而完成频率调制，即调频。

VT3、R_9、R_{10}、C_6、C_{10}、C_{11}、C_{12}、L_2、L_3 等组成高频放大电路，将高频信号放大后

经过天线发射出去。R_9 是偏置电阻，提供 VT3 的基极电流；R_{10} 是发射极电阻，起稳定工作点的作用；C_{10}、L_2 组成谐振电路，改变其数值可改变谐振频率；C_6 是耦合电容；C_{11} 是交流旁路电容；C_9、C_{13}、C_{14} 起电源滤波作用。

三、整机测试与故障检查方法

产品安装完成后，要进行整机测试并记录数据。三管无线话筒的测试包括电源电压测试、整机电流测试和各级直流工作点测试等内容。

首先测试电源电压，正常值为 3V 左右。若电压过低，则可能是电池电量低，或电路中有严重的短路或漏电。电路中存在短路或漏电故障时，电池会发热，并很快耗尽电能。

其次测量整机电流。测试时设法从电源处串接上电流表。电路的正常工作电流约为 9.2mA，若数值过大，则电路中存在短路或漏电故障。

直流工作点合适，各级电路才能正常工作。若直流工作点不正常，要检查原因，并将其调整到正常数值。各级晶体管的工作状态如下：

(1) 晶体管 VT1 工作在放大状态，其集电极、基极、发射极的工作点电压为 1.87、0.58、0.01V。

(2) 晶体管 VT2 工作在振荡状态，其集电极、基极、发射极的工作点电压为 3.02、2.76、2.17V。在放大状态下，小功率晶体管的基射极偏置电压一般为 0.6V 左右。在振荡电路中，晶体管的基射极之间偏置电压比放大状态时要低，甚至为零偏置。

(3) 晶体管 VT3 工作在放大状态，其集电极、基极、发射极的工作点电压为 3.02、1.02、0.25V。

轻轻敲击话筒，同时调节收音机的接收频率，正常情况下，应能听到敲击声；若听不到敲击声，应检查话筒的极性是否接反。

四、调试

1. 用收音机进行调试

安装完无线话筒后，需要对其进行调试。调试时需要一台具有 FM 调频接收功能的收音机，用于接收无线话筒发出的高频信号。调节电位器 R_P，可改变调制信号中音频信号的大小；调节电感 L_1 的形状，改变其数值，可改变发射频率；调节电感 L_2、L_3 的形状，改变其数值，使高频放大电路的谐振频率等于发射频率，可改善发射效果。对电感的调节最好是用无感螺丝刀进行。

调试时，首先将无线话筒靠近收音机，调节 L_1 的形状或调节收音机的接收频率，使收音机能接收到无线话筒发出的高频信号；然后将无线话筒逐渐远离收音机，并调节 L_2、L_3 的形状，使无线话筒的发射效果最好，发射距离最远。

2. 用自制的无线话筒测试电路进行调试

自制的无线话筒测试电路如图 5-32 所示，将测试电路的 A、B 两端分别接无线话筒的天线和接地端，用万用表的直流电压挡测量 C、D 两端的电压，用螺丝刀调节 L_1、L_2、L_3 的形状，使 C、D 两端输出电压达到最大（可达 5～7V），这时输出信号最强。

五、安装过程中的注意问题

(1) 驻极体话筒的使用请参考图 5-7。

(2) 改变电感 L_1、L_2、L_3 的形状，可改变其数值。若匝间距离变近，电感量增大；匝间距离变远，电感量减小。

(3) 增加天线高度，适当升高电源电压（不超过 9V），可增大发射半径，但不允许发射信号过强，以免影响正常无线电广播和通信。

六、无线话筒测试电路的工作原理及制作

无线话筒测试电路就是一个倍压整流电路，将它焊接在万能电路板上。其电路原理如图 5-32 所示。

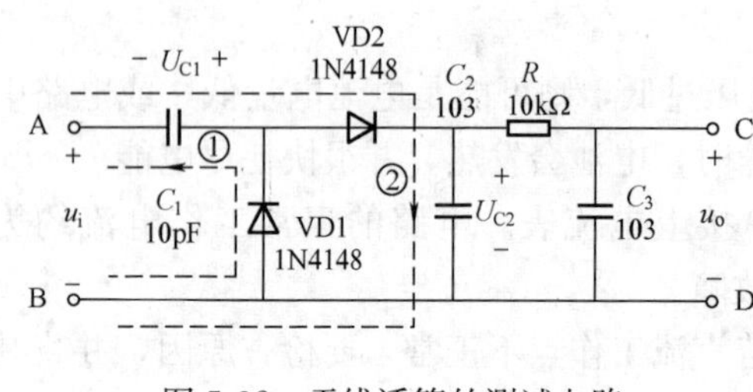

图 5-32　无线话筒的测试电路

A、B 两端分别接无线话筒电路的发射天线和地，u_i 是话筒输出的调频波信号。

在输入信号 u_i 的负半周，信号的极性是上负、下正，二极管 VD1 导通给 C_1 充电，充电路径如图 5-32 中虚线①所示，C_1 上的电压 U_{C1} 是左负、右正。充电后，电容 C_1 上的电压 U_{C1} 等于 u_i 的最大值。

在输入信号的正半周，u_i 的极性是上正、下负，u_i 与 U_{C1} 串联相加后，通过 VD2 给 C_2 充电，充电路径如图 5-12 中虚线②所示，这时 VD1 因承受反向电压而截止。充电完成后，C_2 上的电压 U_{C2} 等于 u_i 最大值的两倍。U_{C2} 上的直流电压再经过 R、C_3 滤波后，从 C、D 两端输出。若输入信号 u_i 越大，则 C、D 两端的输出电压越大。

第六章　电子技术课程设计

在学完电工学、模拟电路、数字电路等电子技术的理论课之后，通常要进行1～2周的课程设计。其目的是使学生们学会电子技术设计的一般方法和步骤，训练并提高文献检索、资料利用、选择元器件、电路调试、画设计图纸、撰写设计报告等方面的综合实践能力，加深理解和巩固所学理论知识。

电子技术课程设计通常可分成四种类型：第一种是纯理论性的课程设计，在设计完成后画出设计图纸，写出设计报告，但不做实验验证；第二种是理论设计与实验验证相结合的课程设计，设计完成后，要搭建实验电路进行实验验证，并根据实验中出现的问题对电路进行修改，直到达到设计要求为止；第三种是理论设计与虚拟仿真相结合的课程设计模式，在设计完成后，通过计算机软件进行仿真实验，以便检查设计中存在的问题，并对存在的问题进行修改，直到达到设计要求为止；第四种是理论设计、虚拟仿真与实验验证相结合的课程设计模式，在设计完成后，先通过计算机软件进行仿真实验，仿真成功后，再购买元器件进行实验验证。

之前，由于受到客观条件的限制，电子技术课程设计只能采用前两种类型的设计模式。近年来，由于学生中笔记本电脑的普及，以及仿真软件性能的提高，电子技术课程设计均采用后两种类型的设计模式。

无论是虚拟仿真还是实验验证的过程中，都会出现若干预想不到的问题，需要学生们去分析和解决。学生们不仅要有扎实的理论知识，还要有较强的动手操作能力，才能解决仿真和实验过程中出现的各种问题。

不同专业应根据课程设计时间的长短，选择适当难度的设计题目。有些专业在课程设计之前，还没有进行电子工艺实习，学生们还不会识别和测量电子元器件，不会识别印制板电路图，也没有掌握焊接技术、电路的测量和调试方法等实践技能。这些学生可以做第三种类型的课程设计，若要做第四种类型的课程设计，要先自学前面章节中有关的实践知识，这样才能保证课程设计顺利进行。

第一节　电子技术的课程设计方法及设计中应当注意的问题

一、电子技术课程设计的方法和步骤

不同类型的电子技术有不同的设计方法，这些方法虽然千差万别，但基本上可归纳为以下几个步骤：明确设计任务与要求、总体方案论证、单元电路设计、参数计算、元器件选择、画出设计图纸、实验验证与调试、写出设计报告等。电子技术课程设计的方法和步骤如图6-1所示。

1. 明确设计任务与要求

对设计任务进行认真分析，充分了解系统的设计要求和性能指标，这是电子技术设计中最基础的工作，必须做好。

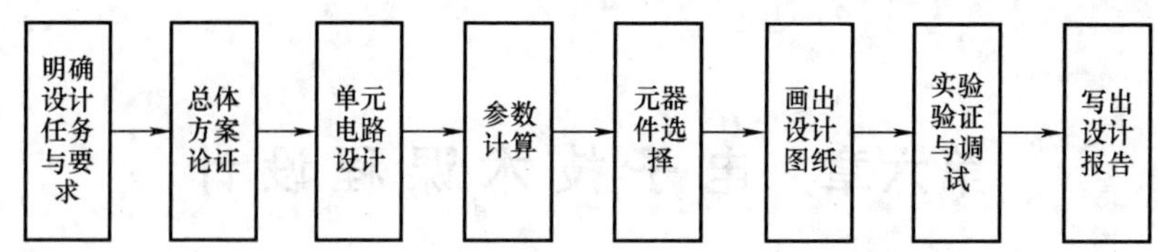

图 6-1　电子技术课程设计的一般方法和步骤

2. 总体方案论证

根据设计任务，设计出由若干单元电路或功能模块组成的整体电路，各单元电路可用框图表示。在这个过程中，要确定每一个单元电路的性能指标，以便使总体设计方案能够达到设计要求。

由于能实现设计功能的方案可能不止一个，因此还需要对多个设计方案进行比较，从性能、价格等方面选择出最优的设计方案。

3. 单元电路设计、参数计算和元器件选择

根据总体设计方案中对单元电路的性能指标要求，选择合适的单元电路，并对电路元器件的参数进行计算和选择。电路中的元器件众多，其参数都能影响整个电路的性能指标。元器件参数选择时，一定要结合实际元器件性能、体积、价格等因素综合考虑，使各个元器件的参数搭配合理，从而得到性价比高、体积小、安装调试方便的电子产品。

4. 画出设计图纸、列出元器件清单

在单元电路设计完成后，要画出总电路图，列出元器件清单。在画总电路图时，要注意以下问题：

(1) 注意信号的流向。通常，信号的流向是从左到右、从上到下。

(2) 电路的布局要合理，排列均匀。如果需要用多张图纸，可将主电路画在一张图纸上，把有密切关系的电路画在同一张图纸上，并标明各图纸间信号的流向。

(3) 连接线通常都画成水平线或垂直线，一般不要画斜线，尽量减少导线的交叉。四端连接的交叉点应当在连接处加小黑圆点表示，三端连接处可不画黑圆点。

电源线和地线可以用符号表示，以减少连接线的数量。

为避免连接线的交叉，有时要将连接线在电路图中断开，在断开处要用符号表示清楚它们的连接关系。

(4) 在图纸上要对元器件进行编号。如果电路不太复杂，可以使用统一的编号；如果电路比较复杂，要对各单元电路的元器件分别进行编号。对元器件编号后，就可列出元器件清单，再根据此清单购买相应的元器件进行实验验证。

5. 实验验证

实验验证可以通过虚拟仿真验证，也可以通过实物验证。

有两种实验验证方法：第一种方法是对各单元电路分别进行实验验证，然后将各单元电路连接在一起，再进行整机实验验证，这种方法适合于初学者；第二种方法是将整体电路连接后，统一进行实验验证，这种方法适合于有经验的设计人员。

实验验证往往与故障检查、调试结合在一起，若有设计错误，实验验证将不会通过，这时就要修改设计方案或更换元器件的参数。

6. 写出设计报告

电子电路的课程设计报告一般包括以下内容：设计题目、设计要求、总体设计方案、单元电路设计、设计图纸、元器件清单、调试过程、测试结果、调试过程中出现的问题及解决办法、参考文献、收获与体会等。目前，各个学校对课程设计报告的格式都有严格要求，应当遵守这些格式进行书写。

二、电子技术课程设计中的注意事项

1. 电子技术设计中应当充分考虑电路的保护和抗干扰措施

（1）充分考虑电路的保护措施。有些元器件要求有稳定的电源电压供电，电压过高、过低或冲击电压都会造成元器件的损坏；电源极性接反也会造成某些元器件的损坏。电流过大或冲击电流也会造成某些元器件的损坏。继电器、开关等断开时会产生较高的感应电压，可能损坏其他电子元器件。在进行电子电路设计时，必须考虑电路的保护措施，要保证在各种情况下元器件、整机电路和人身的安全。

（2）充分考虑电路的抗干扰措施。在进行电子电路设计时，要采取屏蔽措施，屏蔽环境中各种电磁波对电子电路的干扰。另一方面，也要防止电路工作时对周围环境产生电磁污染。要对电源电路进行稳压和滤波，减小由于电源电路带来的干扰。要对数字电路中的开关电路增加去抖动措施等。

2. 数字电路中的逻辑电平测试笔

在数字电路调试过程中，需要不断检测各点电平的高低。电平的高低可用万用表进行测量，也可用示波器进行观测，但用自制的逻辑电平测试笔检测，则既经济实惠，又很方便。自制的逻辑电平测试笔如图 6-2 所示，图 6-2（a）用于测试 TTL 集成电路，图 6-2（b）用于测试 CMOS 集成电路。由于 CMOS 电路的带负载能力低，若用图 6-2（a）所示的电路进行测试，会造成逻辑功能的混乱。图 6-2（b）中在发光二极管前面增加一级 CMOS 反相器，可有效减轻对被测量电路的影响。

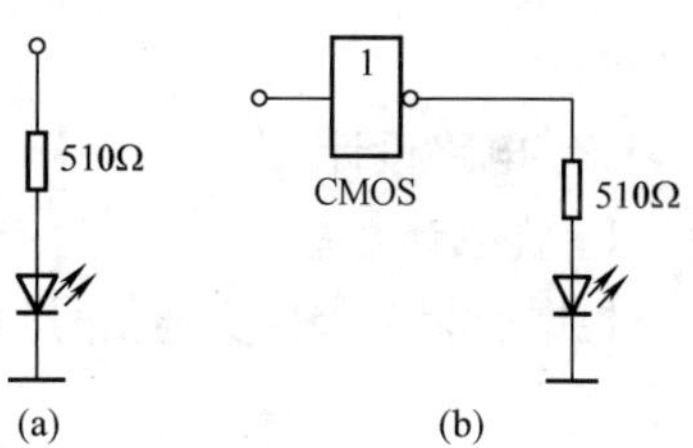

图 6-2　逻辑电平测试笔
（a）测试 TTL 集成电路；
（b）测试 CMOS 集成电路

第二节　交通灯定时控制系统

一、设计任务和要求

设计一个十字路口的交通信号灯控制系统，其要求如下：

（1）主、支干道轮流通行，主干道每次放行 30s，支干道每次放行 20s。

（2）绿灯亮表示放行，红灯亮表示禁止通行。

（3）每次由绿灯变为红灯前，黄灯先亮 5s。在黄灯亮时，另一干道上的红灯按 1Hz 的频率闪烁，这种情况称为等待状态。

（4）要有时间显示系统，以便于行人和司机直观地把握时间。时间显示系统以秒作单位，按减法计数。

（5）红、绿、黄灯亮的时间能在 0～99s 内任意设定。

二、设计方案

交通灯控制系统应由四个部分组成，即秒脉冲发生器、计时系统（包括时间计数器、译码显示器、置数控制器）、状态计数和译码控制系统（包括状态计数器和状态译码控制器）、灯光控制系统（包括灯光控制器、主干道信号灯和支干道信号灯），如图 6-3 所示。秒脉冲发生器产生整个系统的时基信号；在系统的不同状态，时间计数器分别作 30 进制、20 进制、5 进制计数；时间计数器按减法计数，在计数到零时送出一个信号给状态计数器；状态计数器对系统的工作状态进行计数；状态译码控制器对状态计数器译码，向灯光控制系统和置数控制器发出工作指令；灯光控制系统控制各个灯的点亮。

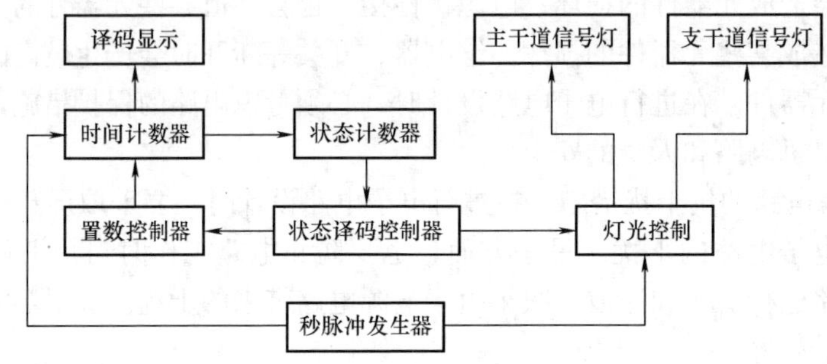

图 6-3 交通灯控制系统的组成

三、电路设计

1. 状态计数器

根据控制要求，交通信号灯共有 4 种工作状态，并且在这几种状态之间循环，如图 6-4 所示。

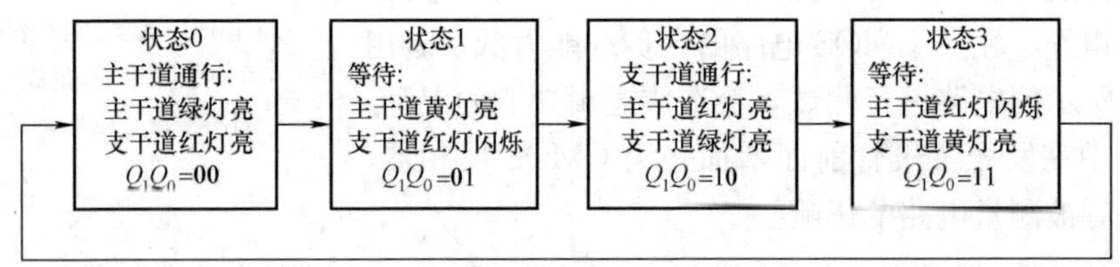

图 6-4 交通灯的工作状态

交通灯的 4 种工作状态可以用 2 位二进制计数器的状态来表示，称为状态计数器。状态计数器可以用 1 片集成电路 CC4029 和两个非门电路组成，如图 6-5（a）所示，也可用 1 片 74LS74 双 D 触发器组成，如图 6-5（b）所示。

2. 秒脉冲发生器

秒脉冲信号可由 555 振荡电路产生，也可以由 CC4060 构成的秒信号振荡电路产生。CC4060 振荡器/分频器/计数器电路的接法请参考图 3-31。由 NE555 构成的多谐振荡器请参考图 3-50。

3. 计时系统

计时系统如图 6-6 所示，U3、U4 组成时间计数器，U1、U2 组成译码器并驱动数码管发光以显示时间，G1～G5、U5～U7 等构成置数控制器。

U3、U4 组成的时间计数器，接成 2 位十进制减法计数器，在减计数到 00 时，通过门

(a)　　(b)

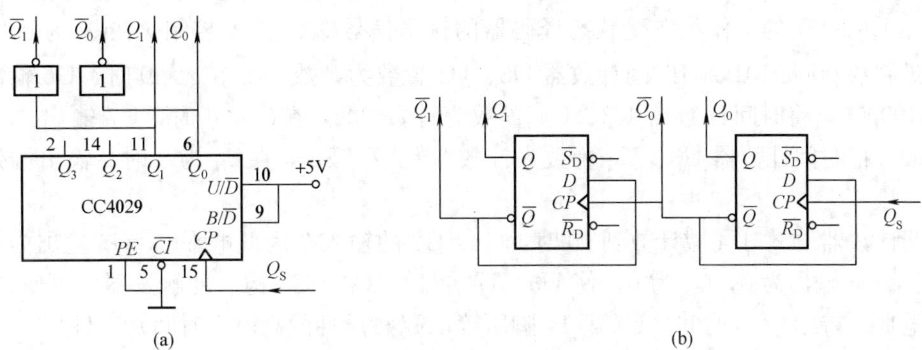

图 6-5　交通灯的工作状态计数器

(a) 由 CC4029 构成的状态计数器；(b) 由 74LS74 双 D 触发器构成的状态计数器

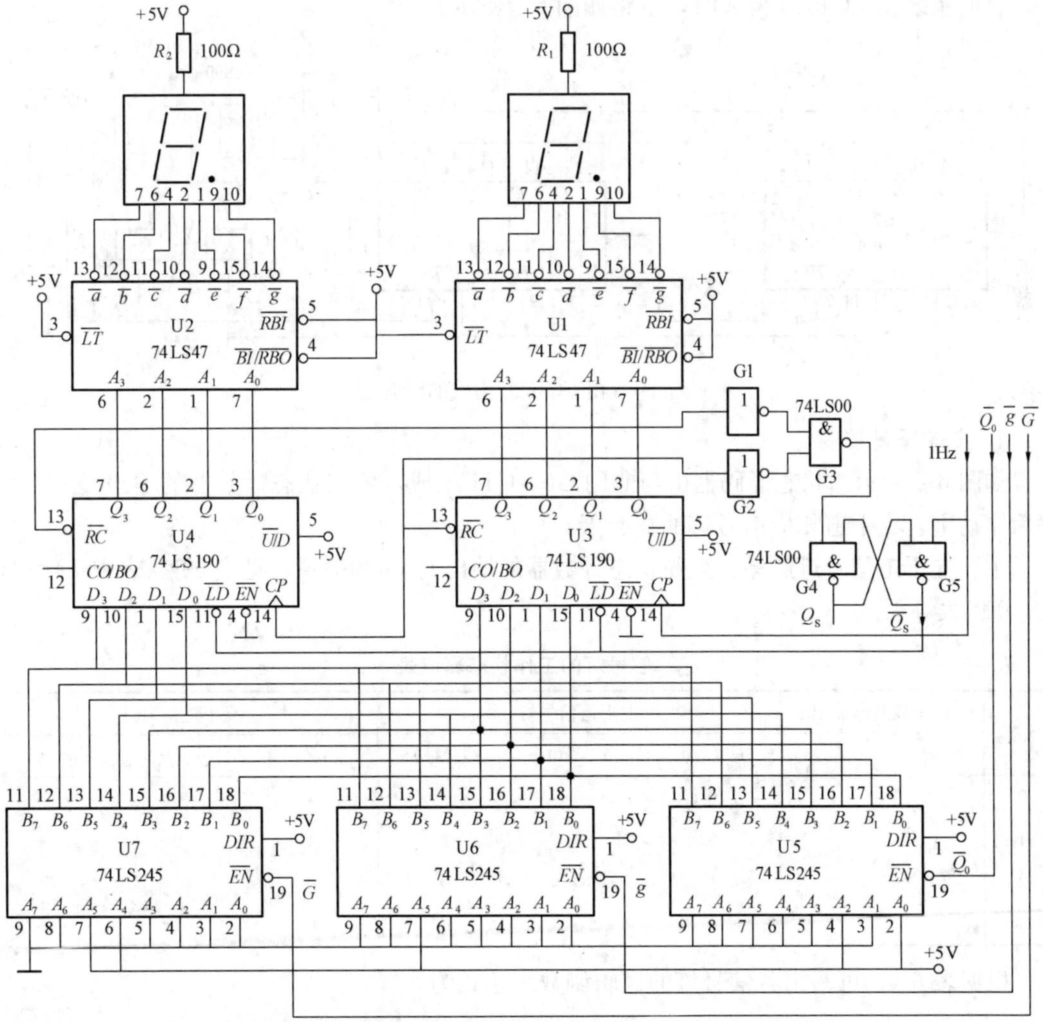

图 6-6　计时系统

G5 输出的信号使 U3、U4 置数为 30（或 20、或 5），然后重新进行减法计数。

U5、U6、U7 的工作状态受状态译码器的输出信号$\overline{Q_0}$、$\overline{g}$、$\overline{G}$控制。在$\overline{Q_0}$为 0 时，U5 输出二进制数 00000101，将时间计数器 U3、U4 置数为计数 5s。在$\overline{g}$为 0 时，U6 输出二进制数 00100000，将时间计数器 U3、U4 置数为计数 20s。在$\overline{G}$为 0 时，U7 输出二进制数 00110000，将时间计数器 U3、U4 置数为计数 30s。74LS245 在$\overline{E}_N$为 1 时，输出端处于高阻状态。

时间计数器 U3、U4 减计数到 00 时，G1、G2 的输入全为低电平 0，G3 输出为 0，G4 输出为 1，G5 输出为 0，$\overline{Q}_S$为 0，使 U3、U4 置数。G4、G5 构成的触发器，可使$\overline{Q}_S$端输出的低电平 0 持续 0.5s 时间（U3 第 14 脚所接 1Hz 秒脉冲的高电平时间），以保证 U3、U4 能可靠地置数。

G4 输出的 Q_S 信号，用作状态计数器的计数脉冲，以便使整个系统进入下一个工作状态。

计时系统由 CC4029 构成时，电路如图 6-7 所示。

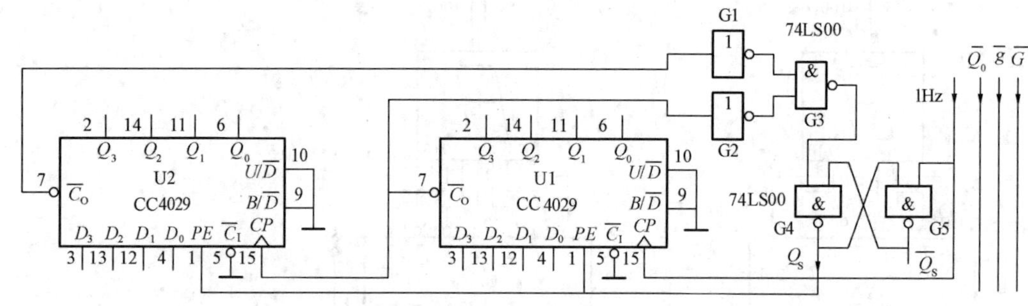

图 6-7　由 CC4029 构成的计时器

4. 状态译码控制

如图 6-8 所示，状态译码器由与非门 G6～G11 组成，依据状态计数器的输出 Q_1Q_0，译码后驱动主、支干道相应信号灯的亮、灭。

主、支干道信号灯的亮、灭与状态计数器的输出 Q_1Q_0 的关系，见表 6-1。表中 1 代表灯亮，0 代表灯灭。

表 6-1　　信号灯的工作状态真值表

状态	状态控制器输出		主干道信号灯			支干道信号灯		
	Q_1	Q_0	R（红）	Y（黄）	G（绿）	r（红）	y（黄）	g（绿）
0	0	0	0	0	1	1	0	0
1	0	1	0	1	0	1	0	0
2	1	0	1	0	0	0	0	1
3	1	1	1	0	0	0	1	0

根据表 6-1，可写出各信号灯的逻辑函数表达式为

$$R = Q_1\overline{Q_0} + Q_1Q_0 = Q_1 \qquad \overline{R} = \overline{Q_1}$$

$$Y = \overline{Q_1}Q_0 \qquad \overline{Y} = \overline{\overline{Q_1}Q_0}$$

$$G=\overline{Q_1}\,\overline{Q_0} \qquad \overline{G}=\overline{\overline{Q_1}\,\overline{Q_0}}$$

$$r=\overline{Q_1}\,\overline{Q_0}+\overline{Q_1}Q_0=\overline{Q_1} \qquad \overline{r}=\overline{\overline{Q_1}}$$

$$y=Q_1Q_0 \qquad \overline{y}=\overline{Q_1Q_0}$$

$$g=Q_1\,\overline{Q_0} \qquad \overline{g}=\overline{Q_1\,\overline{Q_0}}$$

用发光二极管模拟交通灯的工作状态，根据逻辑函数表达式画出的电路如图 6-8 所示。因为门电路带灌电流负载的能力强，故设计成门电路输出低电平时，相应的发光二极管亮。

1Hz 的秒脉冲信号经过门电路 G12 送到与非门 G11 和 G8，控制黄灯亮时红灯处于闪烁状态。G12 由三态缓冲器 74L245（4）组成。

状态译码控制电路还输出 $\overline{G}$、$\overline{g}$ 和 $\overline{Q_0}$ 3 个信号，分别在主干道通行、支干道通行和黄灯亮时，控制图 6-6 中的 U5、U6、U7，对时间计数器 U3、U4 进行置数。

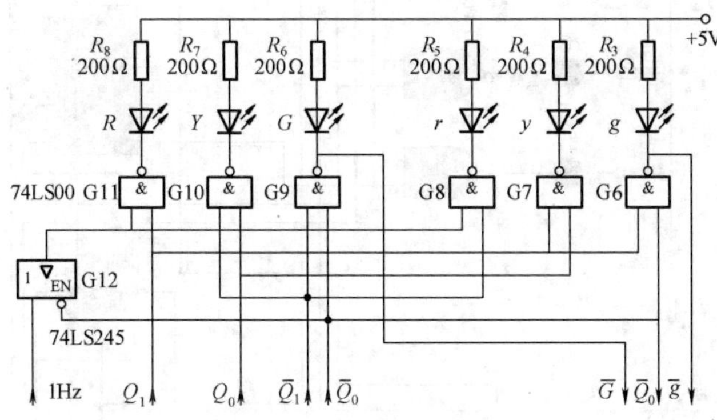

图 6-8　状态译码控制电路

四、安装调试要点

本系统功能较多，电路比较复杂，共使用 14 片各种功能的集成电路，连接线很多。安装调试时，必须分成几个单元分别进行。安装调试好一部分后，再安装调试下一部分，最后进行总调试。

（1）首先安装调试秒脉冲信号发生器，使输出信号的周期为 1s。

（2）可用秒信号作为状态计数器的计数脉冲，安装调试状态计数器和状态译码控制电路，观测主、支干道信号灯的工作状态是否满足设计要求。

（3）安装调试由 74LS47 构成的译码器和数码管显示电路。这一部分工作正常后，再安装调试由 74LS190 组成的计数器。在没有连接 74LS245 构成的置数电路之前，由 74LS190 组成的计数器应能实现 100 进制计数。连接 74LS245 构成的置数电路之后，由 74LS190 组成的计数器应能根据系统的状态，分别实现 5、20、30 进制计数。

五、基于 Proteus 的仿真

基于 Proteus 的十字路口交通灯仿真电路如图 6-9 所示，可按以下步骤进行仿真：

（1）拾取 R1、U1、U2 和数码管，连接成单个计数、译码、显示电路进行仿真。U2 要设置为减法计数器，U2 的第 14 脚要连接数字时钟信号发生器（频率设置为 1Hz）。

（2）拾取 R2、U3、U4 和数码管，与 U1、U2 等连成 2 位十进制减法计数器作时间计数器进行仿真。将 U2 的第 13 脚与 U4 的第 14 脚相连，可实现计数器个位到十位的借位。

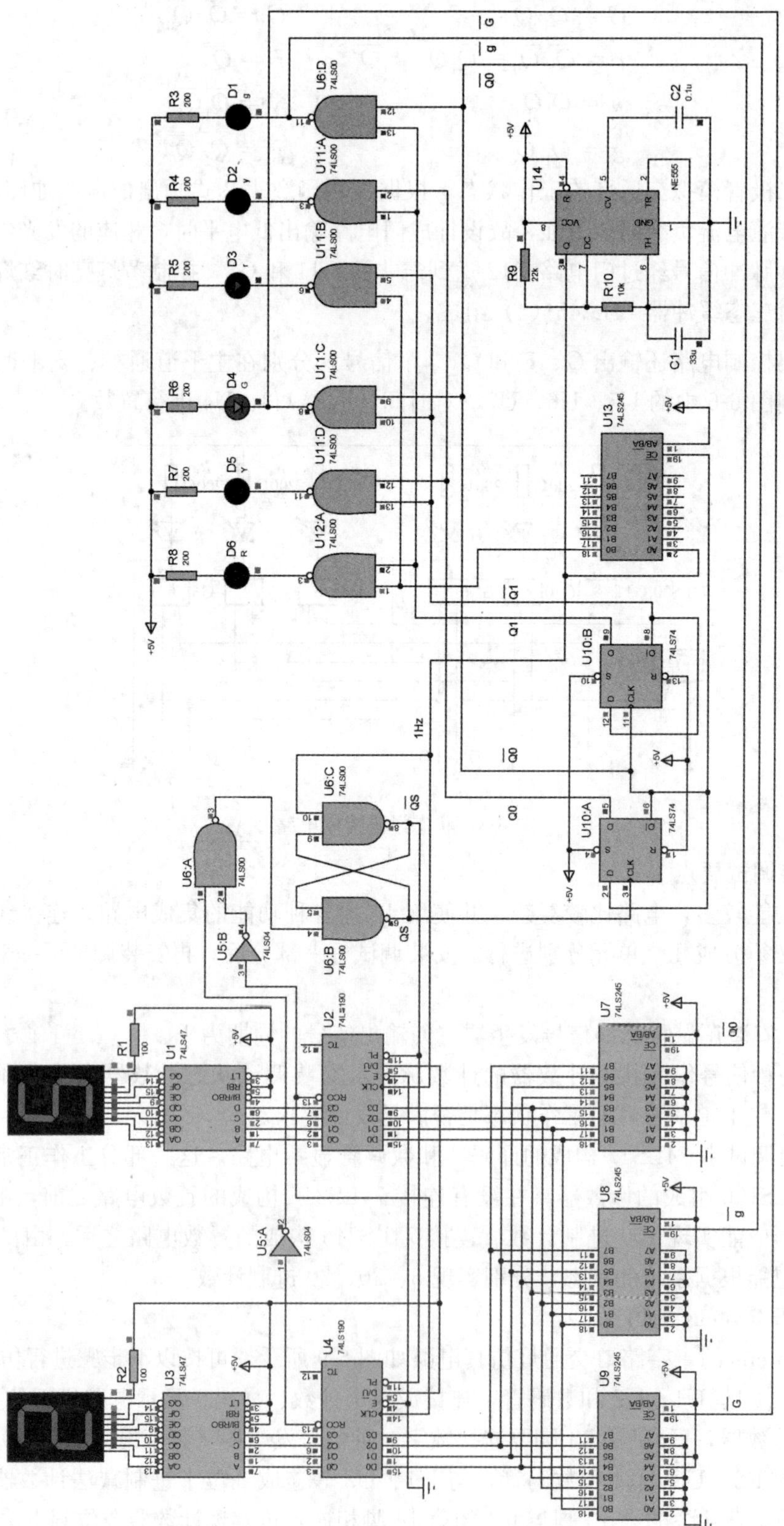

图 6-9 十字路口交通灯 Proteus 仿真电路

(3) 拾取 U5:A、U5:B、U6:A、U6:B、U6:C,连接成时间计数器的置数电路进行仿真。

(4) 拾取 U7、U8、U9,连接成对时间计数器 U3、U4 的 5、20、30s 置数电路进行仿真。

(5) 拾取 U10:A、U10:B,连接成状态计数器进行仿真。

(6) 拾取 U6:D、U11:A~D、U12:A、U13、D1~D6、R3~R8,连接成状态译码控制与交通灯显示电路进行仿真。

(7) 拾取 U14、R9、R10、C1、C2,连接成秒脉冲发生器,进行整机仿真调试。

点击菜单"Tools/Bill of Materials/HTML Output",Proteus 会输出仿真电路所用元器件的材料清单。十字路口交通灯仿真电路元件清单见表 6-2。

表 6-2　　十字路口交通灯仿真电路元件清单

元件名	类	子类	个数及参数	备注
74LS00	TTL 74LS series	Gates & Inverters	3	4 个二输入端与非门
74LS04	TTL 74LS series	Gates & Inverters	1	6 反相器
74LS190	TTL 74LS series	Counters	2	计数器
74LS245	TTL 74LS series	Transceivers	4	8 位双向同相三态总线收发器
74LS47	TTL 74LS series	Decodes	2	BCD 译码驱动器(接共阴极 LED)
74LS74	TTL 74LS series	Flip-Flops & Latches	1	双 D 触发器
7SEG-MPX1-CA	Optoelectronics	7-Segment Displays	2	7 段共阳极显示器
CAP	Capacitors	Generic	0.1μF, 22μF	电容
LED-GREEN	Optoelectronics	LEDs	2	绿色发光二极管
LED-RED	Optoelectronics	LEDs	2	红色发光二极管
LED-YELLOW	Optoelectronics	LEDs	2	黄色发光二极管
NE555	Analog ICs	Timers	1	集成定时器
RES	Resistors	Generic	100Ω×2, 200Ω×6, 22kΩ, 10kΩ	电阻

十字路口交通灯电路中包括的单元电路较多,有计数器、译码器、置数控制器、秒脉冲发生器等,可替换的单元电路很多,为创新设计提供了非常多的选择方案,同学们应多动脑筋,多做实验,设计出功能完善、元件省、价格低、实用性强的电路。

第三节 简易公用电话计时器

一、设计任务和要求

用中、小规模的集成电路设计一个简易公用电话计时系统，其基本要求如下：

(1) 每 1min 计时 1 次，并显示通话次数，最多为 99 次。

(2) 定时误差小于 1s。

(3) 具有音响提醒功能，每计时 1min，发出 2s 信号，对通话者进行提醒。

(4) 具有手动复位功能。

二、总体设计方案

经过分析，该系统应当由标准信号源（用于产生 2Hz 的计时信号)、1min 定时器、通话次数计数器（记录通话时间)、译码显示电路（显示通话时间)、音响提醒电路、复位电路等组成，如图 6-10 所示。其工作原理如下：每次复位后，1min 定时器和通话次数计数器从零开始计数，每过 1min，1min 定时器就发出一个脉冲信号，该脉冲信号使通话次数计数器加 1，同时使音响提醒电路工作 2s，用于提醒用户。

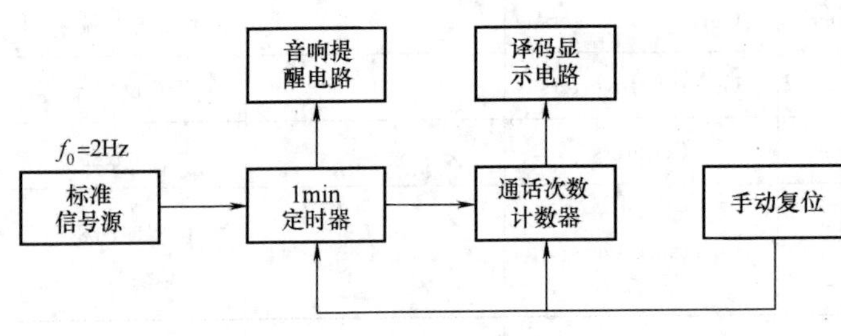

图 6-10 简易公用电话计时器的组成

三、单元电路设计

1. 标准信号源

使用 CC4060 振荡器/分频器/计数器产生的 2Hz（周期为 0.5s）脉冲信号作为 1min 定时器的标准信号源 f_0，就能够满足系统定时误差小于 1s 的要求。CC4060 振荡器/分频器/计数器电路的接法请参考图 3-31。标准信号源也可由 NE555 构成的多谐振荡器产生，请参考图 3-50。

2. 1min 定时器

1min 定时器由图 6-11 中的 CC4040、G1、G2、G3 等元件组成，CC4040 是 12 位分频器/计数器，它对标准信号源 f_0 进行计数，当计时到 1min 时，$Q_6 \sim Q_0$ 的状态是 $Q_6 \sim Q_0 =$ 111 1000。其计算方法是：对于 $f_0 = 2$Hz 的标准信号源，1min 对应 120 个脉冲，二进制数 111 1000 对应十进制数 120。

1min 定时时刻到来后，门 G1 输出为 1，它使或非门 G2、G3 组成的基本 RS 触发器输出一个持续时间为 0.25s 的正脉冲 f_T，f_T使 U4 复位，同时使通话次数计数器 U3 加 1。f_T 有一段持续时间，可以保证使 U4 可靠复位，使 U3 可靠计数。f_T高电平的持续时间正好等于 f_0的低电平持续时间，大家可自行分析。

$\overline{f_T}$ 是与 f_T极性相反的负脉冲，可用作音响提醒电路的触发信号。

3. 通话次数计数器

通话次数计数器由双 BCD 码计数器 CC4518 组成，其连接方式如图 6-11 所示，计数范围是 0～99 次。$1Q_3$ 接 $2EN$，使低位 BCD 码计数器由 1001 变成 0000 时，能够实现向高位 BCD 码计数器的正常进位。通话次数显示电路由译码器 74LS47 和数码管等组成。

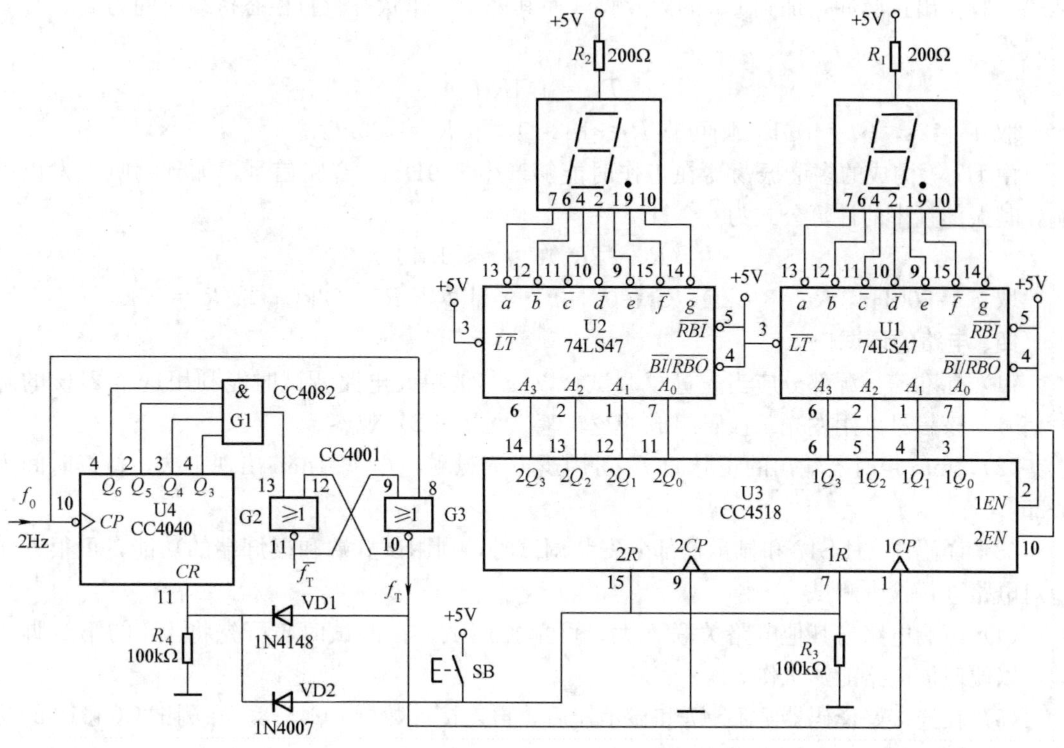

图 6-11 简易公用电话计时器主电路

4. 复位电路

复位电路由 SB、VD1、VD2 等组成，按下按钮 SB，将使 U4 和 U3 复位。二极管 VD1 使复位时的+5V 电压不能加到 G3 的输出端，从而对 G3 起到保护作用。二极管 VD2 使 f_T 不能加到 U3 的复位端，保证了 U3 能够正常计数。设计中利用了二极管的单向导电性，VD1 和 VD2 既能传递有用信号，又能阻止干扰信号通过。

5. 音响提醒电路

该电路的作用是每计时到 1min，发出 2s 的音响信号，对通话者进行提醒。其电路如图 6-12 所示，该电路由 U8 构成的单稳态触发器和 U7 等构成的多谐振荡器组成。

单稳态触发器 U8 在计时器输出的负脉冲$\overline{f_T}$ 作用下，进入暂稳态状态。在暂稳态期间，

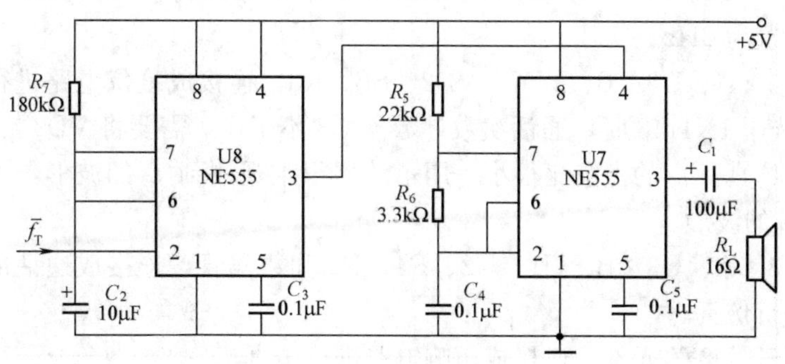

图 6-12 音响提醒电路

从第 3 脚输出正脉冲，加到 U7 的第 4 脚，使其处于工作状态。暂稳态持续时间为 2s，计算公式为

$$T_2 = 1.1R_7C_2$$

取 $T_2=2s$，$C_2=10\mu F$，则可得 $R_7\approx 182k\Omega$，取 $R_7=180k\Omega$。

由 U7 等构成的多谐振荡器在工作时能够产生 500Hz 的音频信号，加到喇叭上发出声响，其振荡频率的计算公式为

$$(R_5 + 2R_6)C_4f_1 \approx 1.43$$

取 $f_1=500Hz$，$R_6=3.3k\Omega$，$C_4=0.1\mu F$，经计算得 $R_5=22k\Omega$，取 $R_5=22k\Omega$。

四、电路的调试

(1) 标准信号源部分应当先进行调试，以便其他单元电路调试时能利用这个 2Hz 的脉冲信号。该信号可用发光二极管组成的逻辑笔（见图 6-2）观察。

(2) 1min 定时器输出的正脉冲 f_T 可用逻辑笔观测，f_T 每 1min 出现 1 次，持续时间为 0.25s。

(3) 译码器 74LS47 和显示器部分安装调试时，利用试灯端和灭灯端的功能，可很方便地对电路进行检查测试。

(4) 声响电路与其他电路关联不大，可单独调试。在调试时，可先将 U8 的第 2 脚接地，以便使该电路能够工作。

(5) 在连接好译码器 74LS47 和显示器后，再连接计数器 CC4518。在测试 CC4518 的功能时，可直接使用 2Hz 的标准信号 f_0。

五、更多设计方案推荐

(1) 该电路中由 CC4518 构成的双十进制计数器、译码器 74LS47 与数码管显示电路、1min 定时器中的 CC4040、标准信号源、音响提醒电路等都可以用其他电路替换。

(2) 如果使用 CC4060 输出的 4Hz 或 8Hz 脉冲信号作为标准信号源，计时准确度会更高，这时定时器 CC4040 的接法就要改变。

(3) CC4001 的四个或非门中还有两个没有使用，CC4082 还有一个多余的四输入端与门没有使用，能否使用这些多余的门电路代替两个 NE555 构成声响电路（提示：可参考数字电子钟电路的设计）。

六、基于 Proteus 的仿真

基于 Proteus 的简易公用电话计时器仿真电路如图 6-13 所示，可按以下步骤进行仿真：

(1) 拾取 R4、U4、U5：A，连接成 1min 定时器电路进行仿真。f_0端接数字时钟信号发生器，频率设置为 2Hz。

(2) 拾取 U6：A、U6：B、VD1、VD2、SB、R3，连接成复位电路进行仿真。仿真过程中发现 VD2 选用 1N4148 时，通话次数计数器 U3 不工作，需要将 VD2 拾取为 DIODE 类型的二极管才能仿真。f_T的占空比很小，用示波器很难观测到 f_T的波形，可以用逻辑分析仪捕捉和观察 f_T的波形。

(3) 拾取 U3：A、U3：B、U1、U2、R1、R2 和数码管，连接成通话次数计数器、译码及显示电路进行仿真。

(4) 拾取 U7、U8 等元件，连接成声响电路进行仿真。

(5) 拾取 U9 等元件，连接成秒脉冲发生器，进行整机仿真调试。

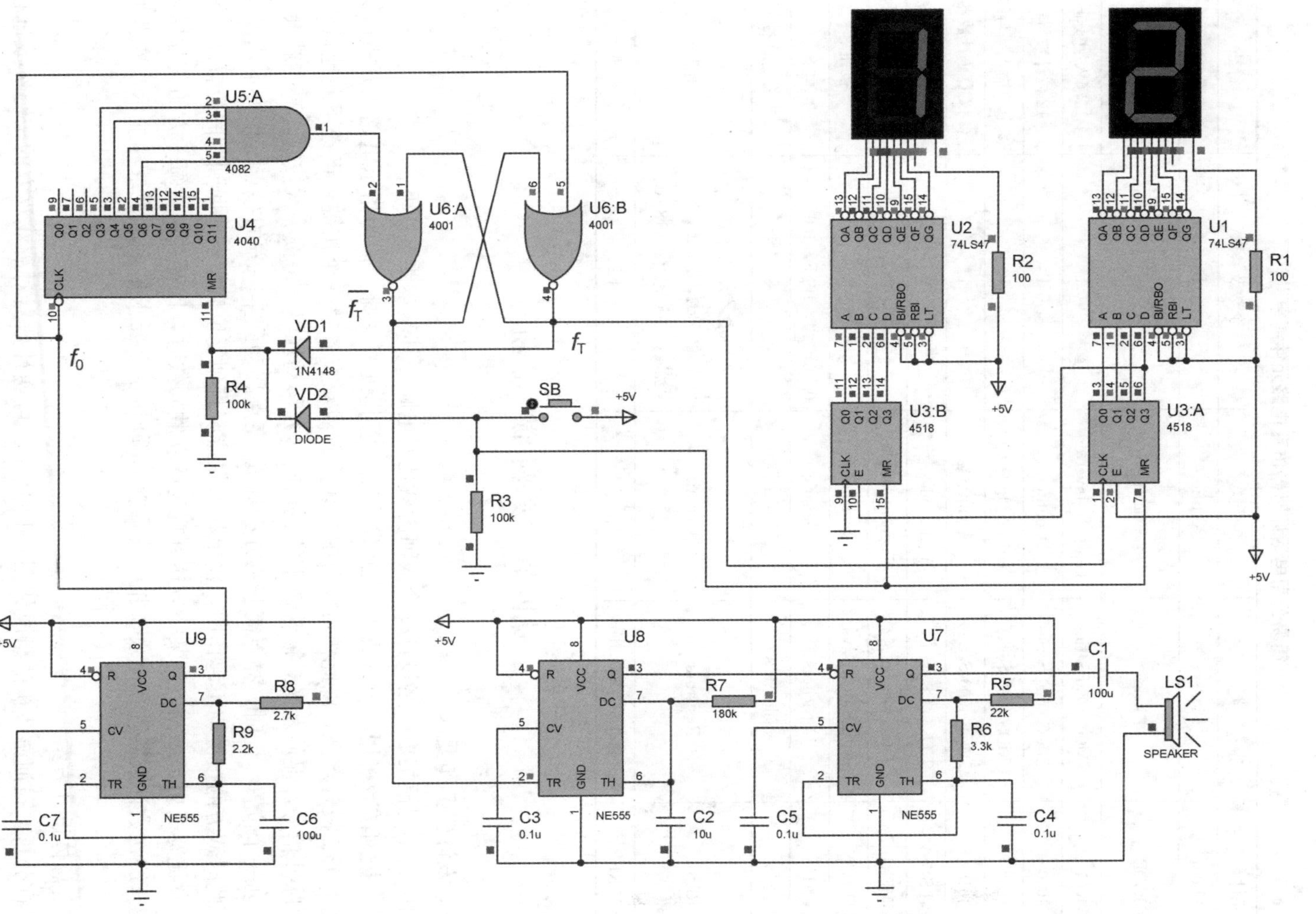

图 6-13 简易公用电话计时器仿真电路

点击菜单“Tools/Bill of Materials/HTML Output”，Proteus会输出仿真电路所用元器件的材料清单。简易公用电话计时器仿真电路元件清单见表6-3。

表6-3　简易公用电话计时器仿真电路元件清单

元件名	类	子类	个数及参数	备注
1N4007	Diodes	Rectifiers	1	整流二极管
DIODE	Diodes	Swiching	1	代替开关二极管1N4148
4001	CMOS 4000 Series	Gates & Inverters	1	4个二输入端或非门
4040	CMOS 4000 Series	Counters	1	12位计数器
4082	CMOS 4000 Series	Gates & Inverters	1	2个四输入端与门
4518	CMOS 4000 Series	Counters	1	双BCD码计数器
74LS47	TTL 74LS series	Decodes	2	BCD译码驱动器
7SEG-MPX1-CA	Optoelectronics	7-Segment Displays	2	7段共阳极显示器
BUTTON	Swithes & Relays	Swithes	1	按钮
CAP	Capacitors	Generic	0.1μF×4，10μF，100μF×2	电容
NE555	Analog ICs	Timers	3	集成定时器
RES	Resistors	Generic	100Ω×2，2.2kΩ，2.7kΩ，3.3kΩ，22kΩ，100kΩ×2，180kΩ	电阻
SPEAKER	Speakers & Sounders		1	喇叭

第四节　拔 河 游 戏 机

一、设计任务和要求

用中、小规模集成电路设计一个拔河游戏比赛电路，其基本要求如下：

(1) 拔河游戏机用9个（或15个）发光二极管排列成一排，作为指示电路。开机后只有中间一个二极管点亮，以此作为拔河中心线。游戏双方各持一个按键，迅速不断地按动，以产生脉冲信号，促使发光二极管产生的亮点向本方移动。甲方每按一次按键，亮点就会向甲方移动一个位置（同时，亮点离开乙方更远）。亮点移动到某一方的终点，该方本局比赛获胜，此时双方的按键均不起作用，输出状态保持，直到复位后亮点才回到中间位置。

(2) 比赛采用多局制，当某一方达到规定的获胜局数时，比赛结束。每一方的获胜局数应当用获胜次数计数器进行记录，并用数码管LED显示，要求最多可记录和显示9次获胜次数。

二、总体设计方案

根据分析，拔河游戏机的组成如图6-14所示。可逆计数器对游戏双方的按键次数进行计数，它不是记录双方总的按键次数，而是记录双方按键次数的差。译码器对计数器的输出进行译码后点亮发光二极管，在某方获胜时，译码器送出获胜信号，使获胜次数计数器加1，同时使可逆计数器停止计数，处于保持状态。要对可逆计数器复位，才能重新开始下一局比赛。在整个比赛结束时，要对获胜次数计数器复位。

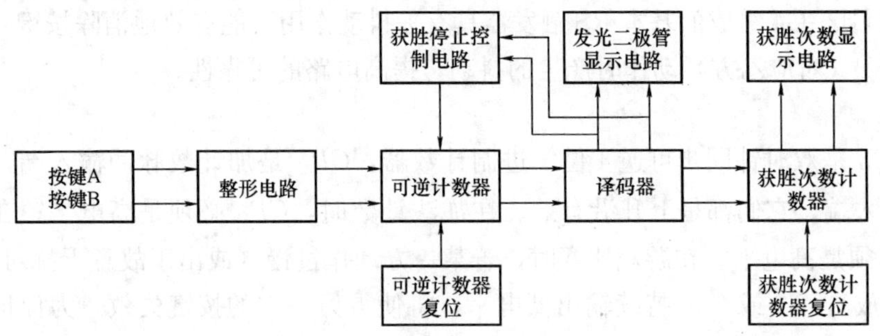

图 6-14　拔河游戏机的组成

三、单元电路设计

拔河游戏机的整机电路如图 6-15 所示。下面介绍各单元电路的工作原理。

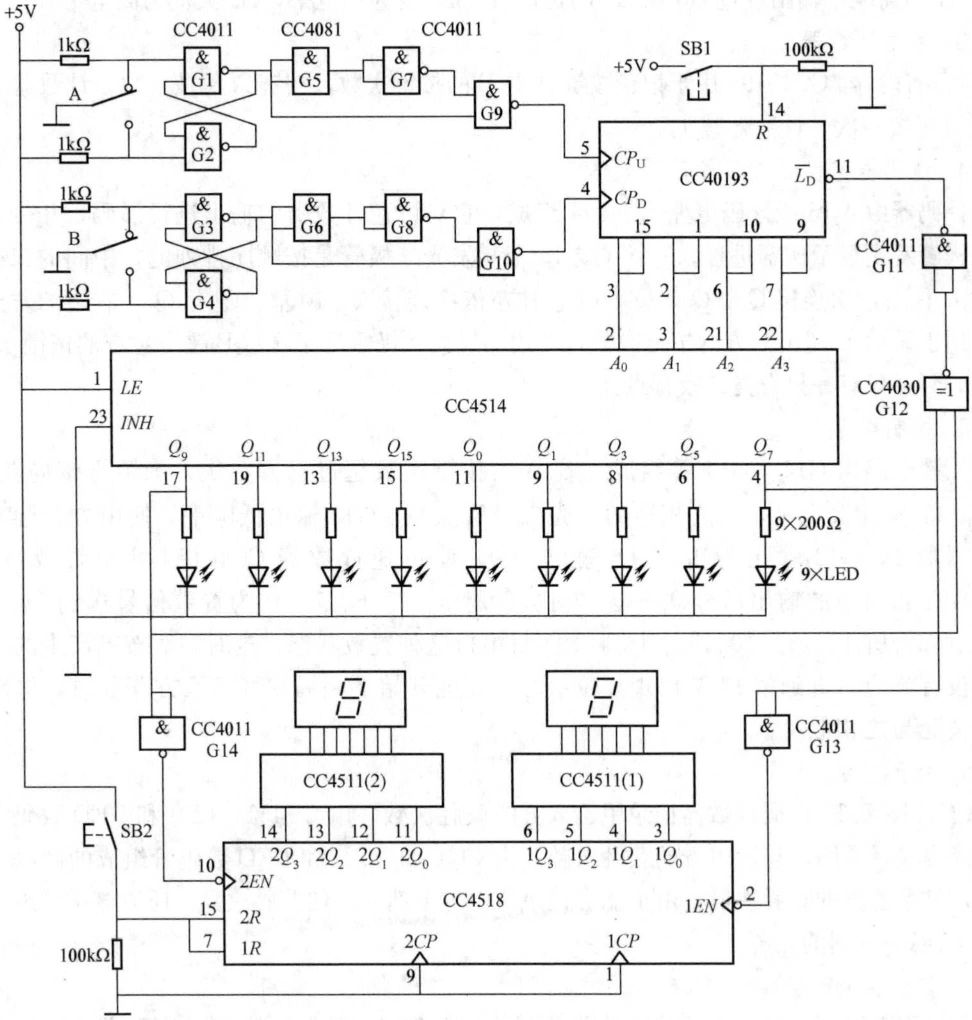

图 6-15　拔河游戏机整机电路图

1. 按键去抖动电路

与非门 G1～G4 组成的基本 RS 触发器具有去抖动作用，能有效地消除按键 A（对应甲方）和按键 B（对应乙方）动作时产生的抖动，提高电路的可靠性。

2. 整形电路

CC40193 是双时钟同步可逆 4 位二进制计数器，CP_U 是加计数脉冲输入端，CP_D 是减计数脉冲输入端，它们都是上升沿有效。在加法计数时，CP_D 必须是高电平；在减法计数时，CP_U 必须是高电平。在游戏比赛时，若某一方动作过慢（或出于故意干扰对方的目的，按住按键不放），G9 或 G10 持续输出低电平，将使得另一方的按键失效。为保证比赛的顺利进行，增加了由门电路G5～G8组成的脉冲整形电路，该电路使得 G9 和 G10 在绝大部分时间输出高电平，只有在 G1 或 G3 由低电平变为高电平时，G9 或 G10 才输出低电平，而且持续时间极短，约等于 G5～G7 或 G6～G8 的延迟时间。

在 G1 由低电平变为高电平的瞬间，G7 保持原状态，仍为高电平，这时 G9 输出低电平。G1 的高电平输出经过 G5 和 G7 的延迟后，G7 变为低电平，G9 又变为高电平。

3. 可逆计数器

可逆计数器 CC40193 用于记录按键 A 与 B 的按键次数，按键 A 每按一次，计数器加 1；按键 B 每按一次，计数器减 1。

4. 译码器与发光二极管显示电路

译码器由 4-16 线译码电路 CC4514 组成，它对可逆计数器的输出进行译码，并带动发光二极管发光显示比赛进程。9 个（或 15 个）发光二极管是按顺序排列的，中间的二极管接 Q_0，往右依次连接 Q_1、Q_3、Q_5、Q_7，往左依次连接 Q_{15}、Q_{13}、Q_{11}、Q_9。右边的发光二极管用于显示 A 超出对方的按键次数，左边的发光二极管用于显示 B 超出对方的按键次数。任何时刻，只有一只发光二极管点亮。

5. 控制电路

控制电路由 G11～G14 等组成。若 A 的按键次数超过对方 7 次，则甲方该局获胜。这时，Q_7 输出高电平，与之相连的发光二极管点亮，G13 输出低电平，使甲方获胜次数计数器加 1，G12 输出为 1，G11 输出为 0，使可逆计数器 CC40193 处于置数状态。CC40193 将自身的输出信号Q_0～Q_3（对应管脚 3、2、6、7）作为置数信号送到 D_0～D_3 端（对应管脚 15、1、10、9）。CC40193 将维持这种置数状态，这时它对按键产生的计数脉冲没有响应，直到第 14 脚出现复位信号，才能开始下一局比赛。乙方获胜时，电路的工作情况与之相似。

6. 胜负显示

CC4518 双 BCD 码计数器记录甲乙双方的获胜次数。由 CC4511（1）和 LED 数码管组成的译码显示电路，显示甲方的获胜次数；由 CC4511（2）和 LED 数码管组成的译码显示电路，显示乙方的获胜次数。由于能够记录每一方多达 9 次的获胜次数，所以该系统最多能用于 17 局 9 胜制的比赛。

7. 复位控制

SB1 用于每局比赛前对可逆计数器的复位，SB2 用于每场比赛前对获胜次数计数器的复位。

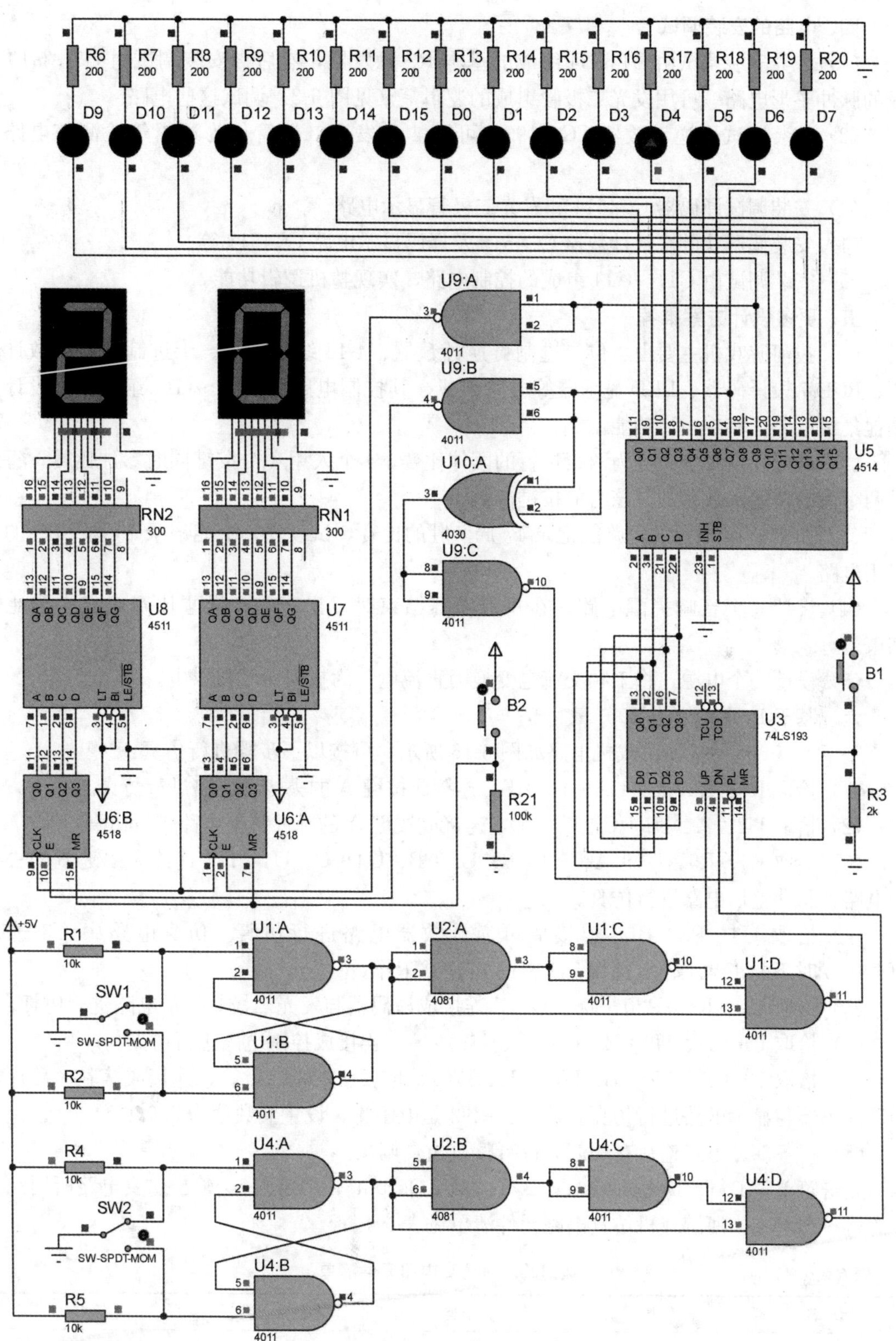

图 6-16　拔河游戏机仿真电路

四、电路的安装调试

(1) 首先安装调试由 G1～G4 组成的基本 RS 触发器，然后再安装调试由 G5～G10 组成的脉冲整形电路。可用发光二极管组成的逻辑笔（见图 6-2）调试这些电路。

(2) 安装调试可逆计数器 CC40193，可用 4 个发光二极管作为逻辑笔检测该电路的功能。

(3) 安装调试译码器 CC4514 和发光二极管显示电路。

(4) 安装调试获胜次数计数器 CC4518 及译码显示电路 CC4511 等。

(5) 安装调试由 G11～G14 组成的控制电路，实现整机逻辑功能。

五、更多设计方案推荐

(1) 拔河游戏机主要由 4 位二进制可逆计数器、4-16 线译码器、十进制获胜次数计数器、BCD-7 段译码器、LED 显示器等电路组成，其控制电路由 G11～G14 组成。试设计用其他集成电路来实现上述功能。

(2) 试设计由 4 个人分为两组进行的团体比赛，4 个人用 4 个按键同时参加比赛，每组中两个人的按键次数相加是该组的按键次数。

(3) 如图 6-15 所示的电路能记录 17 局 9 胜的比赛，试设计一个能记录 19 局 10 胜的比赛用电路。

(4) 设计一个音响提醒电路，在每局比赛结束时发出声响，提醒比赛双方本局比赛结束。

(5) 设计一个电源，将工频交流电变换为直流电，为拔河游戏机供电。

六、基于 Proteus 的仿真

基于 Proteus 的拔河游戏机电路如图 6-16 所示，可按以下步骤进行仿真：

(1) 拾取 R1、R2、U1：A、U1：B，连接成按键 A 的去抖动电路进行仿真。

(2) 拾取 U2：A、U1：C、U1：D，连接成按键 A 的脉冲整形电路进行仿真。

(3) 拾取 R4、R5、U4：A、U4：B、U2：B、U4：C、U4：D，连接成按键 B 的去抖动电路和脉冲整形电路进行仿真。

(4) 拾取 U3、R3、B1，连接成可逆计数器电路进行仿真。仿真电路中 U3 选用 CC40193 时不能正常工作，选用 74LS193 可正常工作。

(5) 拾取 U5、R6～R20、D0～D15，连接成译码器与发光二极管显示电路进行仿真。

(6) 拾取 U9：A、U9：B、U9：C、U10：A，连接成控制电路进行仿真。

(7) 拾取 U6：A、U6：B、U7、U8、RN1、RN2、发光二极管，连接成获胜次数计数器、译码器与显示电路进行仿真。RN1、RN2 是电阻排，设置其数值为 300Ω。

(8) 将各部分电路连接在一起，进行整机仿真调试。

点击菜单“Tools/Bill of Materials/HTML Output”，Proteus 会输出仿真电路所用元器件的材料清单。拔河游戏机仿真电路元件清单见表 6-4。

表 6-4　　拔河游戏机仿真电路元件清单

元件名	类	子类	个数及参数	备注
4011	CMOS 4000 Series	Gates & Inverters	3	4 个二输入端与非门
4030	CMOS 4000 Series	Gates & Inverters	1	4 个二输入端异或门

续表

元件名	类	子类	个数及参数	备注
4081	CMOS 4000 Series	Gates & Inverters	1	4个二输入端与门
4511	CMOS 4000 Series	Decodes	2	BCD译码驱动器
4514	CMOS 4000 Series	Decodes	1	4-16线译码器
4518	CMOS 4000 Series	Counters	1	双BCD码计数器
74LS193	TTL 74LS series	Counters	1	二进制可逆计数器
7SEG-MPX1-CC	Optoelectronics	7-Segment Displays	2	7段共阴极显示器
BUTTON	Swithes & Relays	Swithes	2	按钮
SW-SPDT-MOM	Swithes & Relays	Swithes	2	按键
RES	Resistors	Generic	200Ω×15，2kΩ，10kΩ×4，100kΩ	电阻

第五节　数控直流稳压电源

一、设计任务和要求

设计一个输出电压可调的直流稳压电源，其具体要求如下：

（1）输出电压的调节范围是5～12V，用按键“+”、“-”步进调节，步进值为1V。

（2）最大输出电流为1A。

（3）稳压系数小于0.2。

（4）纹波电压小于5mV。

（5）直流电源的内电阻小于0.5Ω。

二、总体设计方案

经过分析，数控直流稳压电源应当由主电路和控制电路两部分组成。主电路实现变压、整流、滤波和稳压；控制电路将按键产生的加、减脉冲变换为直流电压，以控制稳压电路的输出。控制电路部分采用数字电路与模拟电路混合设计，单脉冲产生电路将按键动作产生的信号经过去抖动和整形后，变为单脉冲信号，送到可逆计数器计数，D/A变换器将可逆计数器的输出变为直流控制电压，再经过稳压调节电路控制稳压电路的输出。数控直流稳压电源的组成如图6-17所示。

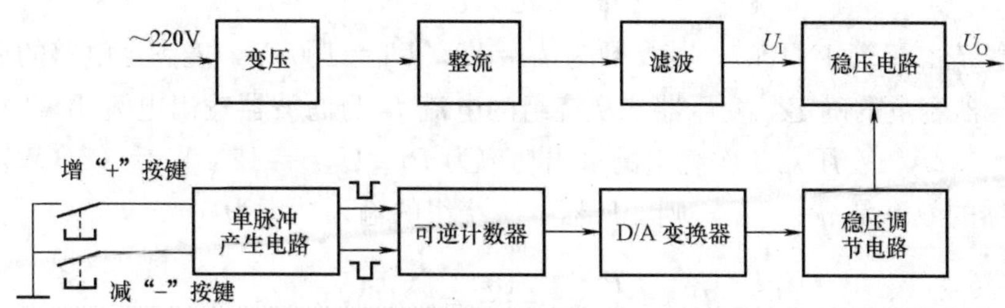

图6-17　数控直流稳压电源的组成

三、单元电路设计

1. 主电路设计

功率较大的单相直流稳压电源一般采用桥式整流，故首先确定主电路采用单相桥式整流加电容滤波的电路。稳压电路选用集成稳压器 CW7805，CW7805 的输出电流是 1.5A，其他指标也都能满足设计要求。主电路如图 6-18 所示。

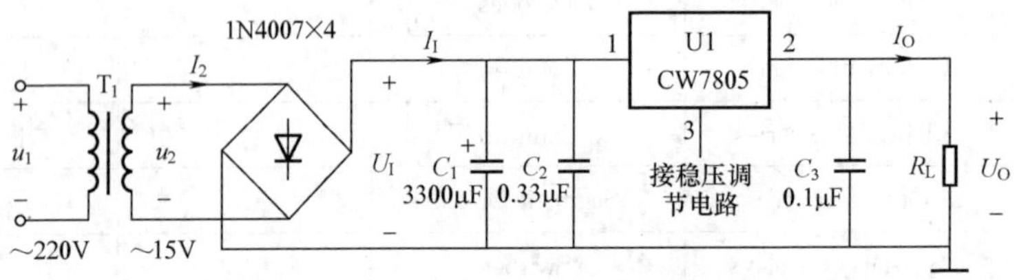

图 6-18 数控直流稳压电源的主电路

(1) 稳压电路输入电压 U_I 的确定。U_I 的计算公式为

$$U_I \geqslant U_{Omax} + (U_I - U_O)_{min}$$

其中，U_{Omax}是输出电压的最大值，取 12V。$(U_I - U_O)_{min}$是集成稳压器输入电压与输出电压的最小电压差，对于三端固定式稳压器，该值取 2～10V 时具有较好的稳压输出特性，若取 3V，则 $U_I \geqslant 15V$。考虑到允许电源电压有 10%的波动，故 $U_I \geqslant 15V/0.9 = 16.7V$，取 $U_I = 17V$。

(2) 变压器二次绕组电压 U_2 的确定。由经验公式 $U_I = (1.1 \sim 1.2)U_2$，则 $17 = (1.1 \sim 1.2)U_2$，$U_2 = 14.2 \sim 15.5V$，取 $U_2 = 15V$。

(3) 滤波电容 C_1 的确定。滤波电容 C_1 由电容两端的电压 U_I 和电流 I_I 确定。由于 CW7805 公共端的电流很小，故认为 $I_I = I_O$，$I_{Imax} = I_{Omax} = 1A$。

在单相桥式整流电路中，滤波电容的容量按公式 $RC_1 \geqslant (3 \sim 5)\ T/2$ 选择，则

$$C_1 = (3 \sim 5)\frac{I_I}{2fU_I} = (3 \sim 5) \times \frac{1}{2 \times 50 \times 17} = 1765 \sim 2941(\mu F)$$

取 C_1 为 3300μF，耐压为 25V 的电解电容。

(4) 整流二极管的确定。通过整流二极管上的电流为

$$I_D = \frac{I_I}{2} = \frac{1}{2} = 0.5\ (A)$$

二极管承受的反向电压最大值为

$$U_{Rm} = \sqrt{2}\,U_2 = \sqrt{2} \times 15 = 21.2\ (V)$$

故选用 4 只整流二极管 1N4007，其参数为 $I_F = 1A$，$U_R = 1000V$，能满足电路的要求。

(5) 变压器容量的确定。变压器二次绕组的电流 I_2 与滤波器输出电流 I_I 的关系是 $I_2 > I_{Imax}$，取 $I_2 = 1.2A$。变压器二次绕组的输出功率为 $P_2 = U_2 I_2 = 15 \times 1.2 = 18\ (W)$

若变压器的效率是 $\eta = 0.75$，则变压器一次绕组的输入功率为

$$P_1 = \frac{P_2}{\eta} = \frac{18}{0.75} = 24(W)$$

选择容量为 30W 的变压器。

2. 单脉冲发生器与可逆计数器

单脉冲发生器由 CC4538、按键 SB1 和 SB2 等组成，如图 6-19 所示。SB1 每按下一次，CC4538 第 7 脚输出的负脉冲使计数器 74LS193 加 1；SB2 每按下一次，CC4538 第 9 脚输出的负脉冲使计数器 74LS193 减 1。为了消除按键抖动引起的误动作，增加了由双单稳态触发器 CC4538 组成的单脉冲发生器，CC4538 输出脉冲的宽度为 150ms，脉冲宽度由 R_3C_4 和 R_4C_5 的大小决定（$T=R_3C_4=150\times10^3\times1\times10^{-6}$ s=150ms）。由于 CC4538 接成可重复触发的形式，这就有效地消除了按键抖动的影响。

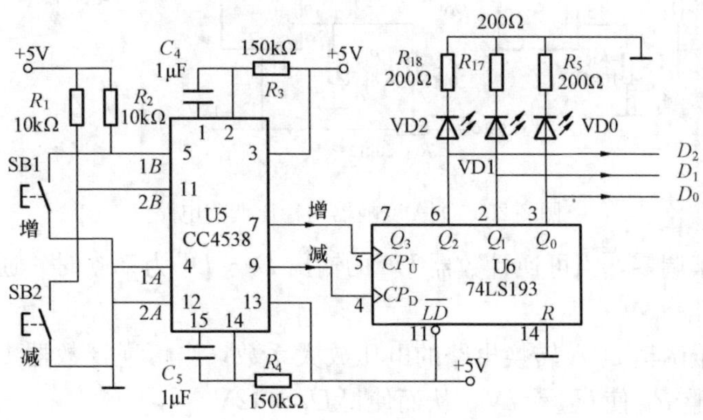

图 6-19　脉冲发生器与可逆计数器

74LS193 是双时钟 4 位二进制同步可逆计数器。CP_U 是加计数脉冲输入端，CP_D 是减计数脉冲输入端，它们都是上升沿有效。根据设计要求，稳压电源的输出电压从 5～12V 步进调节，步进值为 1V，因此输出电压共有 8 个数值，这 8 个数值可用计数器 74LS193 低 3 位 $Q_0\sim Q_2$ 端的 8 个输出状态与之相对应，从 000～111。3 个发光二极管 VD0～VD2 用于显示计数器 74LS193 的计数状态。

3. D/A 变换器与稳压调节电路

D/A 变换器与稳压调节电路如图 6-20 所示。D/A 变换器由集成运算放大器 U7：A 与外接电阻构成，它们将可逆计数器 U6 输出的 3 位二进制数 $D_2\sim D_0$ 转换成直流电压，计算公式为

$$U_{O1}=-\left(\frac{R_f}{R_6}D_2+\frac{R_f}{R_7}D_1+\frac{R_f}{R_8}D_0\right)U_H=-\left(\frac{R_f}{R}D_2+\frac{R_f}{2R}D_1+\frac{R_f}{4R}D_0\right)\times3.6$$
$$=-3.6\frac{R_f}{R}\left(D_2+\frac{1}{2}D_1+\frac{1}{4}D_0\right)$$

其中，U_H 为 $D_2\sim D_0$ 的高电平电压值，取 3.6V。

U7：B 与外接电阻构成反相器，其输出电压为

$$U_{O2}=-U_{O1}=3.6\frac{R_f}{R}\left(D_2+\frac{1}{2}D_1+\frac{1}{4}D_0\right)$$

U7：C 与外接电阻构成稳压调节电路，当 U_{O2} 变化时，使 U_N 和 U_O 随之变化，输出电压 U_O 的计算公式为

$$U_O=U_N+5=U_{O2}+5=3.6\frac{R_f}{R}\left(D_2+\frac{1}{2}D_1+\frac{1}{4}D_0\right)+5$$

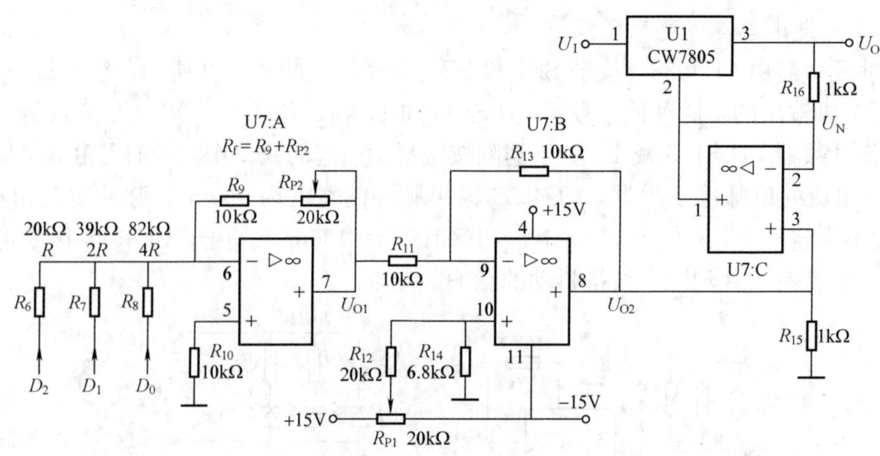

图 6-20 D/A 变换器与稳压调节电路

电位器 R_{P1} 用于调零，当可逆计数器 U6 的输出 $D_0 \sim D_2$ 为 000 时，通过调整 R_{P1} 使 $U_{O2}=0V$，从而使得 $U_O=5V$。

电位器 R_{P2} 用于调整 D/A 转换电路的电压放大系数，当可逆计数器 U6 的输出 $D_0 \sim D_2$ 为 111 时，通过调整 R_{P2} 使 $U_{O2}=7V$，从而使得 $U_O=12V$。

当取 $R=20k\Omega$ 时，由下式可得 $R_f=22.2k\Omega$。

$$12=3.6\times\frac{R_f}{20}\left(1+\frac{1}{2}\times1+\frac{1}{4}\times1\right)+5$$

取 $R_9=10k\Omega$，$R_{P2}=20k\Omega$，就能满足电路的要求。

4. 辅助电源设计

控制电路中的集成运算放大器 LM324 需要±15V 的直流电源，单脉冲产生电路和可逆计数器中的 CC4538、74LS193 等需要+5V 的直流电源供电，这些直流电源需要辅助电源电路产生，辅助电源电路如图 6-21 所示。由于辅助电源电路的输出功率较小，用小容量的电源变压器 T2 就能满足需要，也可以将 T1 和 T2 设计成用一个多绕组的变压器代替。

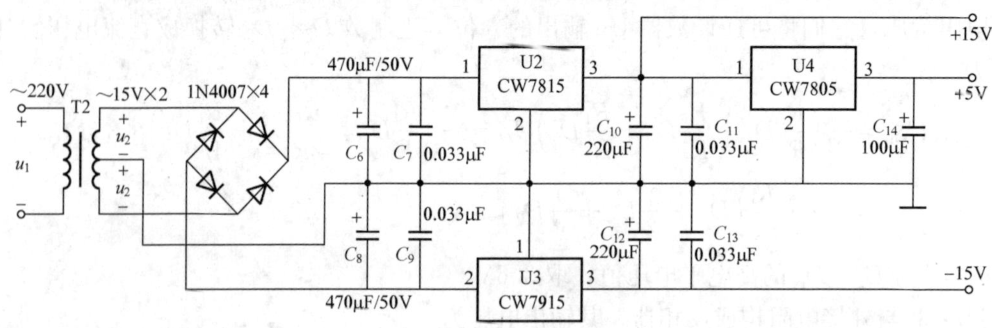

图 6-21 辅助电源电路

四、电路的安装与调试

该电路所用元器件虽多，但多数为分立元器件，所以连接线较少，安装难度不大，但由于电路中既包含模拟电路，又包含数字电路，故调试难度相对较大。安装调试时一定要做到安装完一部分后，接着进行调试，调试通过后，再安装调试下一部分。不要期望全部安装完成后，一次调试就能成功。

（1）辅助电源部分的安装调试。首先安装调试辅助电源部分，将这一部分调试成功后，才能安装调试控制电路。

（2）安装调试单脉冲产生电路。可在CC4538的第7脚和第9脚或第6脚和第10脚接发光二极管，用于检测按下按键时，是否有单脉冲输出。

（3）安装调试可逆计数器。利用发光二极管VD0～VD2可观测该电路能否正常工作。

（4）安装调试D/A变换器U7：A。安装完成后，用万用表测量输出电压U_{O1}，U_{O1}应当随着按键的动作而变化。该电路安装成功后，接着安装调试反相放大器U7：B，测量其输出电压U_{O2}，U_{O2}应当随着U_{O1}变化。

（5）安装调试主电路中的变压、整流、滤波电路。

（6）安装调试稳压电路U1和稳压调节电路U7：C。

（7）系统调试。调节R_{P1}和R_{P2}，使稳压电路的输出电压调整范围为5～12V。

（8）外接负载电阻，用电子仪器测量稳压电源的其他性能指标。若不能达到设计要求，则要对电路作一些调整或改进设计。

五、更多设计方案推荐

（1）该电路在调节输出电压时，两端存在突变现象。不断按按键SB1，输出电压会逐渐升高，当升高到12V后，又会从5V开始再次升高；不断按按键SB2，也会出现类似的情况，输出电压减小到5V后，再从12V开始减小。能否设计一个电路，使输出电压增加到最大后，只能逐渐减小，而不能突变到最小；当输出电压降低到最低后，只能逐渐增大，而不能突变到最大。

（2）该电路设计输出电压分为8个等级进行调节，能否设计一个电路实现更多级数的调节；能否设计一个电路输出电压在5～10V间多级调节，或在更宽的范围内调节输出电压；能否设计一个电路使输出电流达到3A或更高。

（3）能否设计一些电路替代本次设计中的单元电路，或用其他集成电路替代本次设计中所用的集成电路。

（4）试设计用数码管直观地显示稳压电源输出电压的大小。

六、基于Proteus的仿真

基于Proteus的数控直流稳压电源仿真电路如图6-22所示，可按以下步骤进行调试：

（1）拾取和放置变压器TR1、交流电源V1、交流电压表，连接电路进行设置，如图6-23所示。变压器的型号为TRAN-2P2S，其他参数的设置如图6-24所示。为减小仿真时变压器参数对仿真结果的影响，尽量减小其内电阻和电感，故设置其一、二侧绕组的电感都为1mH，绕组的电阻都为1mΩ。设置其耦合系数Coupling Factor为0.07。耦合系数即变压器二次绕组与一次绕组的电压比，计算式为

$$\text{Coupling Factor}=\frac{U_2}{U_1}=\frac{17}{220}=0.07$$

交流电源的设置如图6-25所示，设置其名称为V1，元件显示数值为220V，最大值为310V，频率为50Hz。

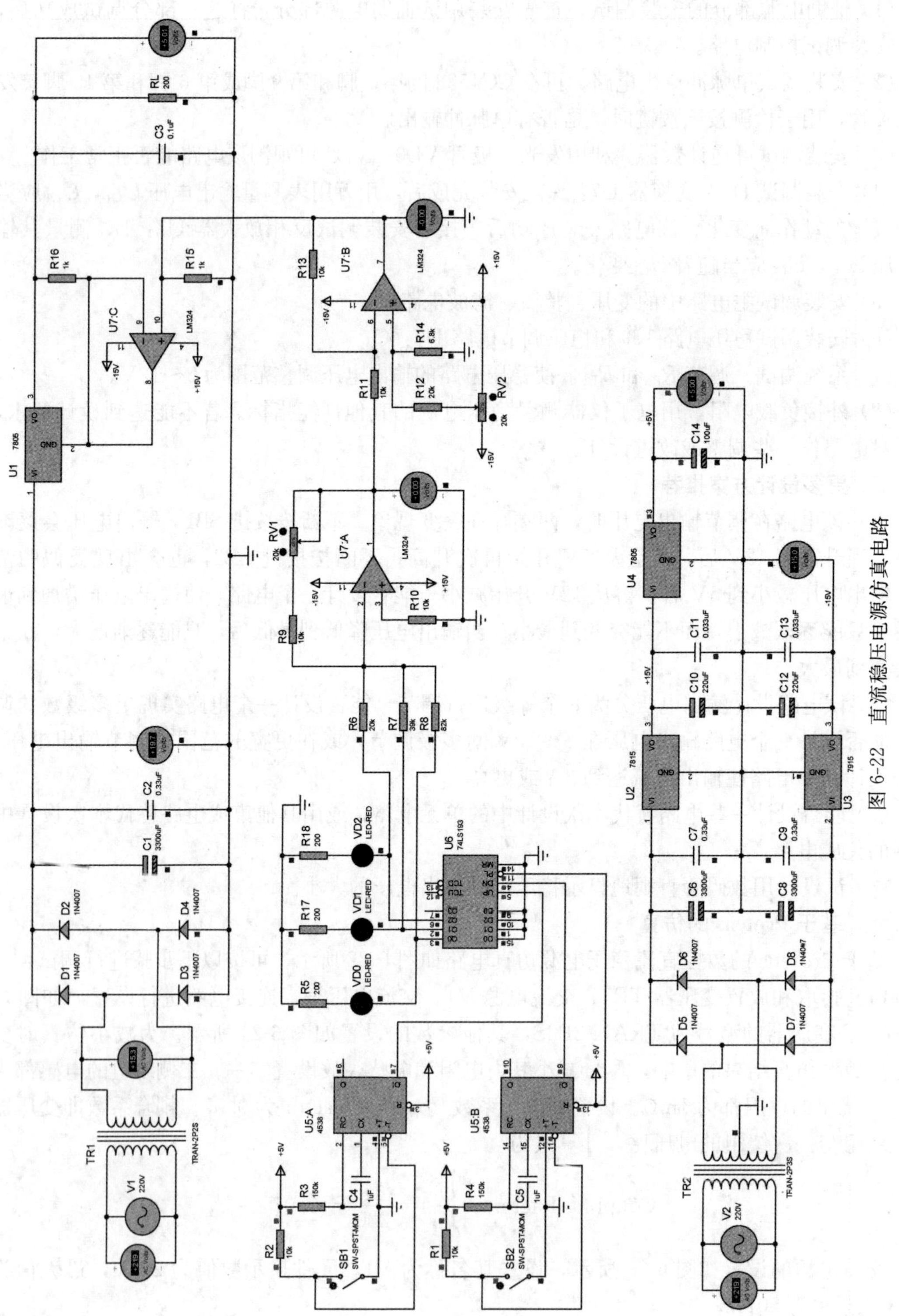

图 6-22 直流稳压电源仿真电路

TR1
V1
220V
AC Volts
AC Volts
TRAN-2P2S

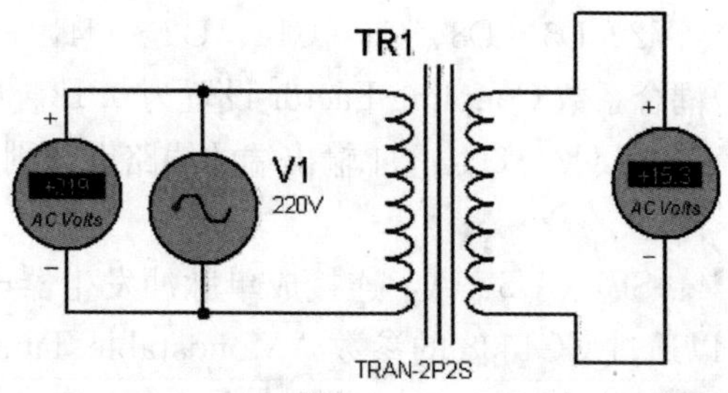

图 6-23 变压器、交流电源的设置电路仿真图

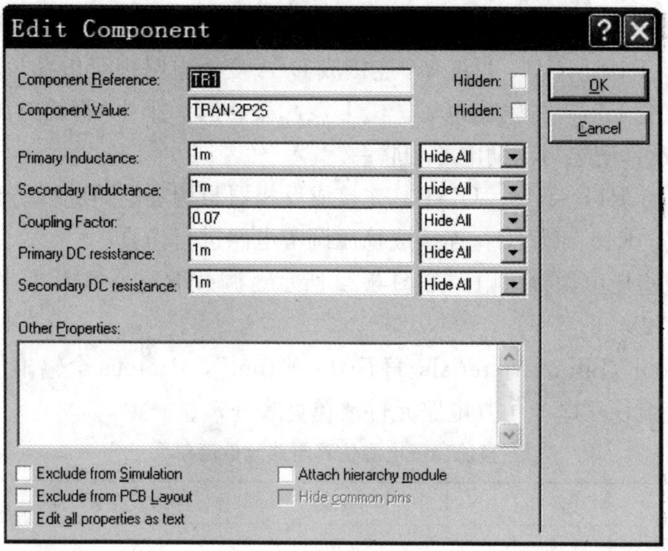

Edit Component
Component Reference: TR1
Hidden:
Component Value: TRAN-2P2S
Hidden:
OK
Cancel
Primary Inductance: 1m Hide All
Secondary Inductance: 1m Hide All
Coupling Factor: 0.07 Hide All
Primary DC resistance: 1m Hide All
Secondary DC resistance: 1m Hide All
Other Properties:
Exclude from Simulation
Exclude from PCB Layout
Edit all properties as text
Attach hierarchy module
Hide common pins

图 6-24 电源变压器的设置

Edit Component
Component Reference: V1
Hidden:
Component Value: 220V
Hidden:
OK
Cancel
Amplitude: 310V Hide All
Frequency: 50Hz Hide All
Other Properties:
Exclude from Simulation
Exclude from PCB Layout
Edit all properties as text
Attach hierarchy module
Hide common pins

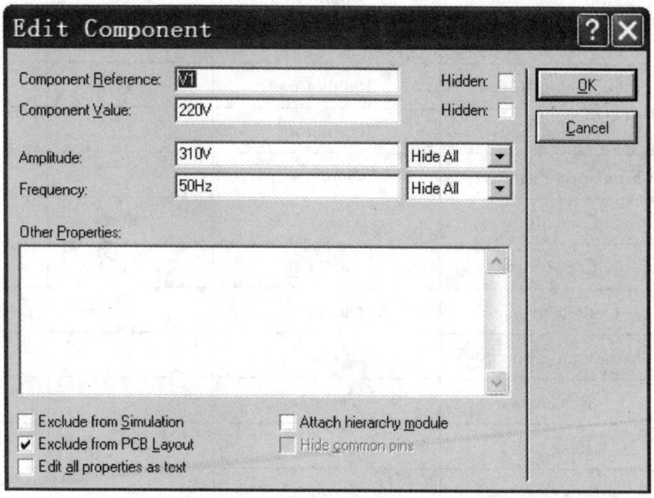

图 6-25 交流电源的设置

(2) 拾取 D1～D4、C1、C2、C3、U1、RL，连接成主电路进行仿真。

(3) 拾取和放置 TR2、V2、D5～D8、C6～C14、U2～U4，连接成辅助电源电路进行仿真。电源变压器 TR2 的耦合系数 Coupling Factor 设置为 0.13。单击工作环境左侧工具箱中标注线段或网络名按钮，在 U2、U3、U4 输出端的线路上分别放置＋15、－15、＋5V，作为网络名。

(4) 拾取 R2、R3、C4、SB1、U5：A，连接成单脉冲发生器电路进行仿真。U5:A 输出单脉冲的持续时间，可以通过 CC4538 的参数“Monostable Time Constant”来设定。给电源标注网络名“＋5V”，使之与辅助电源相联系。拾取 R1、R4、C5、SB2、U5:B，连接成另一个单脉冲发生器电路进行仿真。

(5) 拾取 R5、R17、R18、VD0～VD3、U6，连接成可逆计数器电路进行仿真。

(6) 拾取 R6～R10、RV1、U7:A，连接成 D/A 变换电路进行仿真。RV1 是可变电阻，调节其数值，可改变 U7:A 的输出电压。给 U7:A 第 4 脚、第 11 脚的电源分别标注网络名“＋15V”、“－15V”，使之与辅助电源相联系。

(7) 拾取 RV2、R11～R14、U7:B，连接成反相器与调零电路进行仿真。

(8) 拾取 R15、R16、U7:C，连接成稳压调节电路进行仿真。

(9) 数控直流稳压电源整机电路如图 6-22 所示。调节 RV1、RV2 使稳压电路的输出电压调整范围为 5～12V。

点击菜单“Tools/Bill of Materials/HTML Output”，Proteus 会输出仿真电路所用元器件的材料清单。直流稳压电源仿真电路元件清单见表 6-5。

表 6-5 直流稳压电源仿真电路元件清单

元件名	类	子类	个数及参数	备注
1N4007	Diodes	Rectifiers	8	整流二极管
4538	CMOS 4000 Series	Multivibrators	1	单稳态触发器
74LS193	TTL 74LS series	Counters	1	二进制可逆计数器
7805	Analog ICs	Regulators	2	三端固定式稳压器
7815	Analog ICs	Regulators	1	三端固定式稳压器
7915	Analog ICs	Regulators	1	三端固定式稳压器
ALTERNATOR	Simulator Primitives	Sources	2	交流电源
CAP	Capacitors	Generic	略	电容
CAP-ELEC	Capacitors	Generic	略	电解电容器
LED-RED	Optoelectronics	LEDs	3	红色发光二极管
LM324	Operational Amplifiers	Quad	1	运算放大器
POT-HG	Resistors	Variable	2	电位器
RES	Resistors	Generic	略	电阻
SW-SPST-MOM	Swithes & Relays	Swithes	2	按键
TRAN-2P2S	Inductors	Transformers	1	变压器
TRAN-2P3S	Inductors	Transformers	1	有抽头的变压器

第六节 数字电子钟

一、设计任务和要求

用中、小规模的集成电路设计一台数字电子钟，其具体要求如下：

(1) 能够显示时、分、秒。

(2) 具有手动校时功能，能够对时、分、秒分别进行校时。

(3) 具有整点报时功能。要求从 59 分 54 秒开始，每隔 0.5s 鸣叫一次，共鸣叫 6 次，每次鸣叫时间为 0.5s，前 5 次鸣叫信号是低音信号，最后一次鸣叫是中高音信号。

二、总体设计方案

根据设计任务要求，数字电子钟电路应当由秒信号发生器、计时器、译码显示电路、整点报时电路和校时电路五个部分组成，如图 6-26 所示。

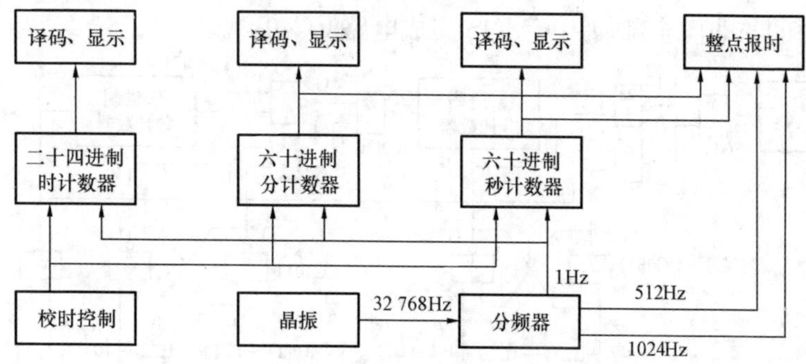

图 6-26 数字电子钟组成

秒信号发生器包括晶体振荡电路和分频器，它用于产生计时器所需要的标准秒信号。计时器部分包括二十四进制的时计数器，六十进制的秒计数器和分计数器。译码显示电路对时、分、秒计数器的输出状态进行译码，并通过 6 个 LED 数码管进行时间显示。整点报时电路对时、分、秒计数器的输出状态进行译码，并按时送出低音信号和中高音信号，推动扬声器发声。

三、单元电路设计

1. 秒信号发生器

秒信号发生器可由集成电路 CC4060 与 RC 元件组成振荡/分频电路构成，具体电路请参考图 3-32。该电路除了产生秒信号外，还能产生 512Hz 的脉冲信号用作低音鸣叫信号，同时产生 1024Hz 的脉冲信号用作中高音鸣叫信号。

2. 计时器

计时器电路由二十四进制时计数器、六十进制分计数器、六十进制秒计数器组成，都是加法计数器。计时器电路可选用 CC4029、74LS160、74LS190、74LS290 等集成电路构成，具体电路请参考第 3 章中的相关内容及图 6-6。

3. 译码显示电路

译码显示电路可选用 74LS47、74LS48、CC4511 等与 LED 数码管构成，具体电路请参考图 3-14。

4. 校时电路

校时电路如图 6-27 所示。秒计数器的校时电路由与非门 G1 与按键 SB1 等组成。校秒时按住 SB1 不动，秒信号被 G1 封锁，秒计数器暂停计数，当时钟显示数值与标准时间相同时，松开 SB1，完成校“秒”操作。平时，SB1 处于断形状态，G1 开门，将秒信号送到计时和校时电路。

校“分”电路由与非门 G2～G6 和按键 SB2 等组成。G2 与 G3 组成基本 RS 触发器，它能有效地克服按键抖动产生的影响，使校“分”过程更准确。正常工作时 SB2 处于位置 1，G2 输出高电平，G5 开门将秒计数器产生的进位信号送到分计数器。在校“分”操作时 SB2 处于位置 2，G3 输出高电平，G4 开门将秒信号直接送到分计数器作为计数脉冲，从而实现快速校“分”操作。

校“时”电路由与非门 G7～G11 和按键 SB3 等组成，其工作原理与校“分”过程相同。

校时电路中的与非门全部使用 CMOS 集成电路 CC4011。

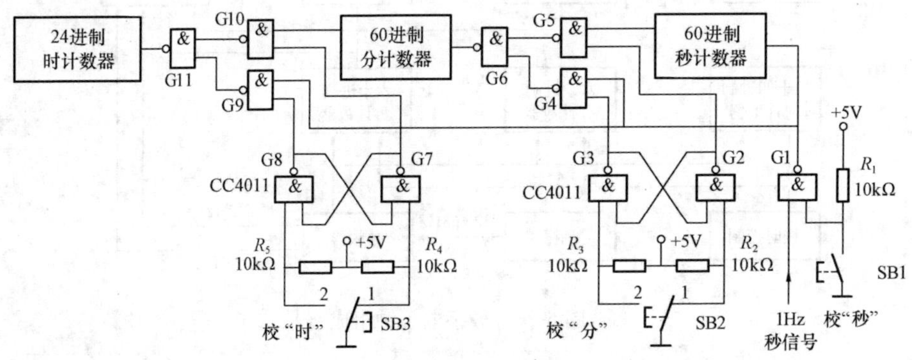

图 6-27 校时电路

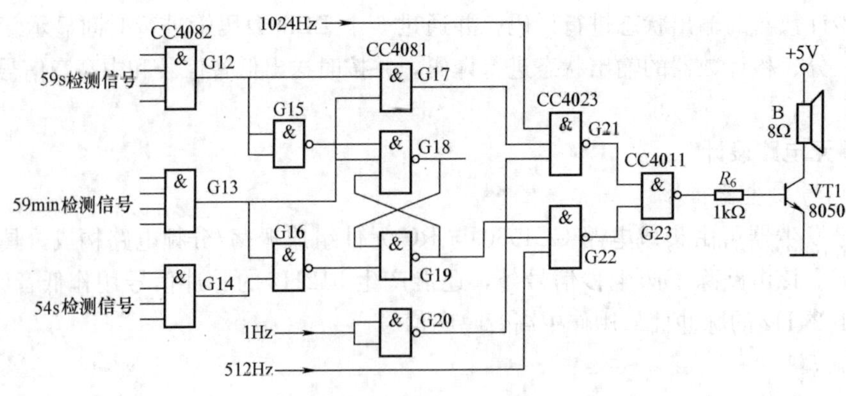

图 6-28 整点报时电路

5. 整点报时电路

整点报时电路如图 6-28 所示。在到达 59min 以前，G13 输出为 0；G17 输出为 0，G21 关门；G16、G18 输出为 1，G19 输出为 0，G22 关门。这时音频信号不能通过 G21 和 G22，喇叭不响。

时间到达 59min 以后，G13 输出为 1。在 59min54s 之前，G12、G14 输出仍为 0，G15、G16 输出为 1，G18、G19 组成的基本 RS 触发器保持不变，仍使 G19 输出为 0，G22 关门。G17 输出为 0，G21 关门。由于 G21、G22 关门，音频信号不能通过，喇叭不响。

时间到达 59min54s，G14 输出为 1，G16 输出变 0，G19 输出为 1。在 54s 到 59s 期间，G18、G19 组成的基本 RS 触发器保持不变，G19 输出为 1，G22 开门使 512Hz 的低音信号通过，喇叭发声。在这期间，G12、G17 输出为 0，G21 关门。

时间到达 59min59s，G12 输出为 1，G14、G15 输出为 0，G16 输出为 1，使 G19 输出为 0，从而关闭 G22，使低音信号不能加到喇叭上。这时，G17 输出为 1，使 G21 开门，1024Hz 的中高音信号能通过 G21，使喇叭发出高音调的提醒声音。

1Hz 的秒脉冲信号加到 G21 和 G22，控制它们开门和关门各 0.5s，从而使喇叭发出断续的声响。门 G20 的作用是保证在每一秒的前 0.5s 使 G21、G22 关门，在后 0.5s 使 G21、G22 开门，从而使声响信号在整点时结束。是否需要加入 G20，要根据秒计数器是上升沿有效，还是下降沿有效来确定。

G13 输出接 G18，其目的是防止开机后喇叭就响的缺陷。若不接这条控制线，则开机后 G15、G16 输出都是 1；G19 的输出状态不定，可能是 1，也可能是 0，若输出为 1，则喇叭开机就响，直到经过一个整点后，才能进入正常状态。

四、电路的安装与调试

(1) 该电路所用集成电路较多，连接线很多，用面包板作实验时，需要用两块面包板才能容纳下。安装之前要先对各元件的安装位置进行规划，尽量减少导线的交叉。在安装过程中要随时画出安装接线图，以便于下一次的安装。

(2) 电路的安装步骤是先安装秒信号发生器，再安装调试计时器电路、译码显示器电路和校时电路，最后才安装调试整点报时电路。

(3) 由于该电路的安装调试难度太大，建议经验不足者不选用该电路，或只选做其中的一部分。

五、更多设计方案推荐

(1) 该电路中的秒信号发生器、计时器、译码显示器和校时电路可以用多种集成电路或多种方法来实现，可根据所学知识进行独立的分析和设计，尽量不重复别人的设计，要有所创新。

(2) 将整点报时电路改为每次响 1s，间隔也是 1s，声响的次数可以自己确定。

(3) 将电路加以改进，使之在晚上 10 点钟以后到早上 7 点钟以前将整点报时功能关闭。

六、基于 Proteus 的仿真

基于 Proteus 的数字电子钟电路如图 6-29 所示，可按以下步骤进行仿真：

(1) 拾取 U1、U2 和数码管，连接成秒个位计数、译码、显示电路进行仿真。可验证 74LS48 译码器 BI/RBO、RBI、LT 端的功能，验证 CC4029 计数器 CI、PE、B/$\overline{D}$、U/$\overline{D}$ 端的功能。U2 的第 15 脚应连接数字时钟发生器作为秒信号输入，数字时钟发生器的频率设置为 1Hz。

(2) 拾取 U3、U4、U5:A 和数码管，连接成六十进制秒计数器进行仿真。将 U2 的 CO 端，接 U4 的 CLK 端，实现个位向十位的进位。将 U4 的 QC、QB 接 U5:A 的输入端，U5: A 的输出端接 U4 和 U2 的 PE 端，将秒计数器设置为六十进制计数器。

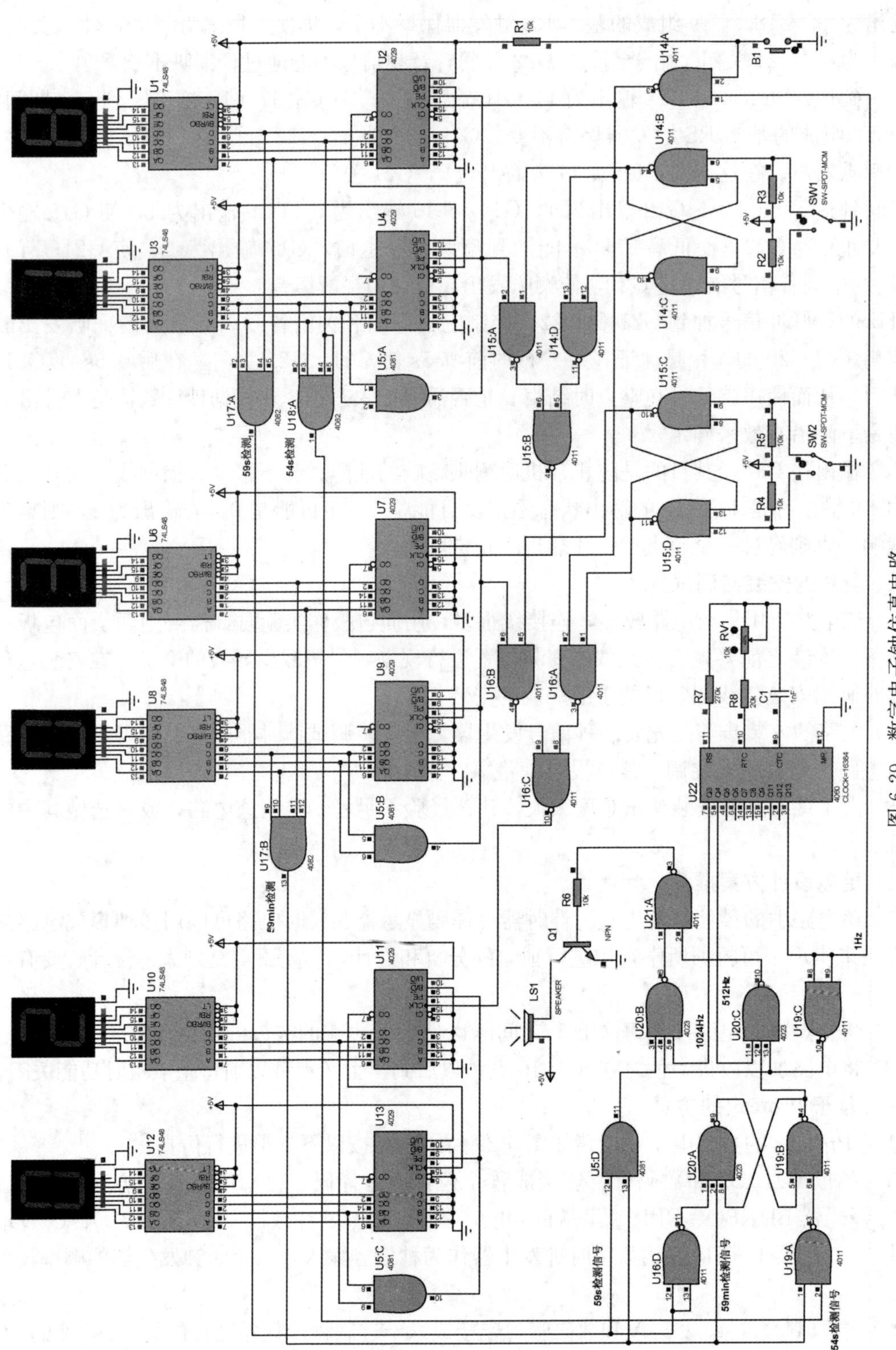

图 6-29 数字电子钟仿真电路

(3) 拾取 U6、U7、U8、U9、U5:B，连接成六十进制分计数器进行仿真。将 U5:A 的输出接 U7 的 CLK 端，实现秒计数器向分计数器的进位。

(4) 拾取 U10、U11、U12、U13、U5:C，连接成二十四进制时计数器进行仿真。将 U5:B 的输出接 U11 的 CLK 端，实现分计数器向时计数器的进位。将 U13 的 QB 和 U11 的 QC 接 U5:C 的输入端，U5:C 的输出端接 U13 和 U11 的 PE 端，将时计数器设置为二十四进制计数器。

(5) 拾取 U14：A、R1、B1，连接成校秒电路进行仿真。

(6) 拾取 U14：B~D、U15：A~B、R2、R3、SW1，连接成校分电路进行仿真。

(7) 拾取 U15：C~D、U16：A~C、R4、R5、SW2，连接成校时电路进行仿真。

(8) 拾取 U17：A~B、U18A，连接成 59s、59min、54s 信号检测电路进行仿真。

(9) 拾取 U5：D、U16：D、U19：A~C、U20：A~C、U21：A、R6、Q1、LS1，连接成整点报时电路进行仿真。仿真时，将 U20：B 接数字时钟信号发生器，并将数字时钟信号发生器的频率设置为 1024Hz。将 U20：C 接数字时钟信号发生器，并将数字时钟信号发生器的频率设置为 512Hz。

(10) 拾取 U22、R7、R8、RV1、C1，连接成秒信号发生器进行仿真。CC4060 需要设置振荡频率才能正常工作，振荡频率的设置如图 6-30 所示。秒信号发生器电路要单独调试，调试成功后再接入主电路。

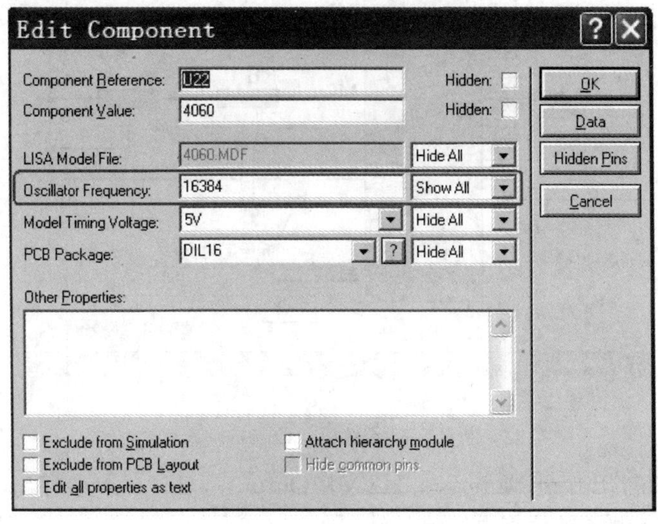

图 6-30　CC4060 的设置

(11) 在秒信号发生器调试成功后，将其接入整机电路中进行调试。整机电路如图 6-29 所示。

整机电路接入秒信号发生器后，CPU 的负担过重，仿真运行速度过慢，这时在工作环境的状态栏中会出现黄色的提示符号，点击状态栏中的提示符号，出现详细的提示信息，如图 6-31 所示。

这时，可将 U22 的第 9~11 脚与定时元件相连接的导线断开，秒信号发生器仍正常工作，并且 CPU 的负担明显减轻，电路的仿真速度很快，如图 6-32 所示。

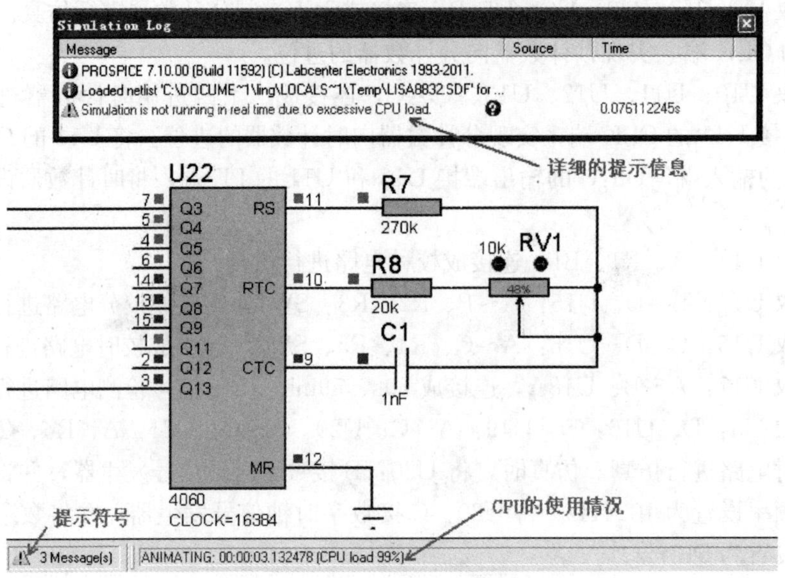

图 6-31　CPU 负担过重的提示信息

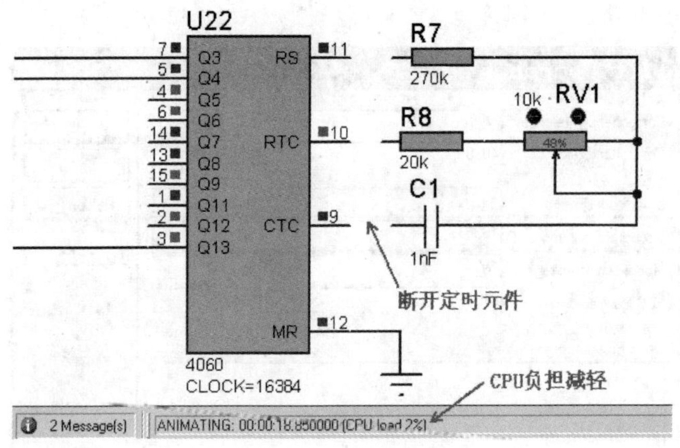

图 6-32　断开定时元件后，CC4060 仍正常工作

点击菜单“Tools/Bill of Materials/HTML Output”，Proteus 会输出仿真电路所用元器件的材料清单。数字电子钟仿真电路元件清单见表 6-6。

表 6-6　　数字电子钟仿真电路元件清单

元件名	类	子类	个数及参数	备注
4011	CMOS 4000 Series	Gates & Inverters	5	4 个二输入端与非门
4023	CMOS 4000 Series	Counters	1	2 个三输入端与非门
4029	CMOS 4000 Series	Counters	6	二/十进制、加/减计数器
4060	CMOS 4000 Series	Counters	1	14 位计数器/分频器
4081	CMOS 4000 Series	Gates & Inverters	1	4 个二输入端与门
4082	CMOS 4000 Series	Gates & Inverters	2	2 个四输入端与门

续表

元件名	类	子类	个数及参数	备注
74LS48	TTL 74LS Series	Decodes	6	BCD 译码驱动器（接共阴极 LED）
7SEG-MPX1-CC	Optoelectronics	7-Segment Displays	6	7 段共阴极显示器
BUTTON	Swithes & Relays	Swithes	1	按钮
CAP	Capacitors	Generic	1n	电容
NPN	Transistors	Generic	1	晶体管
POT-HG	Resistors	Variable	1	电位器
RES	Resistors	Generic	10kΩ×6，270kΩ，20kΩ	电阻
SPEAKER	Speakers & Sounders		1	喇叭
SW-SPDT	Swithes & Relays	Swithes	2	开关

第七节 篮球比赛计时器

一、设计任务和要求

用中小规模集成电路设计一台篮球比赛计时器，其具体要求如下：

（1）比赛采用四节制，每节比赛用时 12min，对每节比赛时间倒计时；

（2）比赛采用 24s 进攻制，对每次进攻时间倒计时；

（3）用数码管显示每节比赛的剩余时间和每次进攻的剩余时间；

（4）具有暂停功能，暂停期间停止计时，比赛恢复后继续计时；

（5）在每节比赛结束、24s 进攻结束时，发出音响提醒信号并停止计时。

二、总体设计方案

根据设计任务要求，篮球比赛计时器电路应当由秒信号发生器、12min 计时器、24s 计时器、译码显示电路、控制电路、音响提醒电路等组成，如图 6-33 所示。

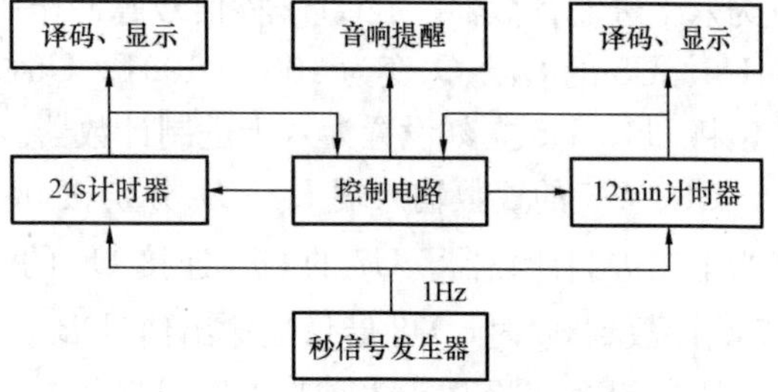

图 6-33 篮球比赛计时器的组成

秒信号发生器用于产生计时器所需要的标准秒信号。译码显示电路对 12min 计时器和 24s 计时器的输出状态进行译码，并通过 6 个 LED 数码管显示计时时间。控制电路对 12min 计时器和 24s 计时器的运行进行控制，并控制音响提醒电路的工作。

三、单元电路设计

1. 秒信号发生器

秒信号发生器可由集成电路 CC4060 与 RC 元件构成振荡/分频电路构成，具体电路请参考图 3-32。秒信号发生器也可由 555 定时器构成的多谐振荡器组成。

2. 24s 计时器

24s 计时器由两片 74LS192 组成，如图 6-34 所示。74LS192 是双时钟同步可逆十进制计数器，其逻辑功能和用法可参考表 3-23。CP_D接计数脉冲可实现减法计数。U1 的 CP_D端接 1Hz 秒信号作为计时信号。级连时，将 U1 的借位输出端 $\overline{B_O}$ 接 U2 的 CP_D端，可实现低位向高位的借位。U2 借位端的输出信号 $\overline{B_{O1}}$ 接控制器，作为 24s 倒计时结束信号。$D_3 \sim D_0$ 是 74LS192 的置数输入端，将 U2、U1 的置数输入端接 0010、0100，在它们的 $\overline{L_D}$ 端输入低电平时，将 24s 计数器的初始状态置数为 24。

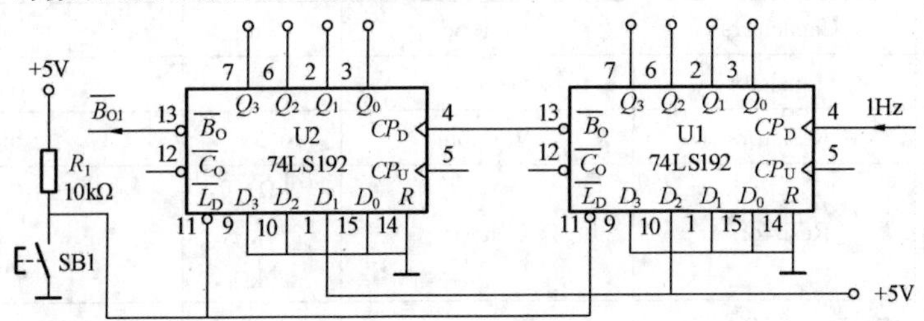

图 6-34　24s 计时器

电阻 R_1、按钮 SB1 用于手动将 U2、U1 置数为 24。

24s 计时器的工作过程如下：按下 SB1，将计数器的初始状态置数为 24；比赛开始后，在 1Hz 秒信号的作用下，计数器开始减计数，当减计数到 0 时，U2 的 $\overline{B_O}$ 端送出低电平信号 $\overline{B_{O1}}$ 到控制电路，使比赛暂停。

3．12min 计时器

12min 计时器主要由 4 片 74LS192 组成，电路如图 6-35 所示。U6、U5 分别对秒的十位、个位计数，U8、U7 分别对分的十位、个位计数。它们都接成减法计数器，都是通过低位的借位端 $\overline{B_O}$ 连接高位的 CP_D端，实现向高位的借位。

U6、U5 的置数输入端 $D_3 \sim D_0$ 分别接 0110、0000，在它们的 $\overline{L_D}$ 端输入低电平时，设置为六十进制计数器。在 1Hz 秒信号脉冲作用下，从 60 减计数到 00。下一个秒脉冲到来，使 U6、U5 的 $Q_3 \sim Q_0$ 变为 1001、1001。U6 的 Q_3端出现高电平，经过非门 G1 后变为低电平，将 U6、U5 立刻设置为六十进制计数器。U6、U5 输出端出现 1001、1001 的时间极短。

U8、U7 的置数输入端 $D_3 \sim D_0$ 分别接 0001、0010，在它们的 $\overline{L_D}$ 端输入低电平时，设置为十二进制计数器。U7 的 CP_D连接 U6 的 $\overline{B_O}$ 端，实现秒计数器向分计数器的借位。U8、U7 减计数到 00 时，U8 借位端输出信号 $\overline{B_{O2}}$ 到控制器，使比赛停止。

R_2、SB2、G2 用于手动将 U8、U7 置数为 12，将 U6、U5 清零。

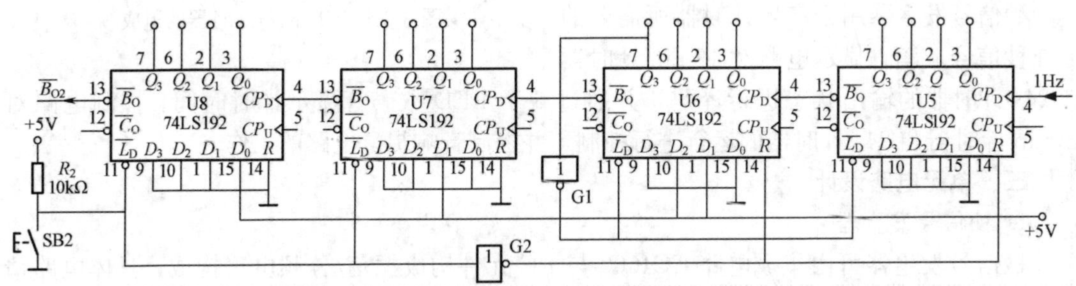

图 6-35　12min 计时器

4. 译码、显示电路

译码、显示电路可选用 74LS47、74LS48、CC4511 等与 LED 数码管构成，具体电路请参考图 3-14。

5. 音响提醒电路

音响提醒电路由 U15 等构成的多谐振荡器组成，电路如图 6-36 所示。在 24s 计时器计数到 0 时，$\overline{B_{O1}}$ 为 0；在 12min 计时器计数到 0 时，$\overline{B_{O2}}$ 为 0，它们都能使 G3 输出为 1，加到 U15 的第 4 脚，使多谐振荡器处于工作状态，喇叭发出声响。

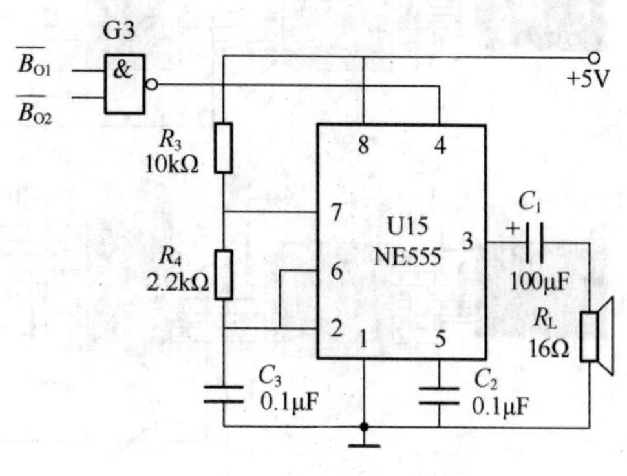

图 6-36 音响提醒电路

由 U15 等构成的多谐振荡器在工作时能够产生 1000Hz 的音频信号，加到喇叭上发出声响。振荡频率的计算公式为

$$(R_3+2R_4)C_3f\approx 1.43$$

取 $f=1000$Hz、$R_4=2.2$kΩ、$C_3=0.1\mu$F，经计算得 $R_3=9.9$kΩ，取 $R_3=10$kΩ。

6. 运行控制电路

运行控制电路主要由门电路 G3～G7 组成，如图 6-37 所示。G5、G6 组成的触发器用于消除按键 SB3 产生的抖动。G7 用于控制秒脉冲信号的通过，G7 开门时，秒脉冲能通过，使 U1、U2、U3、U5、U6、U7、U8 计时；G7 关门时，阻断秒信号，U1、U2、U6、U7、U8 不工作。运行时，SB3 处于位置 1；暂停时，SB3 处于位置 2。24s 计时器减计数到 0 时，$\overline{B_{O1}}$ 为 0，通过 G3、G4 使 G7 关门。12min 计时器减计数到 0 时，$\overline{B_{O2}}$ 为 0，通过 G3、G4 使 G7 关门。

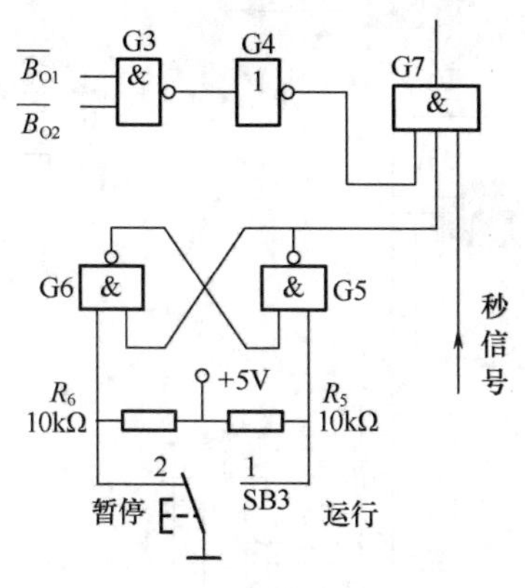

图 6-37 运行控制电路

四、电路的安装与调试

（1）电路的安装步骤是先安装秒信号发生器，作为计时器的计数脉冲。

（2）安装调试 24s 计时器和 12min 计时器电路。

（3）安装调试音响提醒电路。

（4）安装运行控制电路，进行整机调试。

五、更多设计方案推荐

（1）该电路中的秒信号发生器、24s 计时器、12min 计时器、译码显示器、音响提醒电路等可以用多种集成电路或可用多种方法来实现，可根据所学知识进行独立的分析和设计，尽量做到有所创新。

（2）比赛分为 4 节，设计一个电路对比赛进行的节数进行计数和显示。

（3）将计时信号的周期设置为 0.1s，为 12min 计时器增加一位秒的小数位计数和显示，以提高计时准确度。

（4）设计一个电路对比赛双方的得分进行计数和显示。

六、基于 Proteus 的仿真

基于 Proteus 篮球比赛计时器仿真电路如图 6-38 所示，可按以下步骤进行仿真：

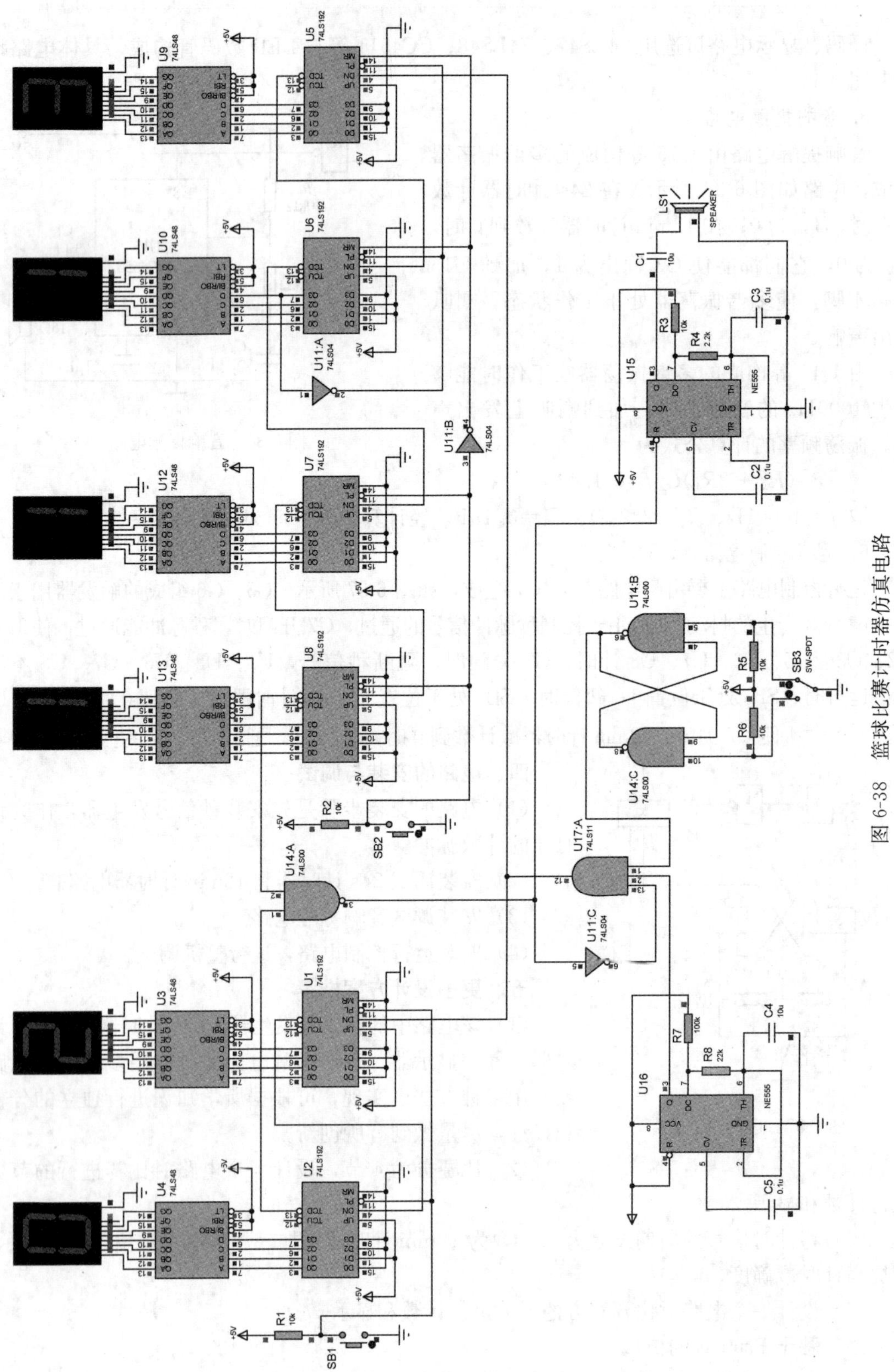

图 6-38 篮球比赛计时器仿真电路

（1）拾取 U1、U2、U3、U4、R1、SB1（元件名为 BUTTON）、数码管（元件名 7SEG-MPX1-CC），连接成 24s 计数器及译码显示电路进行仿真。U1 的减计数脉冲输入端 DN（down）接数字时钟信号发生器（频率设置为 1Hz）。级连时，将 U1 的借位输出端 TCD 接 U2 的减计数脉冲输入端 DN，可实现低位向高位的借位。将 U2、U1 的 D3～D0 分别设置为 0010、0100，按下 SB1，可将计数器 U2、U1 设置为二十四进制。

（2）拾取 U5、U6、U9、U10、U11：A、U11：B、R2、SB2，组成 12min 计时器秒计数电路进行仿真。U6、U5 的 D3～D0 分别连接 0110、0000，在 PL 端有效时置数为六十进制计数器。U6、U5 的 MR 端接清零电路，按下 SB2，使 U6、U5 清零。

（3）拾取 U7、U8、U12、U13，组成 12min 计时器分计数电路进行仿真。U8、U7 的 D3～D0 分别连接 0001、0010，在 PL 端有效时置数为十二进制计数器。

（4）连接 12min 计时器的秒计数电路和分计数电路，组成 12min 计时器电路进行仿真。按下 SB2，使 U8、U7 置数为 12，将 U6、U5 清零。

（5）拾取 U14：A、U15 等元件，连接成音响提醒电路进行仿真。U14：A 的输入端分别接 U2、U8 的 TCD 借位端。当 12min 计时器或 24s 计时器计数到 0 时，音响提醒电路工作，喇叭发出音响提醒信号。

（6）拾取 U11：C、U14：B、U14：C、R5、R6、SB3，连接成运行控制电路进行仿真。

（7）拾取 U16、R7、R8、C4、C5，连接成秒信号发生器电路进行仿真，然后将秒信号发生器接入整机电路中进行仿真调试。

点击菜单“Tools/Bill of Materials/HTML Output”，Proteus 会输出仿真电路所用元器件的材料清单。篮球比赛计时器仿真电路元件清单见表 6-7

表 6-7 篮球比赛计时器仿真电路元件清单

元件名	类	子类	个数及参数	备注
74LS00	TTL 74LS series	Gates & Inverters	1	4 个二输入端与非门
74LS04	TTL 74LS series	Gates & Inverters	1	6 个非门
74LS11	TTL 74LS series	Gates & Inverters	1	3 个三输入端与门
74LS192	TTL 74LS series	Counters	6	十进制可逆计数器
74LS48	TTL 74LS series	Decodes	6	BCD 译码驱动器
7SEG-MPX1-CC	Optoelectronics	7-Segment Displays	6	7 段共阴极显示器
BUTTON	Swithes & Relays	Swithes	2	按钮
CAP	Capacitors	Generic	0. 1μF×3，10μF×2	电容
NE555	Analog ICs	Timers	2	集成定时器
RES	Resistors	Generic	2. 2kΩ，10kΩ×5，22kΩ，100kΩ	电阻
SPEAKER	Speakers & Sounders		1	喇叭
SW-SPST	Swithes & Relays	Swithes	1	按键

第八节　六花样彩灯控制器

一、设计任务和要求

用中小规模集成电路设计一个六花样彩灯控制器，每只彩灯点亮的时间在 0.5～1s 之间可调，彩灯按以下六种花样不停地轮流点亮：

(1) 花样 0：彩灯一亮一灭，从左到右移动。

(2) 花样 1：彩灯两亮两灭，从左到右移动。

(3) 花样 2：彩灯四亮四灭，从左到右移动。

(4) 花样 3：彩灯从左到右逐次点亮，逐次熄灭。

(5) 花样 4：彩灯两亮一灭，三亮两灭，从左到右移动。

(6) 花样 5：彩灯一亮七灭，从左到右移动。

二、总体设计方案

根据设计任务要求，六花样彩灯控制器电路应当由秒信号发生器、8 位移位寄存器、彩灯显示器、16 节拍计数器、花样序列编码器、花样状态计数器、花样序列选择器等电路组成，如图 6-39 所示。

秒信号发生器用于产生系统工作所需要的秒脉冲信号。每完成一个花样需要 16 个节拍，16 节拍计数器对当前的节拍进行计数。花样序列编码器产生 6 种花样序列编码信号，对于每一种花样的每一个节拍有一定的编码输出，使彩灯按规定的花样点亮。花样状态计数器用于对当前的工作花样状态进行计数，是六进制计数器。花样序列选择器从花样序列编码器产生的 6 种花样序列编码信号中选择一种，送到 8 位移位寄存器输出。8 位移位寄存器将花样序列编码信号逐位输入并从左到右逐位移位。彩灯显示器用发光二极管代替彩灯进行显示。

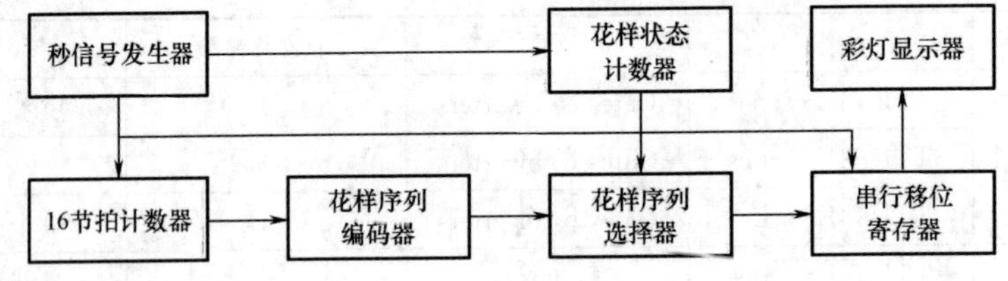

图 6-39　六花样彩灯控制器的组成

三、单元电路设计

1. 秒信号发生器

秒信号发生器由 555 定时器组成的多谐振荡器组成，如图 3-50 所示。图中，电阻 R_1 用一只 150kΩ 的电位器与一只 22kΩ 的电阻串联来代替，取 $R_2=22\text{k}\Omega$、$C=10\mu\text{F}$，可实现振荡周期在 0.5～1s 之间可调的要求。

秒信号发生器也可由集成电路 CC4060 与 RC 元件构成的振荡/分频电路构成，具体电路请参考图 3-32。

2. 16 节拍计数器

对于花样 0，彩灯一亮一灭，完成它需要 2 个节拍。对于花样 1，彩灯两亮两灭，完成它需要 4 个节拍。对于花样 2，彩灯四亮四灭，完成它需要 8 个节拍。对于花样 3，8 个彩灯从左到右逐次点亮，需要 8 个节拍，逐次熄灭也需要 8 个节拍，共需要 16 个节拍。花样 4 和花样 5 都需要 8 个节拍来完成。为了能完成每一种花样，并使彩灯在每一种花样上停留的时间相同，把每一种花样都设定为 16 个节拍。

16 个节拍的计数器，可以用 74LS161 来完成。74LS161 是 4 位二进制同步计数器，可以对 16 个节拍脉冲进行计数，其接法如图 6-8 所示。

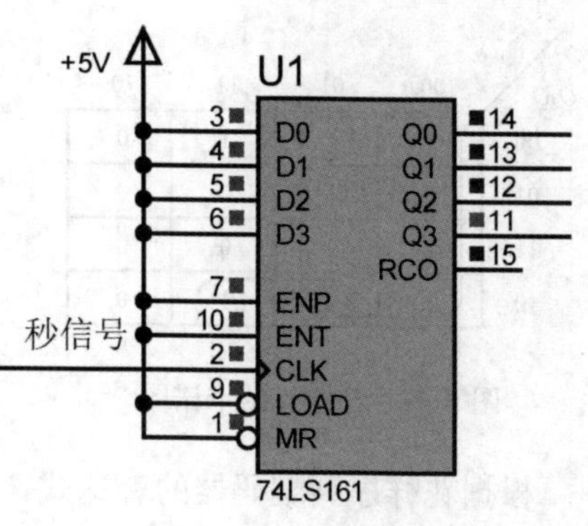

图 6-40　74LS161 构成的 16 节拍计数器仿真图

3. 花样序列编码器

每一种花样，都需要 16 个节拍来完成，花样序列编码器为每一种花样的每一个节拍进行编码。对花样 0，编码为 1010 1010 1010 1010；对花样 1，编码为 1100 1100 1100 1100；对花样 2，编码为 1111 0000 1111 0000；对花样 3，编码为 1111 1111 0000 0000；对花样 4，编码为 1101 1100 1101 1100；对花样 5，编码为 1000 0000 1000 0000。花样序列编码器的逻辑功能见表 6-8。

表 6-8　　花样序列编码器的真值表

节拍数	节拍计数器输出				序列编码器输出 Y					
	Q_3	Q_2	Q_1	Q_0	花样 0	花样 1	花样 2	花样 3	花样 4	花样 5
					Y_0	Y_1	Y_2	Y_3	Y_4	Y_5
0	0	0	0	0	1	1	1	1	1	1
1	0	0	0	1	0	1	1	1	1	0
2	0	0	1	0	1	0	1	1	0	0
3	0	0	1	1	0	0	1	1	1	0
4	0	1	0	0	1	1	0	1	1	0
5	0	1	0	1	0	1	0	1	1	0
6	0	1	1	0	1	0	0	1	0	0
7	0	1	1	1	0	0	0	1	0	0
8	1	0	0	0	1	1	1	0	1	1
9	1	0	0	1	0	1	1	0	1	0
10	1	0	1	0	1	0	1	0	0	0
11	1	0	1	1	0	0	1	0	1	0
12	1	1	0	0	1	1	0	0	1	0
13	1	1	0	1	0	1	0	0	1	0
14	1	1	1	0	1	0	0	0	0	0
15	1	1	1	1	0	0	0	0	0	0

花样序列编码器通过对节拍计数器的输出 $Q_3 \sim Q_0$ 进行编码，得到序列编码输出，下面通过卡诺图对花样 4 进行分析。花样 4 的卡诺图如图 6-41 所示，列出表达式为

$$Y_4 = \overline{Q_1} + \overline{Q_2}Q_0$$

$$\overline{Y_4} = \overline{\overline{Q_1} + \overline{Q_2}Q_0} = Q_1\,\overline{\overline{Q_2}Q_0}$$

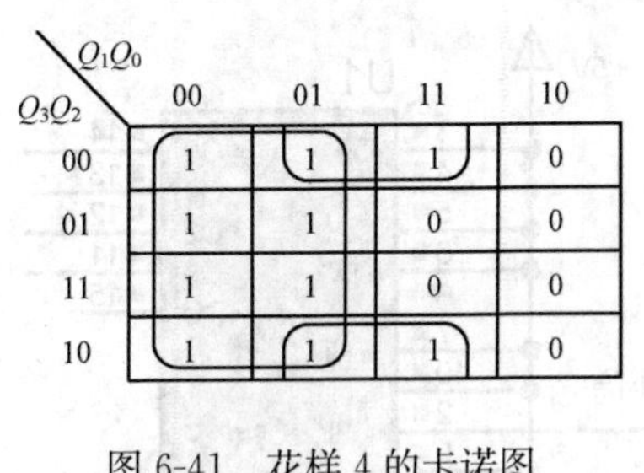

Q_3Q_2 \ Q_1Q_0	00	01	11	10
00	1	1	1	0
01	1	1	0	0
11	1	1	0	0
10	1	1	1	0

图 6-41 花样 4 的卡诺图

用同样的方法，可以分析出各种花样下，花样序列编码器的输出表达式为

花样 0：$\overline{Y_0}=Q_0$

花样 1：$\overline{Y_1}=Q_1$

花样 2：$\overline{Y_2}=Q_2$

花样 3：$\overline{Y_3}=Q_3$

花样 5：$\overline{Y_5}=\overline{\overline{Q_2}\,\overline{Q_1}\,\overline{Q_0}}$

根据花样序列编码器的表达式，选取门电路构成编码器，仿真电路如图 6-42 所示。图中，U2：A、U3：A、U4：A 等实现 $\overline{Y}_4$ 的编码，U2：A、U2：B、U2：C、U3：B 等实现 $\overline{Y}_5$ 的编码。U5 为 74LS251 组成的花样序列选择器。

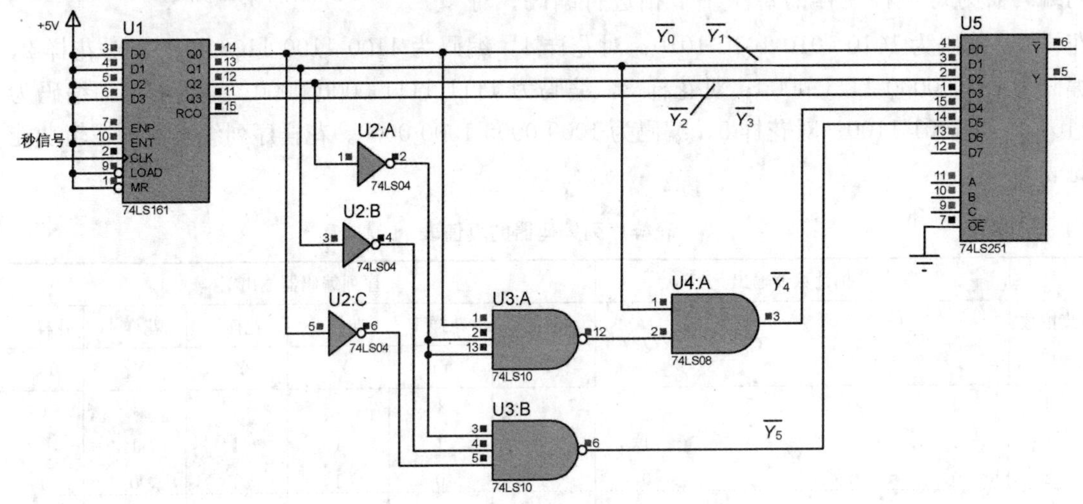

图 6-42 花样序列编码器仿真电路

4. 花样状态计数器

花样状态计数器 U6 由 74LS161 构成，如图 6-43 所示。彩灯每显示完一个花样，16 节拍计数器 U1 的 RCO 端输出一个正脉冲，将它接到 U6 的 ENP 和 ENT 端，使花样状态计数器在秒信号脉冲作用下加 1。与非门 U7：A 用异步清零法，将花样状态计数器 U6 设置为六进制。

5. 花样序列选择器

花样序列选择器 U5 由 74LS251 构成。74LS251 是 8 选 1 数据选择器，D0～D5 分别接花样序列编码器的花样序列输出 $\overline{Y}_0$～$\overline{Y}_5$。其数据选择端 A、B、C，分别接花样状态计数器的 Q0～Q2。对应花样状态计数器的每个输出，从 $\overline{Y}_0$～$\overline{Y}_5$ 中选择一个编码信号送到 8 位移位寄存器。U5 的接法可参见图 6-45。

6. 彩灯显示器

彩灯显示器 U8 由 74LS164 构成，如图 6-44 所示。74LS164 是 8 位串行输入，串行或并行输出的移位寄存器，它的 8 个输出端分别接 8 个发光二极管及限流电阻，构成彩灯显示器。数据从第 1、2 脚输入，逐次点亮发光二极管 D0～D7。第 8 脚接秒脉冲信号。

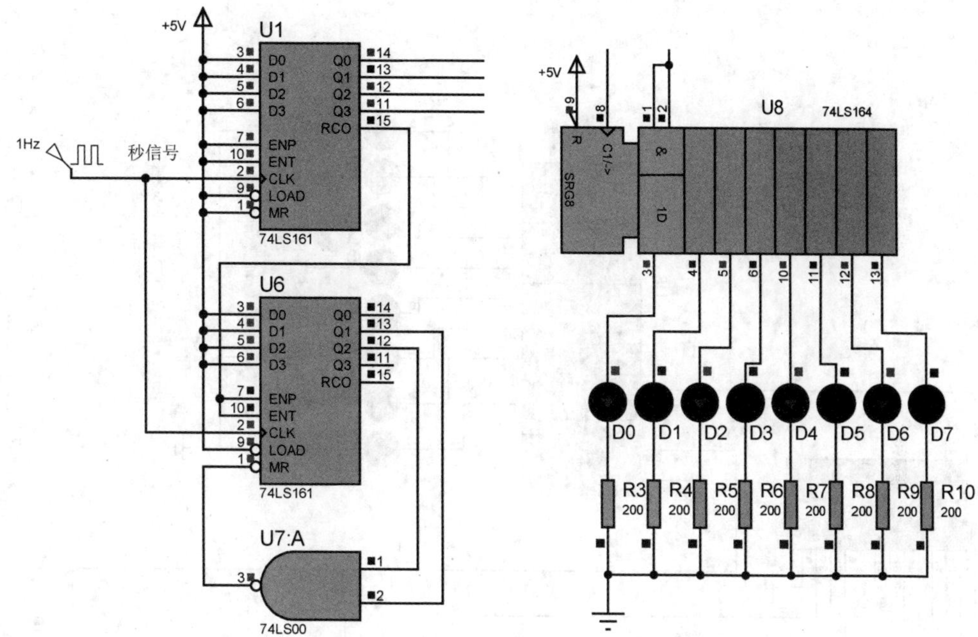

图 6-43　花样状态计数器仿真图　　　　图 6-44　彩灯显示器仿真图

四、更多设计方案推荐

（1）该电路中的秒信号发生器、16 节拍计数器、花样序列编码器、花样状态计数器、花样序列选择器、8 位移位寄存器等可以用多种集成电路或可用多种方法来实现，可根据所学知识进行独立的分析和设计，尽量不要重复别人的设计，要有所创新。

（2）尝试将某些电路合并，以减少芯片的数目或种类。

（3）设计一些新花样，进行显示。

（4）试设计一个方案，在新花样出现时，将旧花样中的没有移出的数据全部清零。

（5）让某些位置上的彩灯有闪烁，即亮 0.5s、灭 0.5s。

五、基于 Proteus 的仿真

（1）拾取 U1（74LS161），连接成 16 节拍计数器电路进行仿真。可实验计数器 ENP、ENT、LOAD、MR 等端的功能。U1 的计数脉冲输入端 CLK 接数字时钟信号发生器（频率设置为 1Hz）。

（2）拾取 U2：A～C、U3：A～B、U4：A、U5，连接成花样序列编码器电路进行仿真。

（3）拾取 U6、U7：A，连接成花样计数器电路进行仿真。

（4）将花样序列选择器 U5 的 A、B、C 端，连接到花样计数器 U6 的 Q0～Q2 端，使花样数据选择器能够选通花样序列编码器的输出 $\overline{Y}_0$～$\overline{Y}_5$，进行仿真。

（5）拾取 U8（74LS164）、R3～R10、D0～D7，连接成彩灯显示器进行仿真。

（6）拾取 U9、R1、R2、C1、C2，连接成秒信号发生器电路进行仿真，然后将秒信号发生器接入整机电路中进行仿真调试。六花样彩灯控制整机电路如图 6-45 所示，调节 RV1 的数值，可改变彩灯点亮的时间。

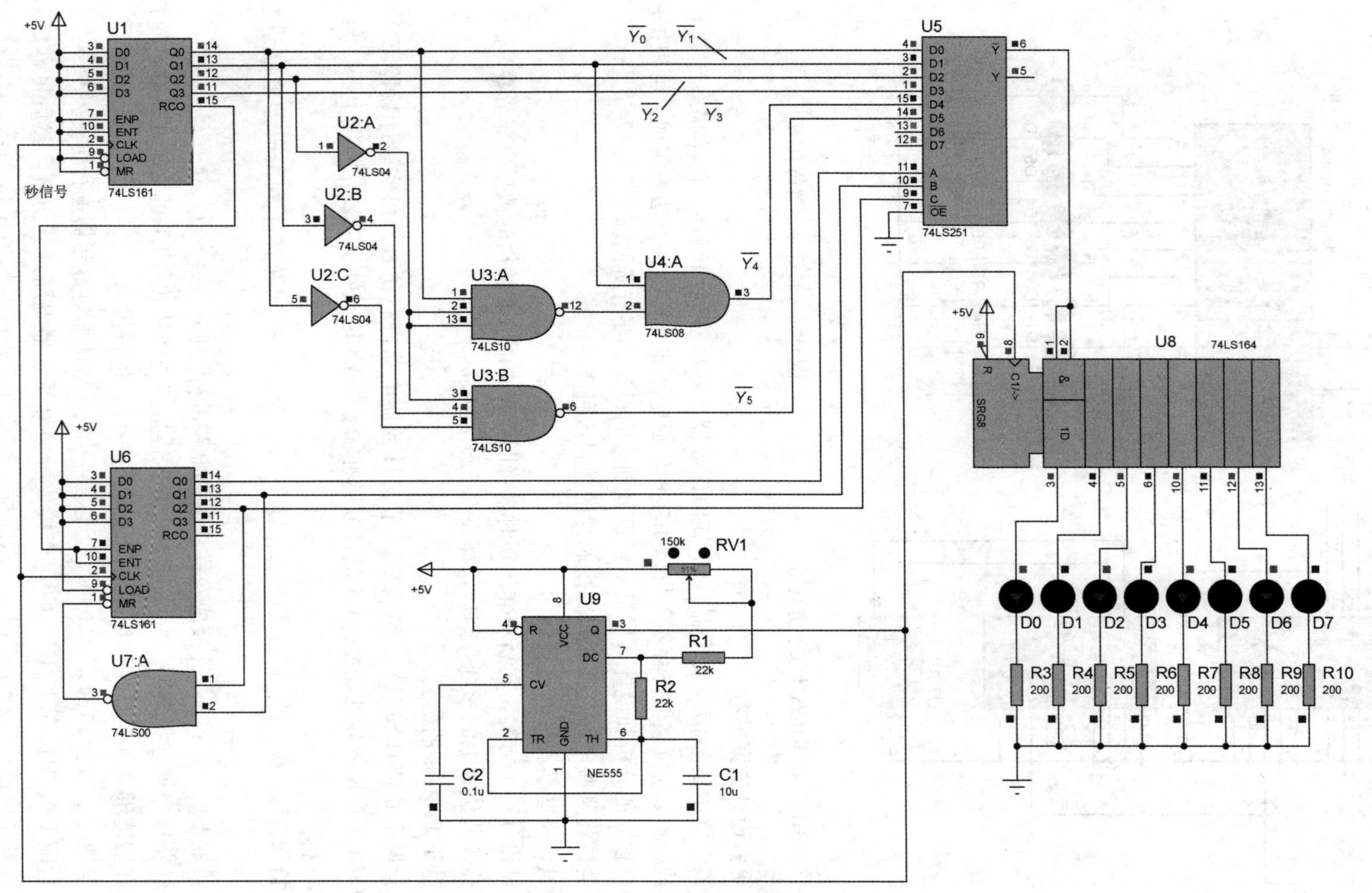

图 6-45 六花样彩灯控制器仿真电路

点击菜单“Tools/Bill of Materials/HTML Output”，Proteus 会输出仿真电路所用元器件的材料清单。六花样彩灯控制器仿真电路元件清单见表 6-9。

表 6-9　六花样彩灯控制器仿真电路元件清单

元件名	类	子类	个数及参数	备注
74LS00	TTL 74LS series	Gates & Inverters	1	4 个二输入端与非门
74LS04	TTL 74LS series	Gates & Inverters	1	6 个非门
74LS08	TTL 74LS series	Gates & Inverters	1	4 个二输入端与门
74LS10	TTL 74LS series	Gates & Inverters	1	3 个三输入端与非门
74LS161	TTL 74LS series	Counters	2	同步 4 位二进制计数器
74LS164	TTL 74LS series	Registers	1	8 位并行输出移位寄存器
74LS251	TTL 74LS series	Multiplexers	1	8 选 1 数据选择器
CAP	Capacitors	Generic	0.1μF，10μF	电容
LED-RED	Optoelectronics	LEDs	8	红色发光二极管
NE555	Analog ICs	Timers	1	集成定时器
POT-HG	Resistors	Variable	1	电位器
RES	Resistors	Generic	200Ω×8，22kΩ×2	电阻

第九节　8 路竞赛抢答器

一、设计任务和要求

用中小规模集成电路设计一个 8 路竞赛抢答器，其具体要求如下：

（1）抢答器可供 8 个代表队（或 8 个人）使用，每个队从 0～7 进行编号。

（2）若某队抢答成功，用数码管直观地显示代表队的编号，并发出音响提醒信号，同时将抢答电路锁定。抢答电路锁定后，各队的抢答器失效。

（3）抢答时间限制为 30s，若超时仍没有代表队抢答，系统发出音响提醒信号，并将抢答电路锁定。抢答时间采用倒计时，用数码管直观地显示。

（4）节目主持人有一个控制开关，控制比赛的开始与中止、关闭音响提醒信号、解除对抢答器的锁定、使系统初始化等。

二、总体设计方案

根据设计任务要求，8 路竞赛抢答器电路应当由秒信号发生器、抢答按键、锁存器、优先编码器、30s 倒计时器、译码显示电路、音响提醒电路、控制电路等组成，如图 6-46 所示。

秒信号发生器用于产生 30s 倒计时器所需要的标准秒信号。倒计时器的计时时间，经倒计时译码器译码后，送到倒计时显示器显示。倒计时结束时，倒计时电路向控制电路发出倒计时结束信号。控制电路控制倒计时电路的初始化、开始和中止倒计时。

8 个抢答按键产生的 8 路抢答信号，送到锁存器暂存，再经过锁存器送到优先编码器。优先编码器将 8 路抢答信号编码为十进制 BCD 编码，送到抢答译码器译码后，送抢答显示器显示。

优先编码器具有抢答信号检测功能。若有抢答信号产生，优先编码器在对抢答信号编码输出的同时，还输出一个编码有效信号，作为有人抢答信号。有人抢答信号送到锁存器，控制锁存器锁定抢答信号，并拒绝新的抢答信号进入。有人抢答信号送到控制电路，使音响提醒电路发出音响提醒信号并停止倒计时。

控制电路接收主持人按键发出的控制信号、30s 倒计时结束信号、有人抢答信号；控制 30s 倒计时电路的启动、停止与初始化，使锁存器解除锁定，控制音响提醒电路的工作。

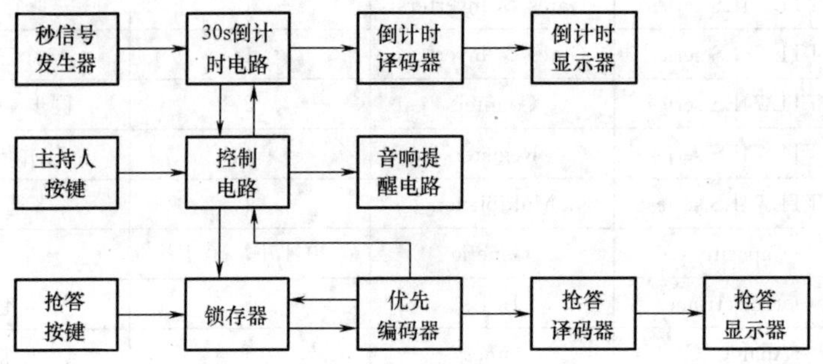

图 6-46　8 路竞赛抢答的组成

三、单元电路设计

1. 秒信号发生器

秒信号发生器由 555 定时器构成的多谐振荡器组成，电路如图 3-50 所示。在图 3-50 中，取 $R_1=100\text{k}\Omega$、$R_2=22\text{k}\Omega$、$C=10\mu\text{F}$，可产生振荡周期为 1s 的秒信号。

秒信号发生器可由集成电路 CC4060 与 RC 元件构成振荡/分频电路构成，具体电路请参考图 3-32。

2. 抢答按键与锁存器

抢答按键与锁存器组成抢答电路，如图 6-47 所示。B0～B7 是 8 个按键，0～7 号参赛队分别使用 B0～B7 这 8 个按键。

锁存器 U1 选用 74LS373。74LS373 是 8D 型锁存器，D0～D7 是 8 个数据输入端。Q0～Q7 是数据输出端，与输入信号相同。$\overline{\text{OE}}$ 是数据输出允许端，接低电平时允许数据输出。LE 是数据锁存端，当 LE 为 1 时，允许数据输入；LE 为 0 时，将输入的数据锁存并保持，不再允许信号输入。

3. 优先编码器

优先编码器选用 CC4532，如图 6-47 所示。CC4532 是 8-3 线优先编码器。D0～D7 是数据输入端，输入高电平有效。Q0～Q2 是编码输出端。EI 是编码允许输入端，当 EI 为 1 时，允许对输入信号编码并使输出有效。EO 端、GS 端都是与编码有效相关的输出信号，在 D0～D7 有 1 输入时，这两个端的发生输出变化。在 EI=1，且输入端全为 0 时，EO=1，GS=0；在 EI=1，且输入端有 1 输入时，EO=0，GS=1。

EO 作为有人抢答信号，无人抢答时，D0～D7 全为 0，EO=1，通过或门 U4：A，使 U1 的 LE 为 1，锁存器 U1 允许信号输入。有人抢答时，D0～D7 有 1 输入，EO=0，通过或门 U4：A，使 U1 的 LE 为 0（此时解锁信号无效，为 0），将锁存器 U1 锁定。

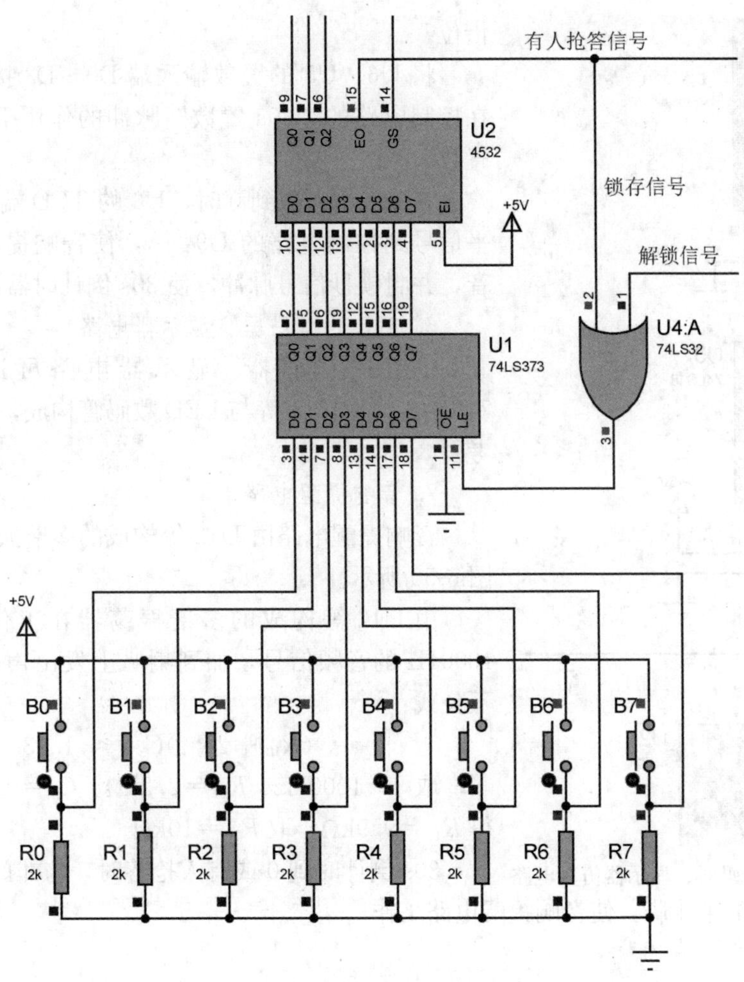

图 6-47 抢答电路仿真图

4. 抢答译码器、抢答显示器电路

抢答译码器将优先编码器输出的 BCD 码译码后送到 LED 数码管显示器，仿真电路如图 6-48 所示。抢答译码器由 74LS48 组成，其数据输入端 A、B、C 分别接 U2 的 Q0～Q2，输入端 D 接地，其输出使数码管显示数字 0～7。

无人抢答时，U2 的 GS 输出为 0，接到 U3 的 BI 端，数码管不亮；有人抢答时，U2 的 GS 输出为 1，接到 U3 的 BI 端，使数码管点亮，显示出抢答人的编号。

抢答译码器、显示器也可选用 74LS47、CC4511 等与 LED 数码管构成，具体电路请参考图 3-14。

5. 30s 倒计时电路

30s 倒计时电路由两片 74LS192 组成，如图 6-49 所示。74LS192 是双时钟同步可逆十进制计数器，其逻辑功能和用法可参考表 3-23。U5 的 UP 端接 1，DN 端接秒信号计数脉冲，可实现减法计数。D0～D3 是置数输入端，PL 是置数控制端，输入低电平时，将 Q0～Q3 置数为 D0～D3 的输入。MR 是清零端，高电平有效。

TCD 是借位输出端，级连时将 U5 的 TCD 端接 U6 的 DN 端，可实现低位向高位的

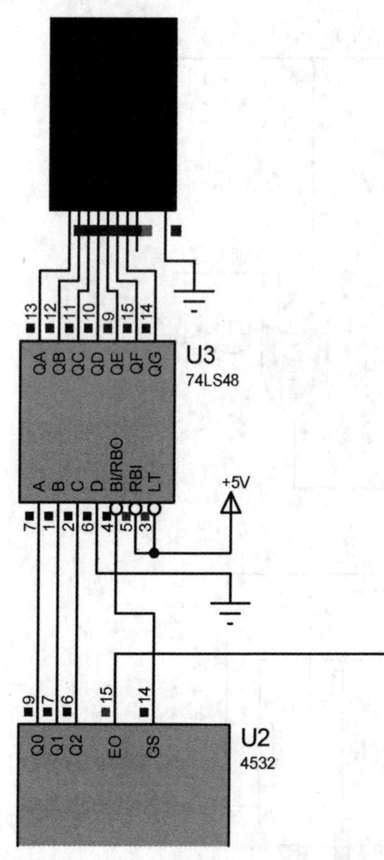

图 6-48 抢答译码器、显示器仿真电路

借位。

将 U6、U5 的置数输入端 D0～D3 接 0011、0000，在控制电路的“30s 置数”脉冲的作用下，可实现 30s 置数。

在 30s 倒计数到 0 时，U6 的 TCD 端送出一个低电平信号到控制电路的 U9：A，使音响提醒电路发出声音，并封锁秒信号脉冲，使 30s 倒计时器停止工作。

6. 倒计时译码器、显示器电路

倒计时译码器、显示器电路可选用 74LS47、74LS48、CC4511 等与 LED 数码管构成，具体电路请参考图 3-14。

7. 音响提醒电路

音响提醒电路由 U12 等构成的多谐振荡器组成，如图 6-50 所示。

由 U12 等构成的多谐振荡器在工作时能够产生 1000Hz 的音频信号，加到喇叭上发出声响，其满足如下公式：

$$(R_{10}+2R_{11})C_3 f \approx 1.43$$

取 $f=1000\text{Hz}$、$R_{11}=2.2\text{k}\Omega$、$C_3=0.1\mu\text{F}$，经计算得 $R_{10}=9.9\text{k}\Omega$，取 $R_{10}=10\text{k}\Omega$。

30s 倒计时到 0 或有人抢答时，与非门 U9：A 输出高电平到 U12 的第 4 脚，使音响提醒电路工作。

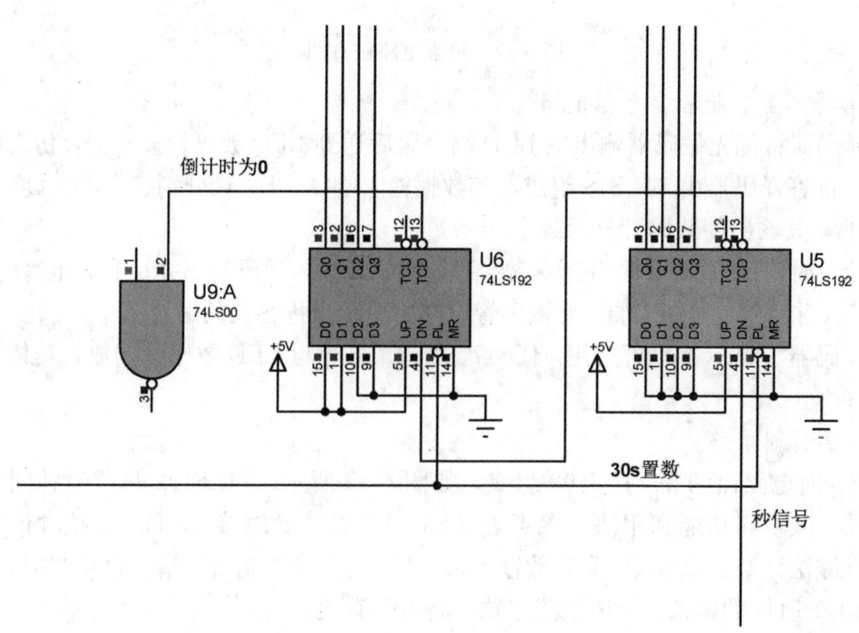

图 6-49 30s 倒计时器仿真电路

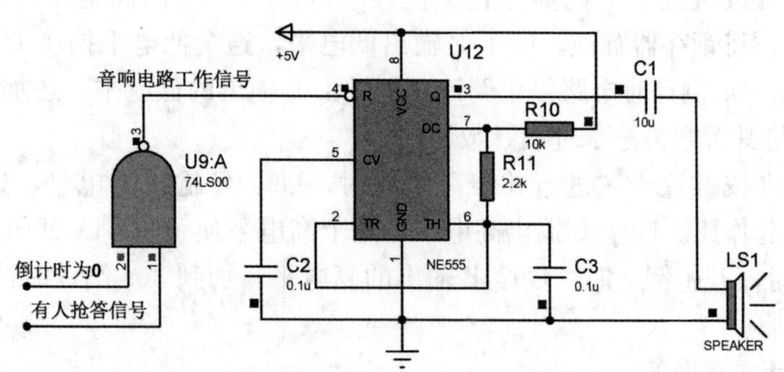

图 6-50 音响提醒仿真电路

8. 控制电路

8 路竞赛抢答器的控制电路主要由门电路 U4、U9～U11 等组成，如图 6-51 所示。U9：B、U9：C 组成的触发器用于消除按键 SW1 产生的抖动。

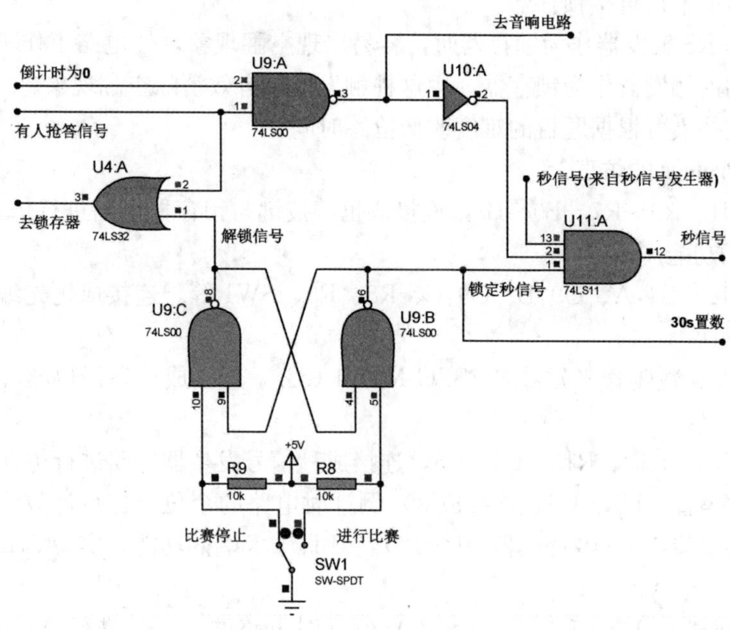

图 6-51 8 路抢答器控制电路仿真图

U11：A 用于控制秒脉冲信号的通过。U11：A 开门时，秒脉冲能加到 30s 倒计时电路，进行倒计时；U11：A 关门时，秒信号不能通过，30s 倒计时电路停止倒计时。

30s 倒计时电路倒计时到 0 时，产生“倒计时为 0”的低电平信号。该信号通过 U9：A，变为高电平，去音响电路，使音响提醒电路工作，再通过 U10：A 变为低电平，控制 U11：A 关门，使秒信号不能通过，30s 倒计时电路停止倒计时。

有人抢答时，产生“有人抢答”的低电平信号。该信号通过 U9：A，变为高电平，去音响电路，使音响提醒电路工作，再通过 U10：A 使 U11：A 关门，使秒信号不能加到 30s 倒计时电路，停止倒计时。该信号还通过 U4：A，去锁存器，将锁存器锁定。

节目主持人将按键置于“比赛停止”位置时，U9：C 输出高电平，这个高电平通过U4：A 去锁存器，将锁存器解锁。U9：B 输出低电平，这个低电平控制 U11：A 关门，使秒信号不能通过，30s 倒计时电路停止倒计时。U9：B 输出的低电平，还加到 30s 倒计时器的置数控制端，将其置数为三十进制计数器。

节目主持人将按键置于“进行比赛”位置时，U9：C 输出低电平，这个低电平加到U4：A 上，但不起作用。U9：B 输出高电平，这个高电平使 U11：A 开门，秒信号能够通过，使 30s 倒计时器开始倒计时。U9：B 输出的高电平，加到 30s 倒计时器的置数控制端，但不起作用。

四、更多设计方案推荐

(1) 该电路中的秒信号发生器、30s 倒计时电路、锁存器、优先编码器、译码显示器、音响提醒电路等可以用多种集成电路或可用多种方法来实现，试根据所学知识进行独立的分析和设计，尽量不要重复别人的设计，要有所创新。

(2) 电路设计中也可将优先编码器放置在锁存器的前面，即将优先编码器直接接抢答按键，优先编码器的输出再接锁存器。

(3) 用基本 RS 触发器作为锁存器时，容易出现空翻现象，使电路工作不稳定，试设计使用带时钟控制的触发器作为锁存器，用这种触发器可有效消除空翻现象。

(4) 节目主持人可根据题目的难度改变抢答时间。

五、基于 Proteus 的仿真

(1) 拾取 U1、R0～R7、B0～B7，连接成抢答按键与锁存器电路进行仿真，可实验 U1 的 OE、LE 端的功能。

(2) 拾取 U2、U4:A、U9:B、U9:C、R8、R9、SW1 等，连接成优先编码器与抢答器控制电路进行仿真。

(3) 拾取 U3、数码管（元件名 7SEG-MPX1-CC)，连接成抢答译码器和抢答显示电路进行仿真。

(4) 拾取 U13、R12、R13、C4、C5，连接成秒信号发生器电路进行仿真。

(5) 拾取数码管、U7、U5，连接成 30s 倒计时电路的个位，进行计数、译码和显示器的仿真实验。可实验 74LS48 译码器 BI/RBO、RBI、LT 端的功能，实验 74LS192 计数器各控制端的功能。

(6) 拾取数码管、U8、U6，连接成 30s 倒计时电路的十位，进行仿真实验。级连时，将 U5 的借位输出端 TCD 接 U6 的减计数脉冲输入端 DN，可实现低位向高位的借位。将U6、U5 的 D3～D0 分别设置为 0011、0000，在 30s 置数脉冲的作用下，设置为三十进制计数器。

(7) 拾取 U12 等元件，连接成音响提醒电路进行仿真。

(8) 拾取 U9：A、U10：A、U11：A，连接成控制电路进行仿真。

(9) 整机调试。8 路竞赛抢答器整机电路如图 6-52 所示，测试整机电路是否符合各项设计要求。

点击菜单“Tools/Bill of Materials/HTML Output”，Proteus 会输出仿真电路所用元器件的材料清单。8 路竞赛抢答器仿真电路元件清单见表 6-10。

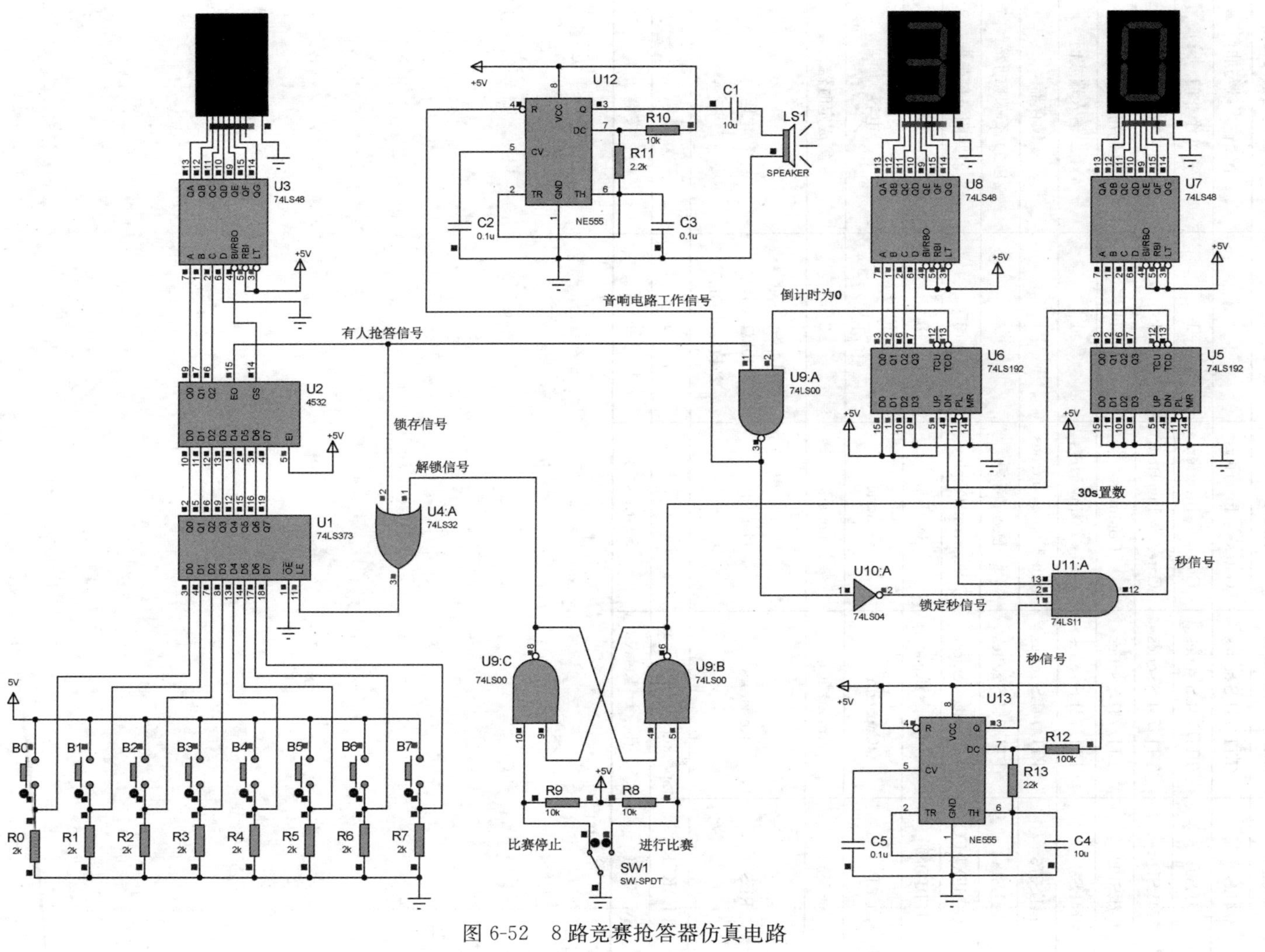

图 6-52 8路竞赛抢答器仿真电路

表 6-10 8 路竞赛抢答器仿真电路元件清单

元件名	类	子类	个数及参数	备注
4532	CMOS 4000 Series	Encodes	1	8-3 线优先编码器
74LS00	TTL 74LS series	Gates & Inverters	1	4 个二输入端与非门
74LS04	TTL 74LS series	Gates & Inverters	1	6 个非门
74LS11	TTL 74LS series	Gates & Inverters	1	3 个三输入端与门
74LS192	TTL 74LS series	Counters	2	十进制可逆计数器
74LS32	TTL 74LS series	Gates & Inverters	1	4 个二输入端或门
74LS373	TTL 74LS series	Flip-Flop & latches	1	锁存器
74LS48	TTL 74LS series	Decodes	3	BCD 译码驱动器
7SEG-MPX1-CC	Optoelectronics	7-Segment Displays	3	7 段共阴极显示器
BUTTON	Swithes & Relays	Swithes	8	按钮
CAP	Capacitors	Generic	0.1μF×3，10μF×2	电容
NE555	Analog ICs	Timers	2	集成定时器
RES	Resistors	Generic	2kΩ×8，2.2kΩ，10kΩ×3，22kΩ，100kΩ	电阻
SPEAKER	Speakers & Sounders		1	喇叭
SW-SPST	Swithes & Relays	Swithes	1	按键

第七章　仿真软件 Proteus 的使用

第一节　概　　述

Proteus 是由英国 Labcenter Electronics 公司开发的电子设计自动化（EDA，Electronic Design Automation）工具软件，集电路设计、制板及仿真等多种功能于一身，并且能支持多种型号的单片机进行仿真。Proteus 功能齐全，使用方便，备受电子爱好者的喜爱，近年来得到了迅速的推广和应用。

Proteus 软件主要具有以下功能和特点：

（1）提供了丰富的器件库。Proteus 提供了丰富的模拟器件、数字器件、数模混合器件用于电路的仿真，其数量多达 27000 种。Proteus 还提供了创建元器件的功能，可方便用户自己创建元器件进行仿真。

（2）提供了丰富的虚拟仪器。Proteus 提供了电压表、电流表、信号发生器、示波器、逻辑分析仪等虚拟电子仪器。

利用 Proteus 提供的丰富的器件库和虚拟仪器，可以搭建电路进行电工基础、模拟电路、数字电路的实验，也可进行模拟电路和数字电路的课程设计。

（3）支持多种型号的单片机进行仿真。Proteus 能支持 51 系列、PIC、AVR、ARM、MSP430 等单片机的仿真，还支持 IAR、Keil 和 MATLAB 等编译软件将程序编译后下载到单片机中进行实时仿真。利用 Proteus 的这些功能，可以进行与单片机相关的课程设计和毕业设计。

（4）提供了高级图形仿真功能（ASF）。Proteus 提供了高级图形仿真功能，可以精确分析电路的多项指标，包括工作点、瞬态特性、频率特性、传输特性、噪声、失真、傅里叶频谱分析等。

（5）提供了完善的 PCB 设计功能。Proteus 提供了完善的 PCB 印制板设计功能，包括元器件的人工布线和自动布线、自动设计规则检查、3D 可视化预览等功能。

第二节　Proteus ISIS 软件的操作界面

Proteus 需要运行在安装有 Windows 2000 或更高版本操作系统、内存 256M 以上的计算机上。实践中，在 Windows XP 环境下，大多数计算机都能安装 Proteus 软件；在 Vista 或 Windows7 环境下，许多计算机上不能安装 Proteus 软件，需要安装双操作系统或安装 XP 虚拟机来解决。

Proteus 主要由 ISIS 和 ARES 两个软件组成，ISIS 是智能原理图输入、系统设计与仿真的平台，ARES 是高级 PCB 布线编辑软件。本章主要介绍 ISIS 软件的使用。

运行 Proteus ISIS 的执行程序，即进入如图 7-1 所示 Proteus ISIS 的工作界面。

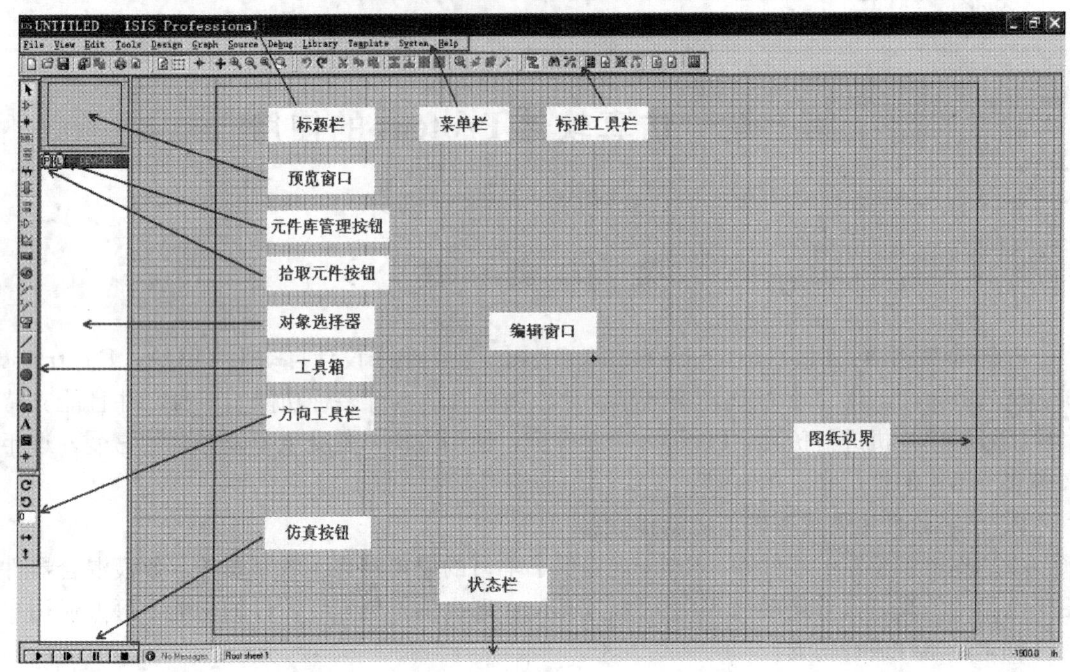

图 7-1 Proteus ISIS 的工作界面

Proteus ISIS 的工作界面主要由窗口（包括编辑窗口、预览窗口、对象选择器窗口）、工具栏（包括标题栏、菜单栏、标准工具栏、工具箱、方向工具栏、状态栏）、按钮（包括元件库管理按钮、拾取元件按钮、仿真按钮）等组成。

一、窗口

1. 编辑窗口

编辑窗口用于放置元器件，连接导线和绘制电路原理图。

编辑窗口中的蓝色方框代表图纸的边界，元器件应当放置在蓝色方框内部。图纸的尺寸大小可通过选择“System/Set Sheet Size…”菜单打开如图 7-2 所示的对话框进行设置。在图 7-2 中，可选择图纸的尺寸为 A4、A3 等，通过“User”对话框，可设置为用户定义的图纸尺寸。

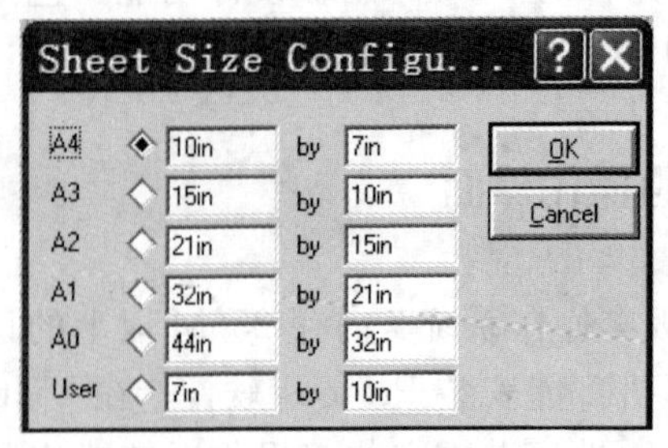

图 7-2 设置图纸尺寸

编辑窗口中显示的栅格，有利于放置元器件和连接线路，也方便元器件的排列和对齐。通过选择“View/Grid”菜单，或通过标准工具栏中的“Toggle Grid”按钮（），可将栅格设置为显示网状或点状栅格，或不显示栅格。

当鼠标在编辑窗口内移动时，按照规定的步长移动，称为捕捉。移动的步长就是栅格的尺度，可通过“View”菜单选择“Snap 10th（th，英制单位，称为毫英寸，是 thou 的缩写）”、“Snap 50th”、“Snap 0.1in”、“Snap 0.5in”选项来设置。改变捕捉步长，编辑窗口中显示的栅格宽度会随之变化。

如果想要确切地看到捕捉位置，可以设置“View”菜单的“X-Cursor”命令，选中后将会在捕捉点显示一个小的或大的交叉十字。

通过“View”菜单选择“Zoom In”、“Zoom Out”、“Zoom All”、“Zoom to Area”，或通过标准工具栏中的相应图标，可实现编辑窗口的放大或缩小。

2. 预览窗口

当左侧工具箱中的“Selection Mode”按钮按下时，预览窗口显示图纸的内容。预览窗口中的蓝色方框代表图纸的边界，绿色方框代表编辑窗口当前显示的内容在图纸中的位置，如图 7-3 所示。改变绿色方框的位置，可显示图纸中相应位置的内容。

当左侧工具箱中的“Component Mode”按钮按下时，预览窗口显示选中元件的图形，如图 7-4 所示。

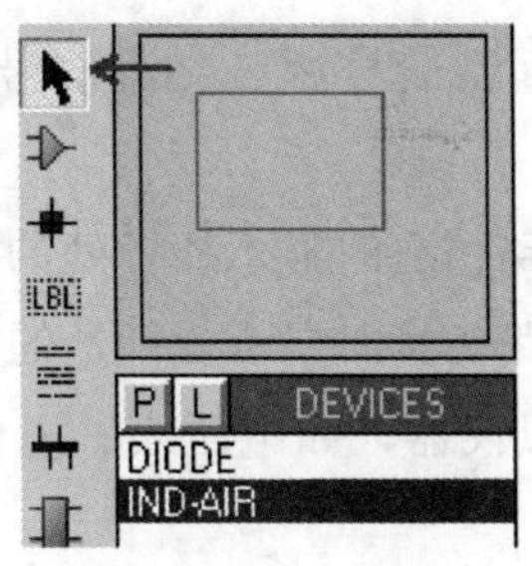

图 7-3　预览窗口显示图纸的内容

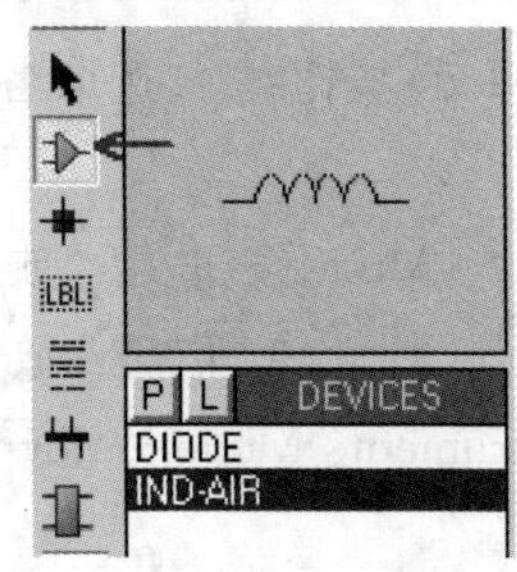

图 7-4　预览窗口显示选中元件的图形

当左侧工具箱中的其他按钮按下时，预览窗口显示对应的设备、终端、管脚、图形符号、标注的图形。

3. 对象选择器窗口

当左侧工具箱中的“Component Mode”按钮按下时，对象选择器窗口中显示从元件库中选择元件的名称，如图 7-4 所示。

当左侧工具箱中的其他按钮按下时，对象选择器窗口中显示对应的设备、终端、管脚、图形符号、标注的名称。

二、工具栏

1. 工具箱

工具箱在编辑环境的左侧，工具箱中有许多按钮，同一时刻，只能有一个按钮被按下。

（1）主要模型。

Selection Mode 按钮：选择模式。按下该按钮，在编辑窗口中编辑元器件或连接导线。

Component Mode 按钮：放置元器件。选中对象选择器窗口中的元器件放置到编辑窗口。

Junction Dot Mode 按钮：放置节点。

Wire Lable Mode 按钮：标注线段或网络名。

Text Script Mode 按钮：放置文本。

Buses Mode 按钮：放置总线。

Subcircuit Mode 按钮：放置子电路。

(2) 配件。

Terminals Mode 按钮：放置电源、地、输入、输出等终端。

Device Pins Mode 按钮：放置各种引脚，如普通引脚、时钟引脚、反电压引脚和短接引脚等。

Graph Mode 按钮：选取仿真分析所需的各种图表，如模拟图表、数字图表、混合图表和噪声图表等。

Tape Recorder Mode 按钮：录音机。

Generator Mode 按钮：选取各种信号源，如直流信号源、交流信号源、脉冲信号源等。

Voltage Probe Mode 按钮：放置电压探针，电路仿真时显示探针处的电压值。

Current Probe Mode 按钮：放置电流探针，电路仿真时显示探针处的电流值。

Virtual Instruments Mode 按钮：放置各种虚拟仪器，如电压表、电流表、示波器、逻辑分析仪等。

(3) 2D 绘图工具。利用 2D 绘图工具，可绘制直线、圆、圆弧、闭合线，可放置文字、图形符号、图形标记等，用于绘制自制元器件的图形符号。

2. 方向工具栏

点击方向工具栏中的按钮，可使对象选择器窗口中选中的元器件、终端、信号源、虚拟仪器等的方向旋转或翻转。

Rotate Clockwise 按钮：使元器件顺时针旋转 90°。

Rotate Anti-clockwise 按钮：使元器件逆时针旋转 90°。

X-mirror 按钮：使元器件在水平方向翻转。

Y-mirror 按钮：使元器件在垂直方向翻转。

Proteus ISIS 的标题栏、菜单栏、标准工具栏、状态栏等与其他 Windows 应用程序类似，不再一一介绍。

三、按钮

1. 拾取元件按钮

拾取元件按钮“P”(Pick from Libraries) 位于预览窗口的下方，点击该按钮，可打开如图 7-5 所示的拾取元件对话框，从元件库中将元件拾取到工作界面的对象选择器窗口中。拾取元件对话框也可通过“Library/Pick Device/Symbol……”菜单打开。

拾取元件对话框的左侧由元器件的查找关键字输入框、元器件分类列表、元器件子类列表、元器件制造商列表等项组成。

在关键字输入框中输入元器件名称的全部或部分字母，都可以查找到相应的元器件。元器件的分类名称、子类名称及元器件的参数都可作为查找关键字。

元器件分类列表中列出所有符合查找条件的元器件的种类。若关键字输入框中没有输入查找条件时，元器件分类列表中列出元件库中所有元器件的种类。

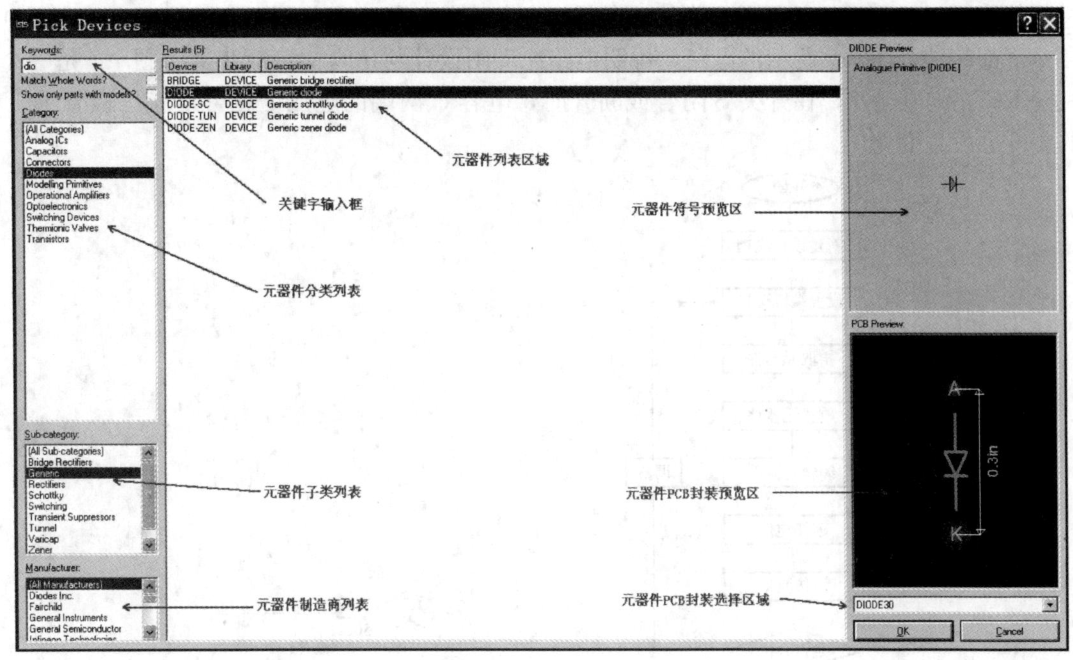

图 7-5　拾取元件对话框

在元器件分类列表中选择某一类元器件时，就会在元器件子类列表列出相关的子类元件，并且在制造商列表中列出所有制造商的名称。

在不熟悉元器件的名称时，可通过元器件分类列表和子类列表查找元器件。

拾取元件对话框的中间是元器件列表区域，在该区域列出所有符合查找条件的元器件。

拾取元件对话框的右边是元器件符号预览区、PCB 封装预览区、PCB 封装选择区。元器件的 PCB 封装可以通过图 7-5 右下角的列表框选择。

双击元器件列表区域选中的元器件，该元器件可自动放置到对象选择器窗口中，并可继续查找其他元器件。单击拾取元件对话框右下角的“OK”按钮，拾取选中的元器件并关闭对话框。

2. 元件库管理按钮

元件库管理按钮“L”（Library Manager）位于预览窗口的下方，点击该按钮，可打开一个元件库管理对话框，添加新的元器件到元件库中或从元件库中删除旧的元器件。

3. 仿真按钮

仿真按钮位于工作界面的左下方。按下“Play”按钮，接通电路进行仿真，这时电路中的电压表、电流表可显示相应的电压、电流数值，示波器可显示相应的波形。“Step”是单步执行按钮，“Pause”是暂停按钮，“Stop”是停止按钮。

第三节　电路原理图设计与仿真的一般步骤

利用 Proteus ISIS 软件进行电子电路实验与课程设计时，需要先设计电路原理图，然后进行仿真，以验证设计结果是否合格。其设计与仿真的一般步骤如图 7-6 所示。

下面将结合图 7-7 所示的电路，说明电路原理图设计与仿真的一般步骤。图 7-7 是一个一阶 RC 充放电电路，在开关 S 闭合或断开时，电容 C 两端的电压变化，发光二极管 LED 的亮度会发生变化。

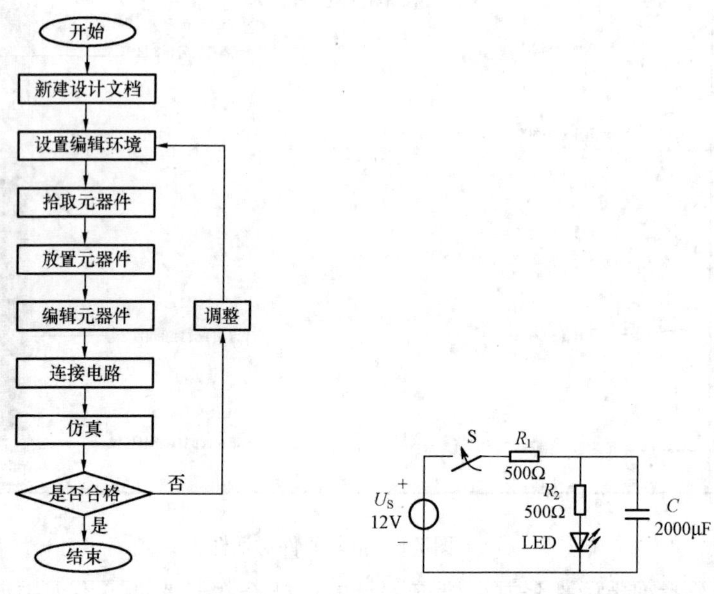

图 7-6 电路原理图设计与仿真的步骤　　　图 7-7 RC 充放电电路

1. 新建设计文档

在设计电路原理图之前，要根据电路的复杂程度，选用不同尺寸的图纸。若电路很复杂，就要把电路分解成几个子电路，在几张不同的图纸上分别设计与仿真，最后再组合成一个完整电路。

进入 Proteus ISIS 编辑环境后，选择“File/New Design”菜单项，在弹出的模板对话框中选择“DEFAULT”，再选择“File/Save Design”菜单项保存文件，将文件命名为“RC 充放电电路”，保存在某一文件夹下，文件名的后缀为“.DSN”。一般要新建一个文件夹保存设计文件，在设计与仿真过程中系统会自动生成若干个辅助文件。

2. 设置工作环境

工作环境中可设置的项目很多，包括设计界面的背景颜色、栅格颜色、线条的粗细与颜色、文字的字体大小及颜色、仿真时逻辑电平 1 和 0 的显示颜色等。其中的大多数项目不用设置，采用系统默认的设置即可。一般只有图纸的尺寸大小、图纸上标注文字的显示与隐藏等几个项目需要设置。

3. 拾取元器件

Proteus ISIS 提供了大量的原理图符号，在绘制电路原理图之前，先将需要的元器件从元件库中找出，并拾取到对象选择器窗口中。

图 7-7 所示 RC 充放电电路中元器件的所属类、子类和参数见表 7-1。

4. 在原理图中放置元器件

在电路原理图中放置元器件的步骤如下：

表 7-1　RC 充放电电路的元器件清单

元件名	类	子类	参数	备注
BATTERY	Simulator Primitives	Sourses	12V	电池
SWITCH	Switches and Relays	Switches		开关，可单击操作
RES	Resistors	Generic	500Ω，500Ω	电阻
LED-RED	Optoelectronics	LEDs		红色发光二极管
CAP	Capacitors	Generic	2000μF	电容

（1）在对象选择器窗口中选中元器件；

（2）使用方向工具栏 C ↺ 0 ↔ ↕ 的按钮调整元器件的方向；

（3）将鼠标移到编辑窗口中，单击鼠标就可放置一个选中的元器件。

在放置元器件时，系统会自动为元器件命名和编号，称为元件的参考编号（Component Reference）。图 7-8 中，R1、R2 就是系统为电阻命名的参考编号。

用同样的方法，将其他元件放置到编辑窗口中。在放置元件时，其距离要适当，便于线路的连接。

5. 编辑元器件

编辑元器件包括设置元器件的参数，调整元器件的位置，使之对齐等。

选中元器件的方法同其他 Windows 应用程序相同。用鼠标单击可以选中一个元器件；用 Ctrl＋鼠标单击，可选中多个元器件；按住鼠标左键不放，并拖动鼠标，选中一个区域中的所有元器件。选中元器件后，可以对元器件进行复制、剪切、粘贴、删除、拖动等操作。

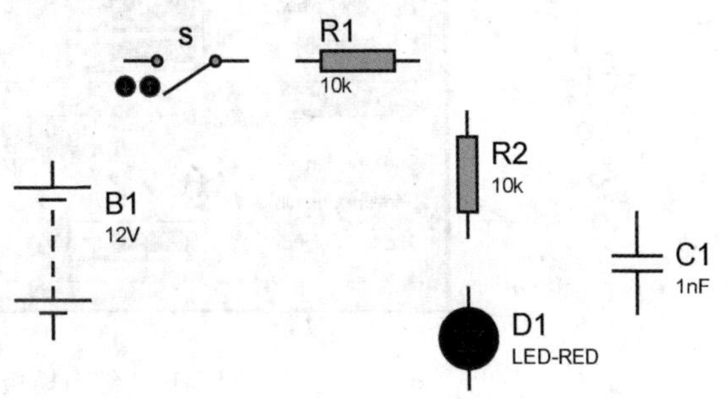

图 7-8　放置元器件后的示意图

先选中电阻 R1，再右击，在出现的菜单中单击相应的按钮，可对电阻 R1 进行复制、剪切、拖动、删除等编辑操作。

双击电阻 R1，可以打开图 7-9 所示的“Edit Component”编辑元件属性对话框。“Component Reference”称为元件的参考编号，是放置元器件时系统自动为元件命名的编号，用户可以改变（一般不用改变）。“Resistance”是电阻的阻值，用户可以设置。按表 7-1 的要求，将 R1 的阻值设置为 500Ω，单位“Ω”不显示。

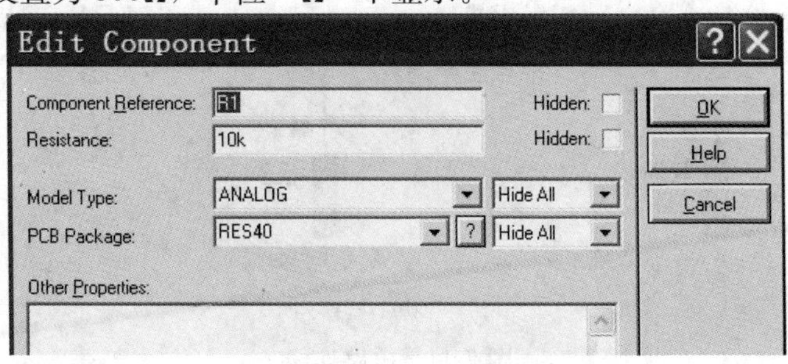

图 7-9　编辑元件属性对话框

用同样的方法，编辑其他元器件的参数。

图 7-9 中“Component Reference”和“Resistance”右边分别有一个选择项“Hidden”，若勾选中，则电路原理图中会隐藏元件参考编号和电阻的阻值。

单击电路原理图中电阻 R1 的参考编号“R1”，会弹出一个对话框，用于修改电阻的参考编号。同样的方法，单击电阻阻值或元件下边灰色的“＜Text＞”，都会弹出一个对话框，用于修改相应的阻值或文字。

选择“Template”菜单，单击“Set Design Defaults…”选项，打开如图 7-10 所示的“Edit Design Default”编辑模板设置对话框。在“Show hidden text”选项中把勾选去掉，单击“OK”按钮，每个元件下边不再显示灰色的“＜Text＞”。

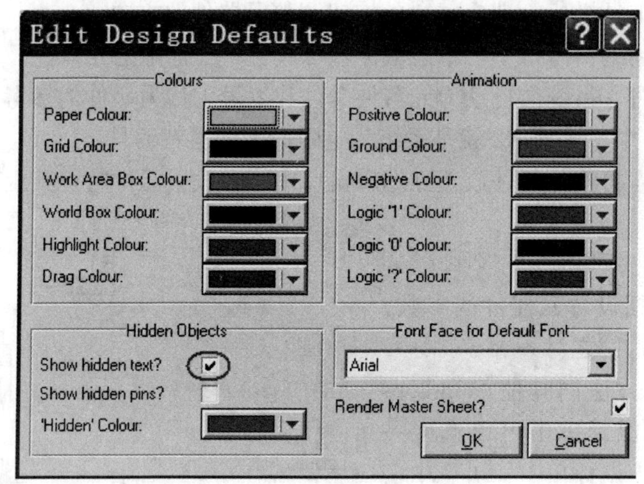

图 7-10　编辑模板设置对话框

6. 电路连线

Proteus ISIS 具有手动连线和自动连线两种连接方式，这两种连线方式的区别，可以用图 7-11 所示的电路来说明。在图 7-11（a）中，线路要从 A 点连接到 B 点，若采用自动连线方式，只需要用鼠标分别在 A 点和 B 点各点击一次，系统会自动判定在 C 处拐弯，并完成图 7-11（b）所示的连线。若采用手动连线方式，必须在 A、C、B 点各点击一次，才能完成图 7-11（b）所示的连线；若只在 A、B 两点点击，不在 C 处单击，会出现图 7-11（c）所示的连线。

Proteus ISIS 的自动连线方式和手动连线方式通过标准工具栏中的“Toggle Wire Auto-

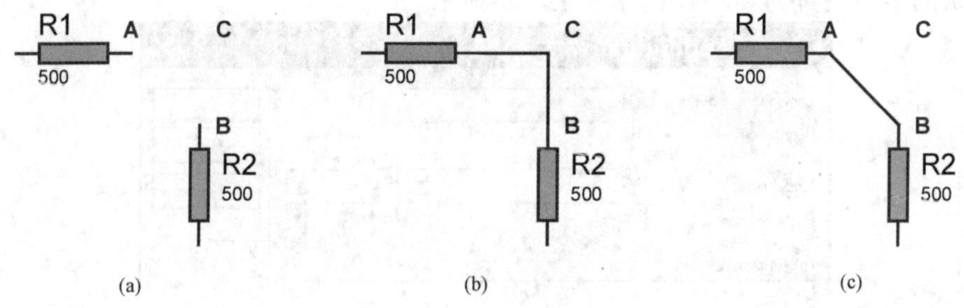

图 7-11　电路连线

（a）连线前；（b）自动连线；（c）手动连线

router”按钮 来切换。

不论是手动连线还是自动连线，在丁字交叉处，系统会自动放置节点。在十字交叉点上，不会自动放置节点。需要放置节点时，先选中工作界面左侧工具箱中的“Junction Dot Mode”按钮 ，再手动放置节点。

完成连线后的 RC 充放电电路原理图如图 7-12 所示。为了更直观地显示电容上电压的数值，在电容上方的电路中增加了一个电压探针 C1(1)。电压探针 可从工具箱中选取。

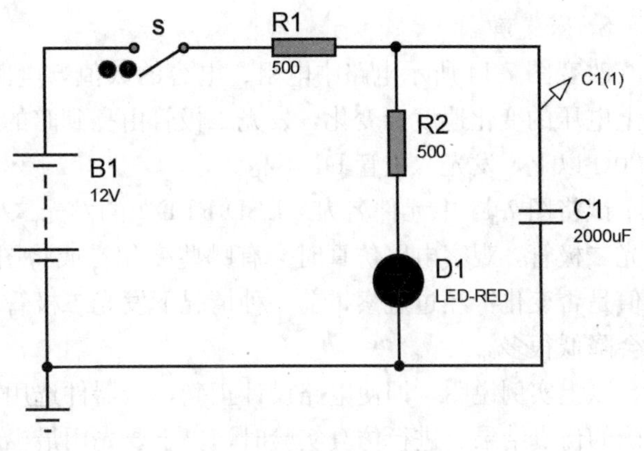

图 7-12　完成连线的 RC 充放电电路

图 7-12 中接地符号 的选取方法是，单击工具箱中的“Terminals Mode”按钮 ，在对象选择器窗口中选择“GROUND”放置到电路原理图中，如图 7-13 所示。

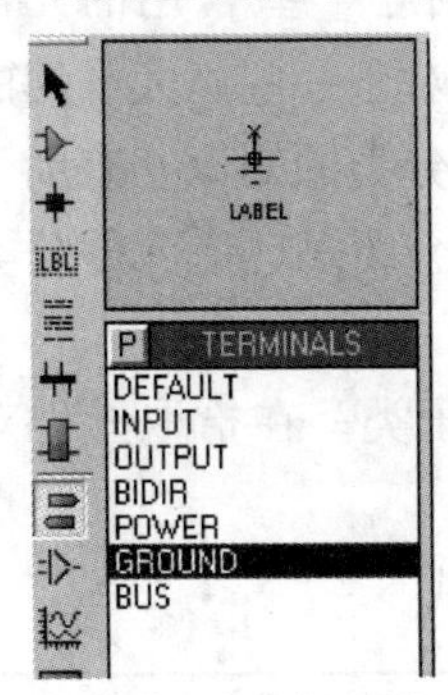

图 7-13　接地符号的选取

在图 7-13 所示的对象选择器窗口中，除了“GROND”接地符号外，还有“INPUT（输入终端）、OUTPUT（输出终端）、POWER（电源）、BUS（总线）”等符号。

7. 仿真运行

按下仿真按钮“Play” ，接通电路进行仿真。用鼠标单击开关 S 旁边的向上、向下的箭头，可关闭或打开开关 S。在开关 S 闭合时，可观察到发光二极管 D1 的亮度逐渐增加，电压指针指示的数值逐渐增大。在开关 S 断开时，发光二极管 D1 的亮度逐渐降低，电压指针指示的数值逐渐减小。RC 充放电电路的仿真运行状态如图 7-14 所示。

电路仿真成功后，将电路原理图保存打印，下一步是生成元器件和布线的网络表，然后生成 PCB 布线图，相关内容可查看其他参考书。

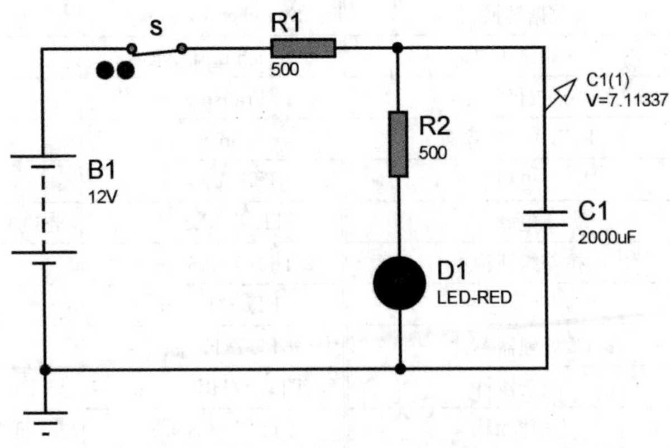

图 7-14　RC 充放电电路的运行

8. 变式演练

改变图 7-14 所示电路中电阻、电容的数值，电路的充放电时间常数发生变化，电压指针上电压的变化速度会变化，发光二极管由亮到暗的时间也会变化。若将 R1 的电阻值设为 2000Ω 以上，发光二极管 D1 不亮。

试将图 7-14 中元件名为“LED-RED”的发光二极管改为元件库中元件名为“LED”的发光二极管，观察电路仿真时会有哪些变化？或将图 7-14 中的接地符号去掉，电压指针的数值是否变化？经过观察，前一种情况下发光二极管不亮，后一种情况下电压指针所示的数值会降低很多。

以上实例说明，即使电路设计正确，元器件选用不当或电路的参数设计不当，也得不到正确的仿真结果。进行仿真实验时，一定要先用最少的元器件搭建成一个最简单的电路，仿真成功后，再逐步增加其他元器件。要做到边设计，边实验。不要一开始就设计成一个复杂的电路，以免仿真不成功时无处下手检查和修改。

第四节 Proteus ISIS 库元件介绍

用 Proteus ISIS 画电路原理图时，先要从元件库中拾取元器件。对于一些常用的元器件，需要记住它们的名称，通过直接输入名称来查找和拾取比较方便。对于一些不太常用的元器件，若记不住它们的名称，就需要按照分类进行查询，了解库元件分类的知识，有助于较快地找到需要拾取的元器件。本节将结合电子技术课程设计的特点，介绍一些库元件分类的知识。

Proteus ISIS 的库元件分成 30 多个大类，每个大类又分类若干个子类。在拾取元件对话框左侧的“Category”中列出了库元件的分类，见表 7-2。

表 7-2 库元件的分类

Category（类）	含义	Category（类）	含义
Analog ICs	模拟集成器件	Optoelectronics	光电器件
Capacitors	电容	Resistors	电阻
CMOS 4000 series	CMOS 4000 系列	Simulator Primitives	仿真器
Connectors	接头	Speaker & Sounders	制动器和声响
Data Converters	数据转换器	Switches & Relays	开关和继电器
Debugging Tools	调试工具	Swiching Devices	开关器件
Diodes	二极管	Transducers	传感器
ECL 10000 series	ECL 10000 系列	Transistors	晶体管
Electromechanical	电机	TTL 74 series	标准 TTL 系列
Inductors	电感	TTL 74ALS series	先进的低功耗肖特基 TTL 系列
Laplace Primitives	拉普拉斯模型	TTL 74AS series	先进的肖特基 TTL 系列
Memory ICs	存储器芯片	TTL74F series	快速 TTL 系列
Microprocessor ICs	微处理器芯片	TTL 74HC series	高速 CMOS 系列
Miscellianeous	混杂器件	TTL 74HCT series	与 TTL 兼容的高速 CMOS 系列
Modelling Primitives	建模源	TTL 74 LS series	低功耗肖特基 TTL 系列
Operational Amplifiers	运算放大器	TTL 74S series	肖特基 TTL 系列

下面对课程设计中常用到的类及其子类作一些介绍。

1. Analog ICs

模拟集成器件共有 8 个子类，见表 7-3。

表 7-3　Analog ICs 类器件的子类

子类	含义	子类	含义
Amplifier	放大器	Miscellaneous	混杂器件
Comparators	比较器	Regulators	三端稳压器
Display Drivers	显示驱动器	Timers	555 定时器
Filters	滤波器	Voltage References	参考电压

2. Capacitors

电容的子类很多，达 30 多个，仿真时主要使用以下 3 种：Animated（可显示充放电电荷电容）、Generic（普通电容）、Variable（可变电容）。

3. CMOS 4000 series

CMOS 4000 系列数字电路共有 16 个子类，见表 7-4。

表 7-4　CMOS 4000 系列的子类

子类	含义	子类	含义
Add	加法器	Gates & Inverters	门电路和反相器
Butters & Drivers	缓冲和驱动器	Memory	存储器
Comparators	比较器	Misc. Logic	混杂逻辑电路
Counters	计数器	Multiplexers	数据选择器
Decoders	译码器	Multivibrators	多谐振荡器
Encoders	编码器	Phase-locked Loops（PLL）	锁相环
Flip-Flops & Latches	触发器和锁存器	Registers	寄存器
Frequency Dividers & Timer	分频和定时器	Signal Switcher	信号开关

4. Data Converters

数据转换器主要有 4 个子类，分别是：A/D Converters（模数转换器）、D/A Converters（数模转换器）、Sample & Hold（采样保持器）、Temperature Sensors（温度传感器）。

5. Debugging Tools

调试工具共有 3 个子类，分别是：Breakpoint Triggers（断点触发器）、Logic Probes（逻辑输出探针）、Logic Stimuli（逻辑状态输入）。

6. Diodes

二极管主要有 8 个子类，见表 7-5。

表 7-5　Diodes 类器件的子类

子类	含义	子类	含义
Bridge Rectifiers	整流桥	Switching	开关二极管
Generic	普通二极管	Tunnel	隧道二极管
Rectifiers	整流二极管	Varicap	变容二极管
Schottky	肖特基二极管	Zener	稳压二极管

7. Inductors

电感主要有 3 个子类，分别是：Generic（普通电感）、SMT Inductors（表面安装技术电感）、Transformers（变压器）。

8. Modelling Primitives

建模类共有 9 个子类，见表 7-6。

表 7-6　Modelling Primitives 类器件的子类

子类	含义	子类	含义
Analog（SPICE）	模拟（仿真分析）	Mixed Mode	混合模式
Digital（Buffers & Gates）	数字（缓冲器和门电路）	PLD Elements	可编程逻辑器件单元
Digital（Combinational）	数字（组合电路）	Realtime（Actuators）	实时激励源
Digital（Miscellaneous）	数字（混杂）	Realtime（Indictors）	实时指示源
Digital（Sequential）	数字（时序电路）		

9. Operational Amplifiers

运算放大器共有 7 个子类，见表 7-7。

表 7-7　Operational Amplifiers 类器件的子类

子类	含义	子类	含义
Dual	双运放	Quad	四运放
Ideal	理想运放	Single	单运放
Macromodel	大量使用的运放	Triple	三运放
Octal	八运放		

10. Optoelectronics

光电器件主要有 11 个子类，见表 7-8。

表 7-8　Optoelectronics 类器件的子类

子类	含义	子类	含义
7-Segment Displays	7 段显示	LCD Controllers	液晶显示控制器
Alphanumeric LCDs	字符液晶显示	LCD Panels Displays	液晶面板显示
Bargraph Displays	条形 LED 显示	LEDs	发光二极管
Dot Matrix Displays	LED 点阵显示	Optocouplers	光电耦合
Graphical　LCDs	图形液晶显示器	Serial LCDs	串行液晶显示
Lamps	灯		

11. Resistors

电阻的种类很多，仿真时主要使用以下 6 类子类，见表 7-9。

表 7-9　Resistors 类器件的子类

子类	含义	子类	含义
0.6 Watt Metal Film	0.6 瓦金属膜电阻	Resistor Packs	排阻
Generic	普通电阻	Variable	滑动变阻器
NTC	负温度系数热敏电阻	Varisitors	可变电阻

12. Simulator Primitives

仿真源共有 3 个子类，分别是：Flip-Flops（触发器）、Gates（门电路）、Sources（电源）。

13. Switches and Relays

开关和继电器共有 4 个子类，分别是：Key pads（键盘）、Relays（Generic）（普通继电器）、Relays（Specific）（专用继电器）、Switches（开关）。

14. Switching Devices

开关器件共有 4 个子类，分别是：DIACs（两端交流开关）、Generic（普通开关元件）、SCRs（晶闸管）、TRIACs（三端双向晶闸管）。

15. Transducers

传感器共有 5 个子类，分别是：Distance（红外测距传感器）、Humidity/Temperature（温湿度传感器）、Light Dependent Resistor（LDR）（光敏电阻）、Pressure（压力传感器）、Temperature（温度传感器）。

16. Transistors

晶体管共有 8 个子类，见表 7-10。

表 7-10　　Transistors 类器件的子类

子类	含义	子类	含义
Bipolar	双极型晶体管	MOSFET	金属氧化物场效晶体管
Generic	普通晶体管	RF Power LDMOS	射频功率 LDMOS 管
IGBT	绝缘栅双极晶体管	RF Power VDMOS	射频功率 VDMOS 管
JFET	结型场效晶体管	Unijunction	单结晶体管

74 系列数字集成电路的子类可参考 CMOS 4000 系列。

第五节　Proteus ISIS 的虚拟仿真工具

Proteus ISIS 提供了大量的虚拟仿真工具，这些仿真工具除了实验室中常见的电子仪器外，还包括一些在一般实验室中很少配置的贵重仪器。利用这些仿真工具，可以很方便地对电路进行实验和验证，从而保证了电路的设计工作又快又好。

Proteus ISIS 有两种仿真模式，一种是交互式动态仿真，另一种是基于图表的静态仿真。前者可即时观察仿真结果，仿真结果随着时间不断变化，在仿真运行结束后消失；后者以图表的形式保存电路某一时刻的仿真结果，这些仿真结果可刷新、可保存、可打印输出，便于以后的分析。

Proteus ISIS 的仿真工具包括激励源（也称为信号源）、测量仪器和图表分析工具等，下面将介绍一些在电子电路实验和课程设计中常用虚拟仪器的使用方法。

一、Proteus ISIS 的激励源和虚拟仪器

点击工具箱中的激励源按钮，激励源列表出现在对象选择器窗口中，如图 7-15 所示。Proteus ISIS 共有 14 种激励源，各种激励源的名称、符号及含义见表 7-11。

表 7-11　　激励源的名称、符号及含义

名称	符号	含义
DC		直流信号发生器
SINE		正弦波信号发生器
PULSE		脉冲发生器
EXP		指数脉冲发生器
SFFM		单频率调频波发生器
PWLIN		分段线性激励源
FILE		FILE 信号发生器
AUDIO		音频信号发生器
DSTATE		数字单稳态逻辑电平发生器
DEDGE		数字单边沿信号发生器
DPULSE		单周期数字脉冲发生器
DCLOCK		数字时钟信号发生器
DPATTERN		数字模式信号发生器
SCRIPTABLE		可编程信号源

点击工具箱中的虚拟仪器按钮，虚拟仪器列表出现在对象选择器窗口中，如图 7-16 所示。Proteus ISIS 共有 12 种虚拟仪器，各种虚拟仪器的名称及含义见表 7-12。

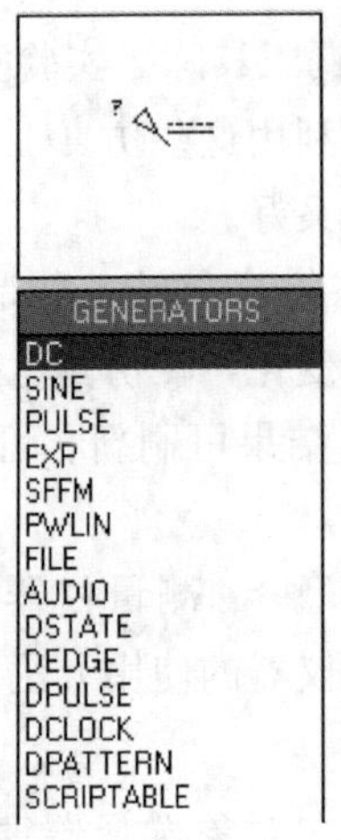

图 7-15　激励源列表

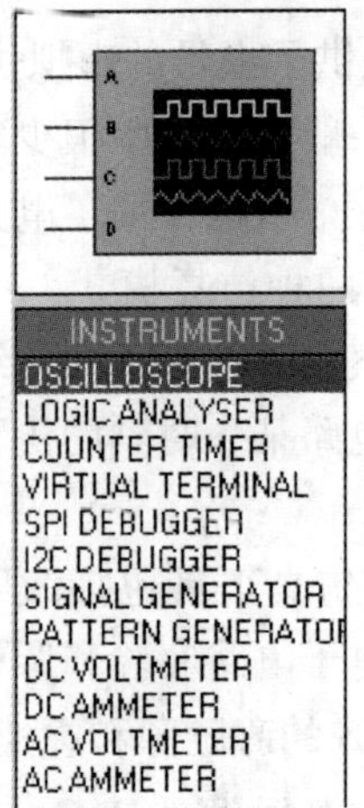

图 7-16　虚拟仪器列表

表 7-12　虚拟仪器的名称

名称	含义	名称	含义
OSCILLOSCOPE	示波器	SIGNAL GENERATOR	信号发生器
LOGIN ANALYSER	逻辑分析仪	PATTERN GENERATOR	模式发生器
COUNTER TIMER	计数/定时器	DC VOLTMETER	直流电压表
VIRTUAL TERMINAL	虚拟终端	DC AMMETER	直流电流表
SPI DEBUGGER	SPI 调试器	AC VOLTMETER	交流电压表
I2C DEBUGGER	I^2C 调试器	AC AMMETER	交流电流表

二、直流信号发生器

直流信号发生器用于产生模拟直流电压或电流，用于差分放大电路和运算放大器的实验研究。

1. 放置直流信号发生器

点击工具箱中的激励源按钮，打开图 7-15 所示的激励源列表，从列表中选择直流信号发生器“DC”，可将其放置到编辑窗口中。

2. 设置直流信号发生器

双击编辑窗口中直流信号发生器的符号，打开其属性设置对话框，如图 7-17 所示。在“Generator Name”对话框中输入直流信号发生器的名字（若不输入，在连接其他电路时系统会自动为其命名），在“Voltage (Volts)”对话框中设置其输出电压数值。

在图 7-17 所示的属性设置对话框中，“Current Source”选项的意义是：若不选中该项，直流信号发生器为电压源输出；若选中该项，直流信号发生器为电流源输出，属性设置对话框变为图 7-18。通过图 7-18 右上角的“Current (Amps)”对话框，可设置其输出电流数值。

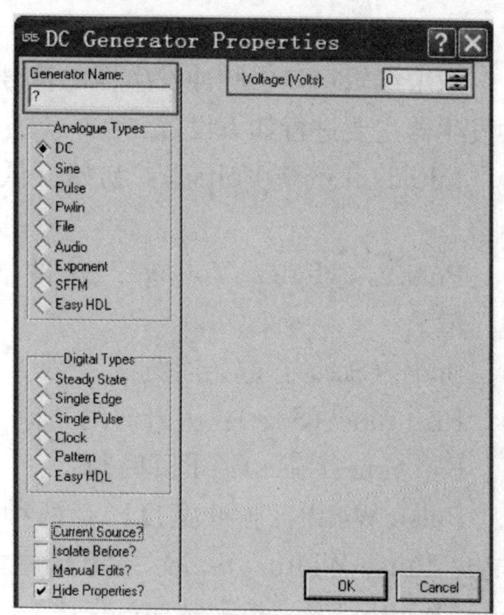

图 7-17　直流信号发生器属性设置对话框

三、正弦波信号发生器

正弦波信号发生器用于产生正弦波信号，或产生直流与正弦波相叠加的信号。

1. 放置正弦波信号发生器

点击工具箱中的激励源按钮，打开图 7-15 所示的激励源列表，从列表中选择正弦波信号发生器“SINE”，可将其放置到编辑窗口中。

2. 设置正弦波信号发生器

双击编辑窗口中正弦波信号发生器的符号，打开其属性设置对话框，如图 7-19 所示。对正弦波信号发生器主要进行如下设置：

（1）为直流信号发生器命名。在“Generator Name”对话框中输入其名字。

（2）设置直流偏置电压“Offset (Volts)”。若该项设置为 0，信号发生器为正弦波输出；若该项数值不为 0，信号发生器为直流叠加交流信号的输出，该项的数值即直流偏置电压的数值。

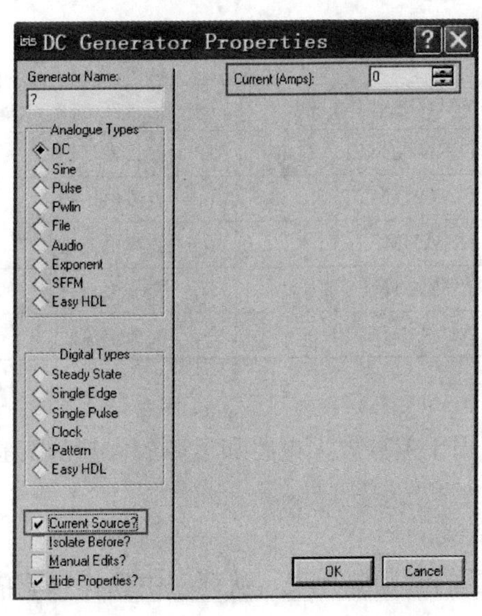

图 7-18 直流信号发生器作电流源输出

(3)设置正弦波的幅度“Amplitude (Volts)”。正弦波的幅度可用三种方法来表示，分别是：Amplitued（最大值）、Peak（峰峰值）、RMS（有效值）。在以上三种表示方法中只能选一种进行设置。

(4) 设置正弦波的时间选项“Timing”。Frequency (Hz) 为频率，单位是 Hz；Period (Secs) 为周期，单位是 s；Cycles/Graph 为占空比。

(5) 设置正弦波的延时选项“Delay”。Time Delay (Secs) 为延时时间，单位是 s；Phase (Degrees) 为相位，单位为度（°）。

若将 Current Source 选项选中，正弦波信号发生器为正弦波电流源输出。

四、脉冲发生器

脉冲发生器能产生各种周期的梯形波、方波、锯齿波、三角波及单周期的短脉冲。

1. 放置脉冲发生器

点击工具箱中的激励源按钮，打开图 7-15 所示的激励源列表，从列表中选择脉冲发生器“PULSE”，可将其放置到编辑窗口中。

2. 设置脉冲发生器

双击编辑窗口中脉冲发生器的符号，打开其属性设置对话框，如图 7-20 所示。对脉冲发生器主要进行如下设置：

Initial (Low) Voltage：初始（低）电压值。

Pulsed (High) Voltage：脉冲（高）电压值。

Start (Secs)：起始时刻。

Rise time (Secs)：上升时间。

Fall time (Secs)：下降时间。

Pulse Width：脉冲宽度。有两种设置方法：Pulse Width (Secs) 指定脉冲宽度，Pulse Width (%) 指定脉冲占空比。

Generator Name（脉冲发生器的名字）、Frequency/Period（频率或周期）、Current Source（设置为电流源）等选择项的设置方法与正弦波信号发生器中相应项的设置方法相同。

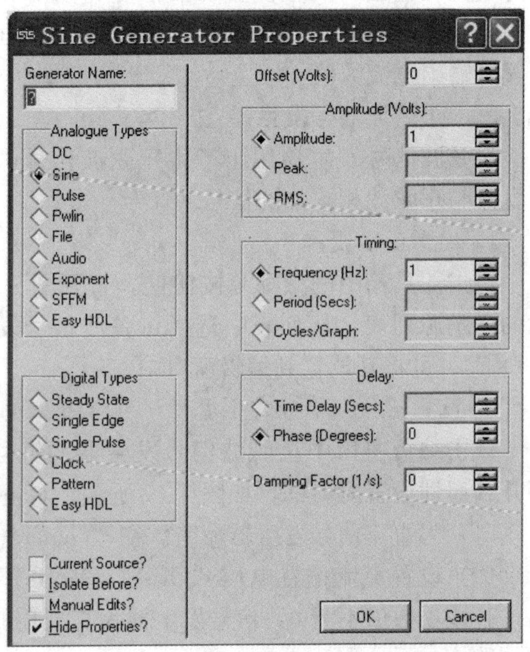

图 7-19 正弦波信号发生器的属性设置对话框

通过对脉冲发生器上升时间、下降时间、周期等项的设置，可将脉冲发生器设置为梯形波、方波、锯齿波、三角波等波形输出。

五、数字时钟信号发生器

1. 放置数字时钟信号发生器

点击工具箱中的激励源按钮，打开图 7-15 所示的激励源列表，从列表中选择数字时钟信号发生器“DCLOCK”，可将其放置到编辑窗口中。

2. 设置数字时钟信号发生器

双击编辑窗口中数字时钟信号发生器的符号，打开其属性设置对话框，如图 7-21 所示。对数字时钟信号发生器主要进行如下设置：

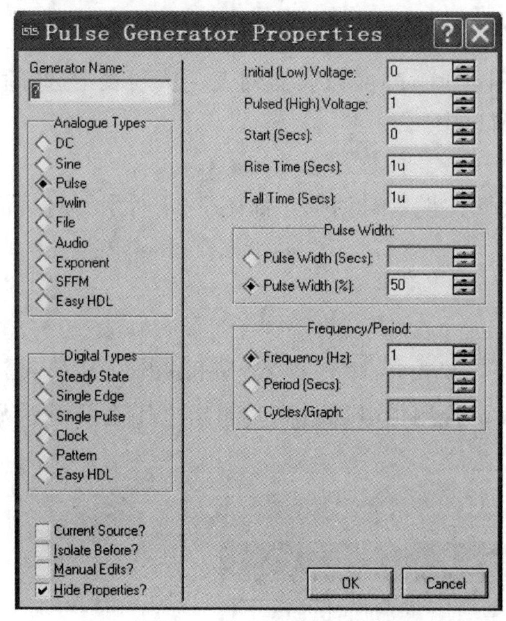

图 7-20　脉冲发生器属性设置对话框

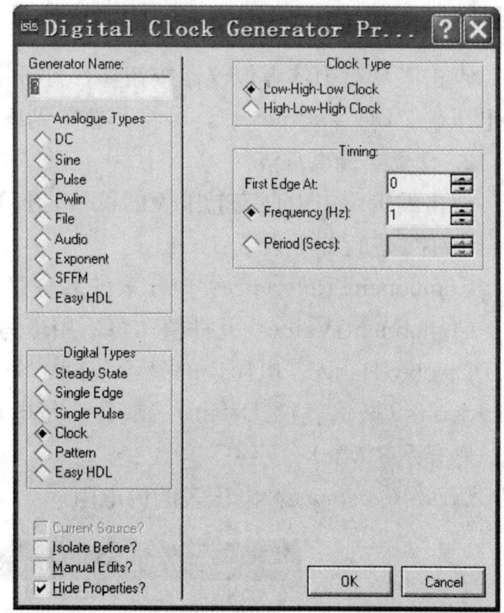

图 7-21　数字时钟信号发生器属性设置对话框

Low-High-Low Clock：低—高—低电平时钟。

High-Low-High：高—低—高电平时钟。

First Edge At：第一个边沿处于几秒处。

Frequency（Hz）：频率，单位是 Hz。

Period（Secs）：周期，单位是 s。

Generator Name：设置脉冲发生器的名字。

在数字电路实验中，数字时钟信号发生器是最常用的数字信号源。此外，常用于数字电路的信号源还有：①数字单稳态逻辑电平发生器，能产生 1 或 0 两种逻辑电平；②数字单边沿信号发生器，能产生一个从高电平到低电平的信号，或能产生一个由低电平到高电平的信号；③单周期数字脉冲发生器，能产生一个周期的正脉冲或负脉冲。

六、电压表和电流表

Proteus ISIS 提供了两种电压表和两种电流表，分别是：DC Voltmeter（直流电压表）、DC Ammeter（直流电流表）、AC Voltmeter（交流电压表）、AC Ammeter（交流电流表）。它们的图形符号如图 7-22 所示。

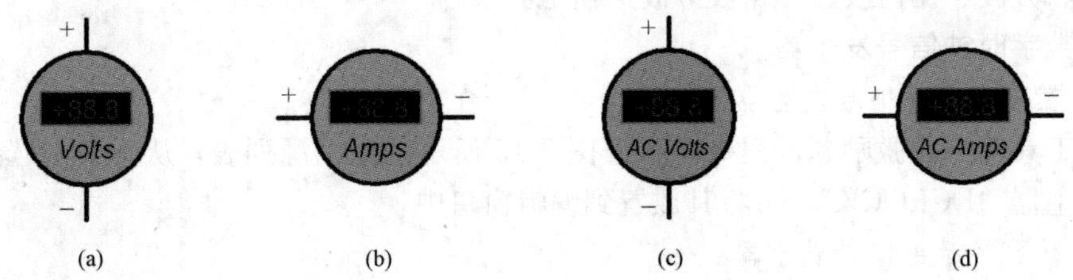

图 7-22 电压表和电流表的图形符号

(a) 直流电压表；(b) 直流电流表；(c) 交流电压表；(d) 交流电流表

1. 放置直流电压表

点击工具箱中的虚拟仪器按钮，打开图 7-16 所示的虚拟仪器列表，从列表中选择直流电压表“DC Voltmeter”，可将其放置到编辑窗口中。

2. 设置直流电压表

双击编辑窗口中直流电压表的符号，打开其属性设置对话框，如图 7-23 所示。对直流电压表主要进行如下设置：

Component Reference：电压表的名称。

Component Value：元件值，可不用填写。

Display Range：电压表的显示范围，分别是：Volts（电压表）、Millivolts（毫伏表）、Microvolts（微伏表）、Default（缺省）是电压表。若测量电压过高，超出电压表的显示范围，则显示“MAX”字符。

Load Resistance：电压表的内电阻。

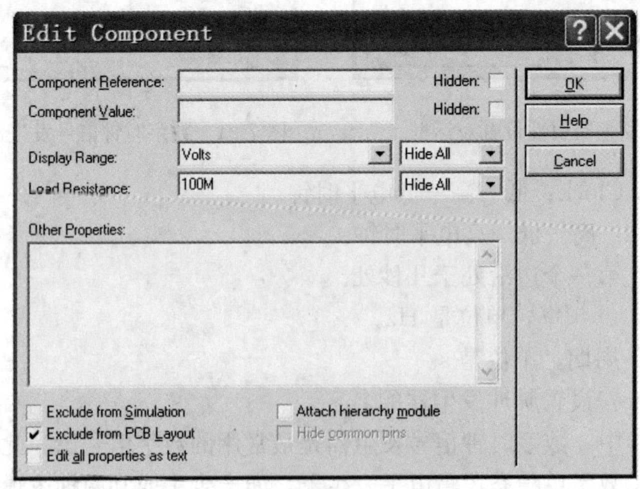

图 7-23 直流电压表属性设置对话框

其他电压表和电流表的属性设置与此类似。

七、示波器

1. 放置虚拟示波器

点击工具箱中的虚拟仪器按钮，打开图 7-16 所示的虚拟仪器列表，从列表中选择示波器“OSCILLOSCOPE”，可将其放置到编辑窗口中。虚拟示波器的图形符号如图 7-24

所示。

虚拟示波器具有 4 个输入通道，分别用 A、B、C、D 来表示。虚拟示波器能同时显示 4 路信号的波形。为了便于识别，4 路信号的波形分别用黄、蓝、红、绿 4 种颜色来表示。

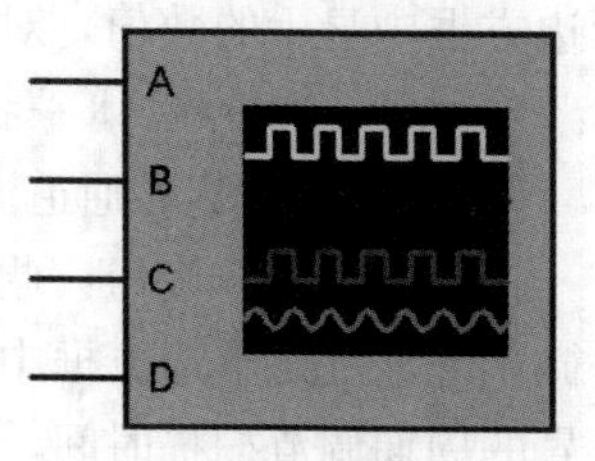

图 7-24 虚拟示波器的图形符号

2. 打开示波器的运行界面

按下仿真运行按钮 ▶ 后，系统自动打开图 7-25 所示的示波器运行界面。通过此界面，调整示波器，使之显示出便于观察的波形。在图 7-25 中，A 通道接入了最大值为 1V，频率为 1Hz 的正弦交流信号源。

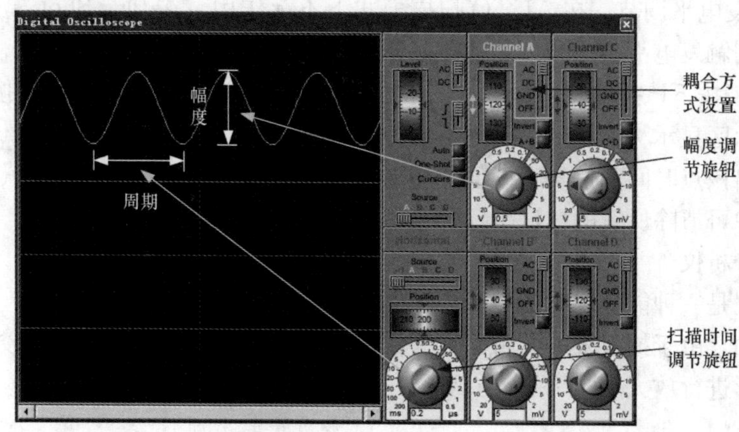

图 7-25 仿真后示波器的运行界面

3. 虚拟示波器运行界面的操作区

虚拟示波器左边是图形显示区，右边是操作区，操作区共分为 6 个部分。

Channel A：A 通道的操作区。

Channel B：B 通道的操作区。

Channel C：C 通道的操作区。

Channel D：D 通道的操作区。

Trigger：触发信号的操作区。

Horizontal：水平扫描操作区。

虚拟示波器的使用方法与普通示波器类似，主要是进行信号显示幅度设置、扫描周期设置和触发设置，下面以 A 通道的操作为例进行说明。

4. "Channel A" 通道 A 操作区的设置

Position：调节通道 A 的波形在图形显示区的上下位置。

AC/DC/GND/OFF：耦合方式选择，分别为"交流耦合/直流耦合/接地/关闭 A 通道"。

Invert：图形反转显示。

A+B：A 通道和 B 通道的输入信号相加后显示。

幅度调节旋钮：调整 A 通道波形显示的高度，外旋钮是粗调，内旋钮是微调。该旋钮下边方框中显示的数值，对应图形显示区垂直方向一格的电压数值。

5. “Horizontal”水平扫描操作区的设置

Position：调节各通道波形在图形显示区的左右位置。

扫描时间调节旋钮：调整各通道波形在水平方向上的扫描时间，外旋钮是粗调，内旋钮是微调。该旋钮下边方框中显示的数值，对应图形显示区水平方向一格的扫描时间。应根据信号的周期调节扫描时间，以便于观察和测量信号波形。

6. “Trigger”触发信号操作区的设置

Auto：自动扫描，连续显示波形。

One-Shot：扫描完一幅波形后停止扫描，显示的波形不再变化，便于测量。

Level：触发电平调节。在 AUTO 扫描模式下不起作用。在 One-Shot 模式下，当输入信号的幅度达到触发电平数值时，才能触发产生扫描波形。

Cursors：未按下该按钮时，鼠标在图形显示区显示为正常的箭头形状；按下该按钮后，鼠标在图形显示区显示大十字，并且显示鼠标所在位置所对应的时间和信号幅度。单击鼠标，在图上标出该点时间和信号幅度值，用于读取信号的电压和周期。单击鼠标右键，在出现的快捷菜单中可清除所有的标注坐标、打印及颜色设置。

八、逻辑分析仪

逻辑分析仪是一种能实现对信号采样、保存数据并显示信号波形的仪器。采样数据保存在捕捉缓冲器中，由于捕捉缓冲器可保存非常多的采样数据（可达 10 000 个数据），因此支持对显示的波形进行放大/缩小和全局显示。

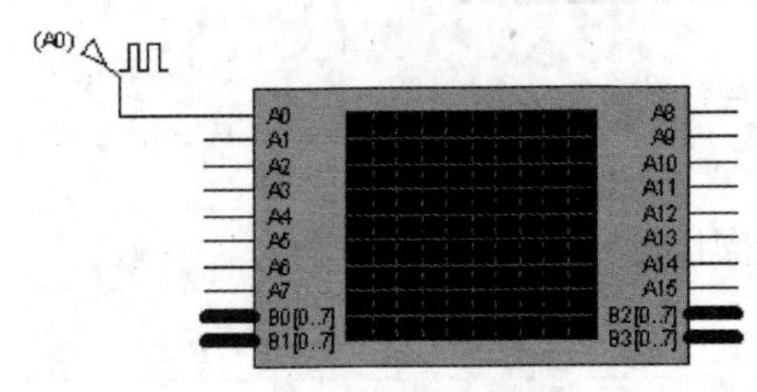

图 7-26　逻辑分析仪的图形符号

1. 放置逻辑分析仪

点击工具箱中的虚拟仪器按钮，打开图 7-16 所示的虚拟仪器列表，从列表中选择逻辑分析仪“LOGIC ANALYSER”，可将其放置到编辑窗口中。逻辑分析仪的图形符号如图 7-26 所示。图中接入了一个频率为 1Hz 的数字时钟信号发生器。

逻辑分析仪具有 A0～A15 共 16 个数字信号输入通道，B0～B3 共 4 个总线输入端。

2. 逻辑分析仪的运行界面

按下仿真运行按钮后，系统自动打开图 7-27 所示的逻辑分析仪运行界面。通过此界面，调整逻辑分析仪，使之显示出便于观察的波形。图 7-27 中显示的波形，即图 7-26 中接入的频率为 1Hz 的数字时钟信号的波形。

逻辑分析仪的仿真界面可分为 3 个区，左侧区对应各通道名称，中间是图形显示区，右侧是操作区。

3. 逻辑分析仪的操作

Capture Resolution：捕捉分辨率（即采样时间间隔）旋钮。外旋钮是粗调，内旋钮是微调。旋钮下边的方框内显示采样间隔时间。

Display Scale：水平显示范围旋钮。可调整图形显示区所显示的采样个数。外旋钮是粗调，内旋钮是微调。旋钮下边的方框内显示的时间，对应图形显示区水平方向的一格所对应的时间。

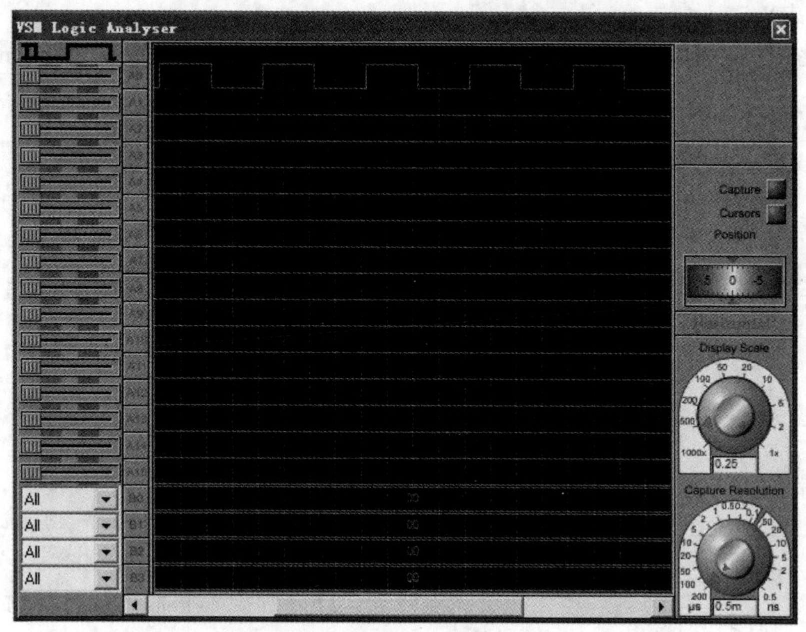

图 7-27 逻辑分析仪的运行界面

Position：位置旋钮。调整该旋钮，图形会左右移动。

Capture：捕捉按钮。按下该按钮，对信号进行采样。在采样期间，该按钮先变红，再变绿，最后变成灰色。

Cursors：光标按钮。该按钮按下后，在图形显示区单击，可标记横坐标的数值（时间），用于测量脉冲的周期和脉宽。

第六节 电子电路的虚拟仿真实验举例

本节将通过几个实例，说明虚拟仿真实验的方法和步骤。

一、直流电路的仿真实验举例

举例：电阻串联电路如图 7-28 所示，试用 Proteus ISIS 进行仿真，测量电流 I_1 和电压 U_2 的数值。

该实验主要练习使用直流电压表、直流电流表和直流信号发生器。实验步骤如下：

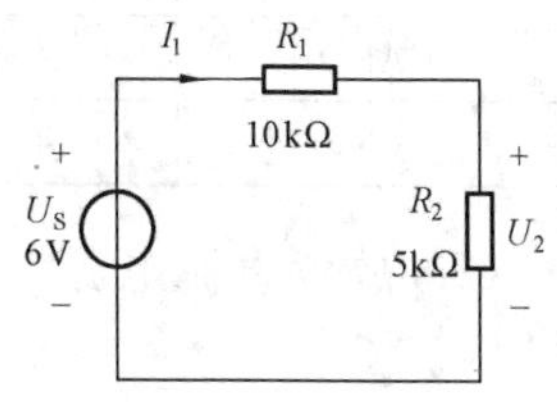

图 7-28 电阻串联电路

（1）拾取电阻元件，放置电阻 R_1 和 R_2，并设置其电阻值。

（2）直流电源 U_S 使用直流信号发生器，放置直流信号发生器并打开图 7-17 所示的属性设置对话框，在“Generator Name”对话框中输入直流信号发生器的名字为“Us”，在“Voltage (Volts)”对话框中设置其输出电压为 6V。

（3）放置直流电压表，并打开图 7-23 所示的属性设置对话框，设置其电压表的显示范围为 Volts（电压表）。

（4）放置直流电流表，并打开其属性设置对话框，设置其电流表的显示范围为 Milliamps（毫安表）。

（5）完成电路接线，并运行仿真。仿真结果如图7-29所示，电流I_1为0.4mA，电压U_2为2V。

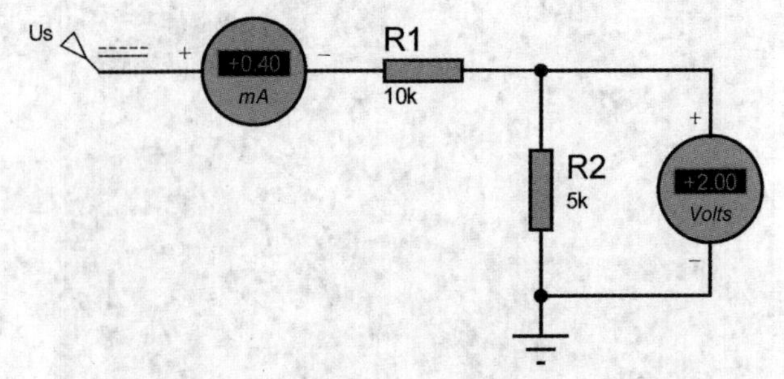

图7-29 电阻串联电路仿真结果

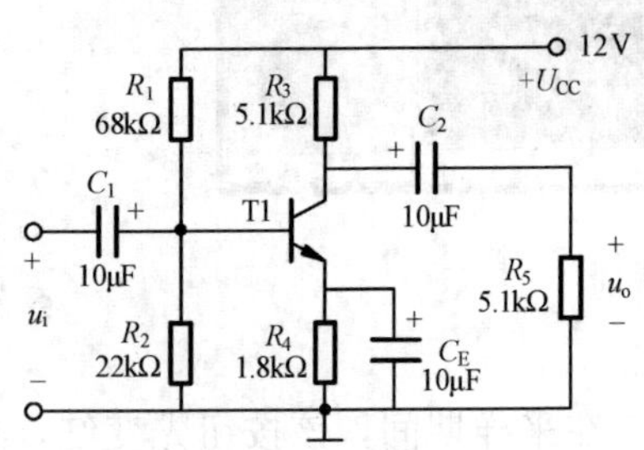

图7-30 分压偏置式放大电路

将图7-29中的直流信号发生器、直流电压表、直流电流表分别更换为正弦波信号发生器、交流电压表、交流电流表，并分别设置它们的属性，就可做交流电路的实验。

二、模拟电路的仿真实验举例

举例：分压偏置式放大电路如图7-30所示，试用Proteus ISIS进行仿真。实验要求如下：①测量集电极偏置电流I_C；②测量集射极偏置电压U_{CE}；③输入端接输入信号u_i，设置其频率为1kHz，有效值为10mV，测量输出电压的有效值U_o；④用示波器观测输出电压u_o的波形。

实验步骤如下：

（1）拾取、放置元器件并设置元器件的参数。元器件清单见表7-13。放置元器件后，调整位置、设置参数并连线。

表7-13 分压偏置式放大电路元器件清单

元器件名	类	子类	参数	备注
RES	Resistors	Generic	68kΩ，22kΩ，1.8kΩ 5.1kΩ×2	电阻
CAP	Capacitors	Generic	10μF×3	电容
NPN	Transistors	Generic		晶体管

（2）放置直流电源。直流电源使用直流信号发生器，将其命名为“Ucc”，电压设置为12V。

（3）放置正弦波信号发生器，作为输入信号u_i，设置其频率为1kHz，有效值为10mV。

（4）放置直流电流表，测量集电极电流I_C，设置为毫安表。

（5）放置直流电压表，测量集射极偏置电压U_{CE}，设置为电压表。

（6）放置交流电压表，测量放大电路的输出电压U_o，设置为毫伏表。

（7）放置示波器，A通道测量输出电压u_o的波形，D通道测量输入信号u_i的波形。

分压偏置式放大电路的仿真结果如图 7-31 所示。仿真结果为 $I_C = 1.22\text{mA}$、$U_{CE} = 3.83\text{V}$、$U_o = 870\text{mV}$。电路的电压放大倍数为 87 倍。

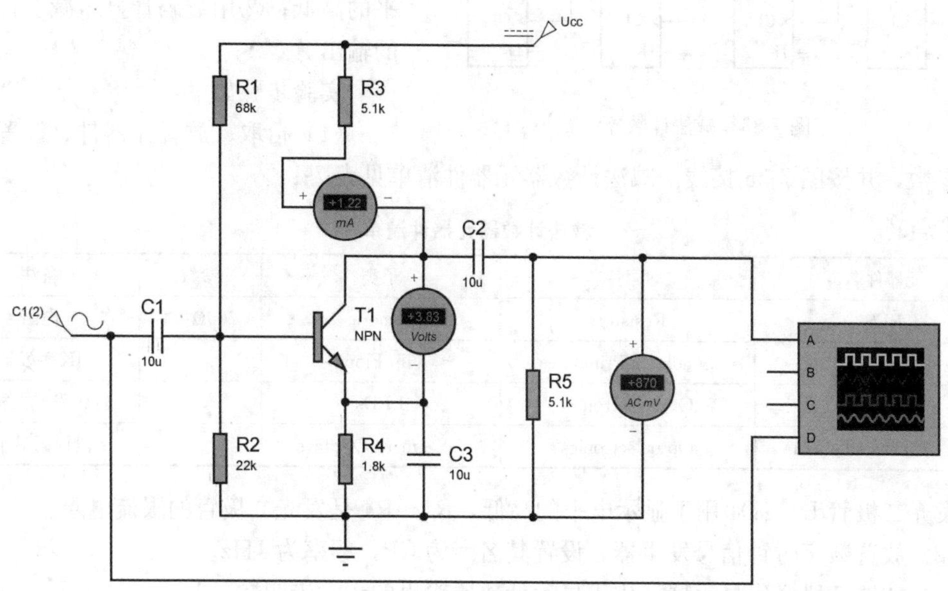

图 7-31　分压偏置式放大电路仿真结果

分压偏置式放大电路输入、输出波形如图 7-32 所示。从图中可以看出，输入、输出信号反相。

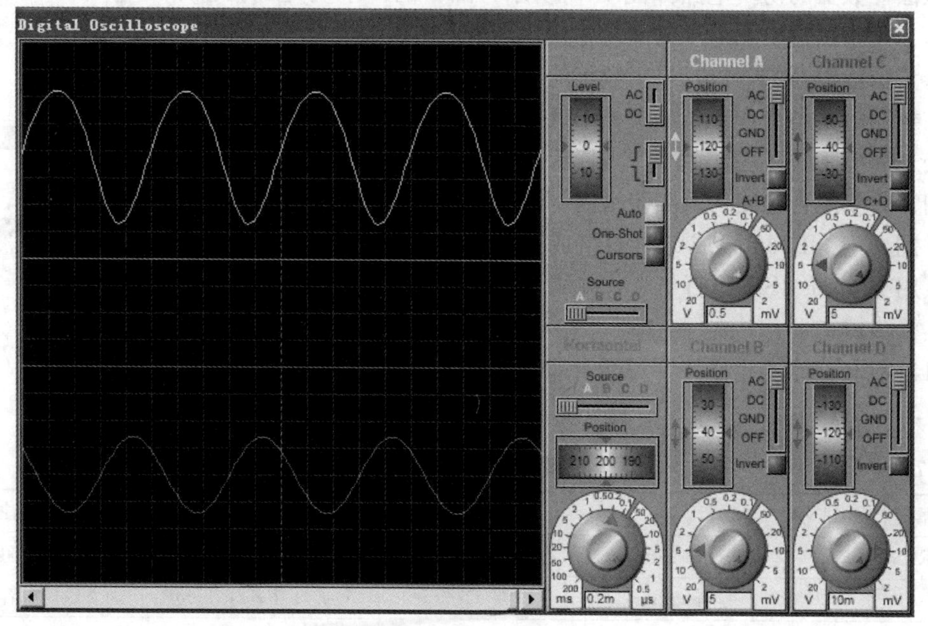

图 7-32　分压偏置式放大电路的输入、输出波形

三、数字电路的仿真实验举例

举例：由上升沿翻转的 JK 触发器组成的减法计数器电路如图 7-33 所示，试用 Proteus

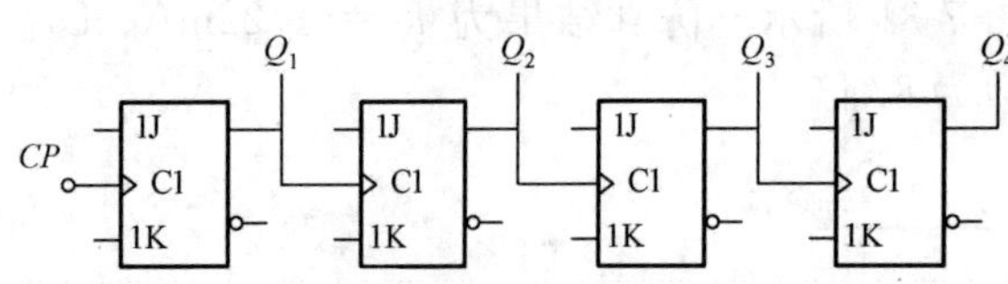

图 7-33 减法计数器

ISIS 进行仿真。实验要求如下：①用发光二极管直观地显示输出端 $Q_4 \sim Q_1$ 电平的高低；②用数码管显示减法计数器的输出。

实验步骤如下：

(1) 拾取、放置元器件、设置元器件的参数，并按图 7-35 接线。减法计数器元器件清单见表 7-14。

表 7-14　减法计数器元器件清单

元器件名	类	子类	参数	备注
RES	Resistors	Generic	200Ω×4	电阻
JKFF	Simulator Primitives	Flip-Flops		JK 触发器
LED-RED	Optoelectronics	LEDs		红色发光二极管
7SEG-BCD	Optoelectronics	7-Segment Displays		7 段译码显示器

发光二极管 D1～D4 用于显示电平的高低，R1～R4 是发光二极管的限流电阻。

(2) 放置数字时钟信号发生器，设置其名字为 CP，频率为 1Hz。

(3) 放置 7 段译码显示器，用于显示计数器输出的十六进制数。

(4) 放置电源终端，作为 JK 触发器的 J、K 端的高电平 1 使用。电源终端的设置如图 7-34 所示。点击工具箱中的终端按钮，选择电源终端 “POWER”，调整方向后放置到原理图编辑窗口中。

减法计数器的仿真电路如图 7-35 所示，图中的 4 个发光二极管用亮和暗分别指示输出端电平的高低，变化范围是 1111～0000。7 段译码显示器显示计数器的输出，显示数字的变化范围是 F～0。

在数字电路仿真中，某一端处于低电平时，用蓝色小方框标示；当某端处于高电平时，用红色小方框标示。

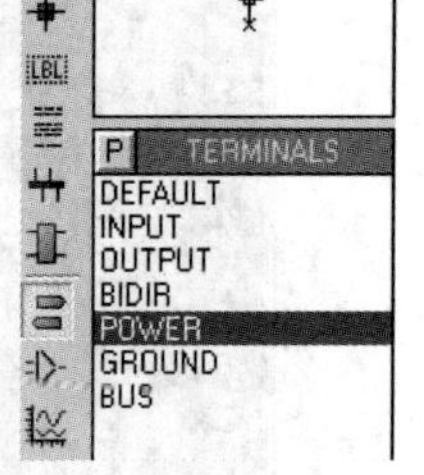

图7-34　电源终端的选取

四、数模混合电路仿真实验举例

举例：由 NE555 集成定时器组成的多谐振荡器电路如图 7-36 所示。试用 Proteus ISIS 进行仿真，并用示波器观测电压 u_C 和 u_O 的波形。

实验步骤如下：

(1) 拾取、放置元器件并设置元器件的参数。元器件清单见表 7-15。放置电阻、电容、NE555、喇叭等元器件后，调整位置、设置参数并连线。

表 7-15　多谐振荡器元器件清单

元器件名	类	子类	参数	备注
RES	Resistors	Generic	22kΩ，3kΩ	电阻
CAP	Capacitors	Generic	0.1μF×2，100μF	电容
NE555	Analog ICs	Timers		集成定时器
SPEAKER	Speakers & Sounders			喇叭

(2) 放置电源终端和地。

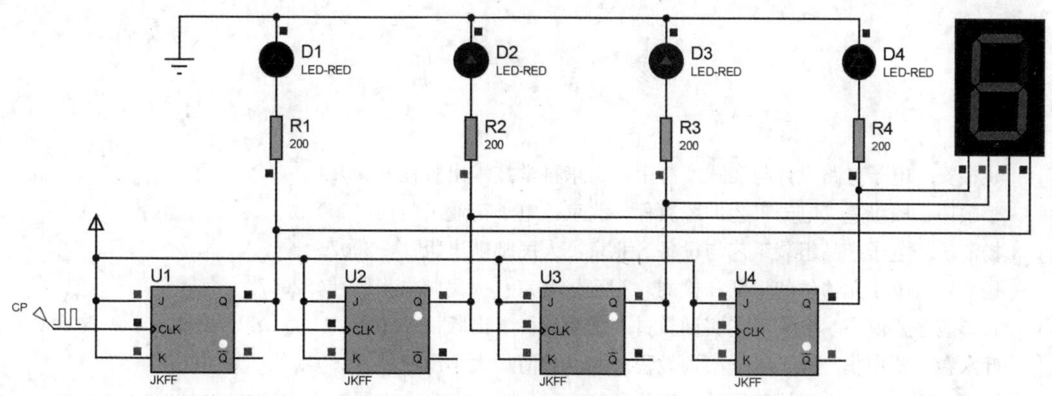

图 7-35　减法计数器的仿真电路

（3）放置虚拟示波器。

多谐振荡器仿真电路如图 7-37 所示，运行仿真，喇叭发出声音，虚拟示波器上可观察到电压 u_C 和 u_O 的波形，如图 7-38 所示。经过测量和计算，该电路的自激振荡频率约为 500Hz。

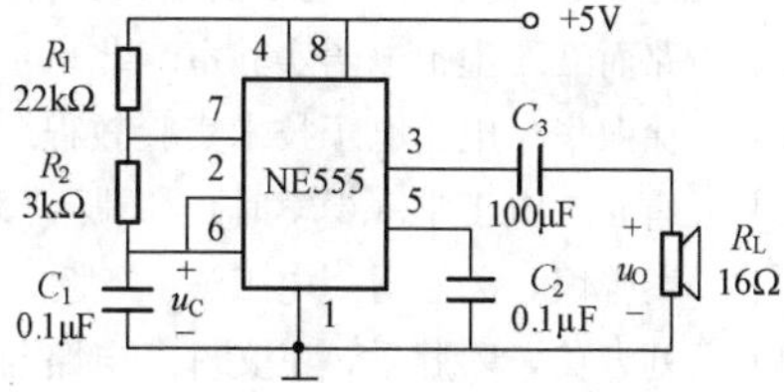

图 7-36　多谐振荡器

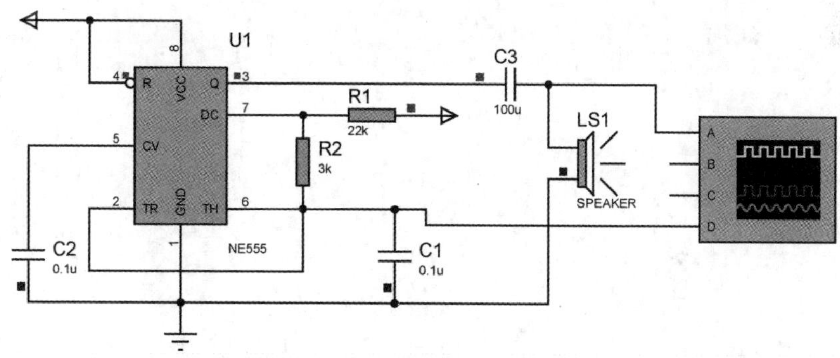

图 7-37　多谐振荡器仿真电路

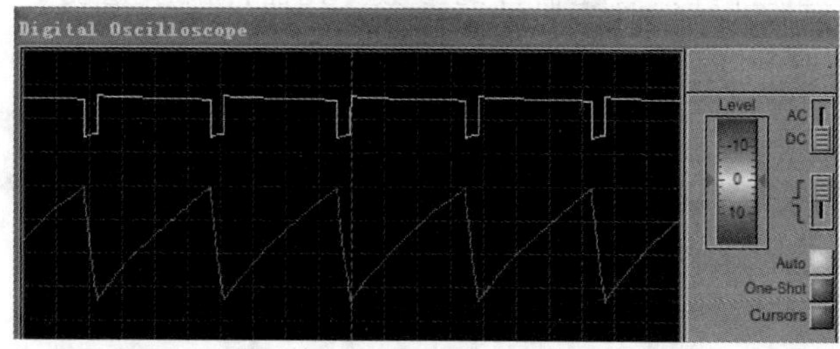

图 7-38　多谐振荡器电压 u_C 和 u_O 的波形

参 考 文 献

[1] 姚福安. 电子电路设计与实践. 济南：山东科学技术出版社，2001.

[2] 李敬伟，段维莲. 电子工艺训练教程. 北京：电子工业出版社，2005.

[3] 杨清学. 电子产品组装工艺与设备. 北京：人民邮电出版社，2007.

[4] 杨承毅. 电子元器件的识别和检测. 2版. 北京：人民邮电出版社，2007.

[5] 张翠霞，盛鸿宇. 电子工艺实训教材. 北京：科学出版社，2004.

[6] 叶水春，罗中华. 电工电子实训教程. 北京：清华大学出版社，2004.

[7] 罗杰，谢自美. 电子线路设计·实验·测试. 4版. 北京：电子工业出版社，2008.

[8] 高吉祥，易凡. 电子技术基础实验与课程设计. 北京：电子工业出版社，2002.

[9] 王立欣，杨春玲. 电子技术实验与课程设计. 哈尔滨：哈尔滨工业大学出版社，2003.

[10] 路而红. 虚拟电子实验室. 北京：人民邮电出版社，2001.

[11] 徐淑华. 电工电子技术实验教程. 济南：山东大学出版社，2005.

[12] 唐介. 电工学（少学时）. 3版. 北京：高等教育出版社，2009.

[13] 秦曾煌，姜三勇. 电工学. 7版. 北京：高等教育出版社，2009.

[14] 刘淑英，蔡胜乐，王文辉. 电路与电子学. 2版. 北京：电子工业出版社，2002.